博学而笃志，切问而近思。

（《论语·子张》）

博晓古今，可立一家之说；
学贯中西，或成经国之才。

作者简介

　　蔡翠红,国际关系学博士,复旦大学美国研究中心教授,博士生导师,上海美国学会理事。主要从事网络政治、全球网络空间治理、全球数字治理、中美关系等方面研究。主持国家社会科学基金重大专项、国家社会科学基金重点项目、国家社会科学基金一般项目、教育部人文社会科学研究项目、上海市哲学社会科学规划课题等多项国家级和省部级课题。已出版专著 Cyber Politics in US-China Relations (2021)、《中美关系中的网络政治研究》(2019)、《网络时代的政治发展研究》(2015)、《美国国家信息安全战略》(2009)、《信息网络与国际政治》(2003),并在《国际问题研究》《世界经济与政治》等期刊发表学术论文 100 余篇。

国际政治与国际关系系列

全球网络空间治理

蔡翠红　著

复旦大学出版社

内容提要

　　网络空间已成为人类生产生活的主要场所。随着网络空间重要性的日益上升，其治理需求日益显著，与之相关的治理议题有待学界提供系统的研究。本书注重历史与现状的结合，回顾了全球网络空间治理体系的演进过程，分析了全球网络空间治理的现状与架构。本书也注重理论与实践的结合，探析了不同理论视角下的全球网络空间治理，提出了全球网络空间治理的权力流散和阵营分化等理论，并辅以全球网络空间治理的现实案例和政策建议。本书还注重规则与主体的结合，既梳理了当前国际规则涉及的安全、权益与发展等主要议题及其成果，也从主体角度分析了参与全球网络空间治理的各类机制主体、主要国家行为体、私营部门以及各自相应的治理角色与实践。

　　本书结构合理、逻辑清晰、叙述和分析详略得当，可作为高等院校国际政治、国际关系、外交学、政治学及其他相关专业的教材，亦可作为对网络空间问题感兴趣人士的学术参考和延展阅读资料。

目　　录

引言 全球大变局时代的网络空间治理

  网络或许是 20 世纪最重大的科技发明之一,它创造了人类生活新空间,也拓展了国家治理的新领域。网络空间现已成为陆地、海洋、天空、外空之后的人类生活"第五空间"。网络空间治理在历史上的实践早于网络空间治理这一专业名词的诞生,在 1969 年互联网诞生之前,其前身网络的管理机制就已经存在,例如,对计算机间的互操作建立标准、为设备分配唯一的地址以用于信息交换、对安全问题作出响应等。

  互联网治理于 1998 年由国际电信联盟(International Telecommunication Union, ITU)正式提出。比较权威且得到普遍采纳的是由信息社会世界峰会(World Summit on the Information Society, WSIS)互联网治理工作组(Working Group on Internet Governance, WGIG)于 2005 年突尼斯峰会上所作的界定:"政府、私营部门和民间社会根据各自的作用制定和实施旨在规范互联网发展和使用的共同原则、准则、规则、决策程序和方案。"[①]牛津大学互联网研究院的威廉·达顿(William Dutton)则将互联网治理解读为:"从多元的规则体系中抽象出来,互联网治理由社会科学和人文科学发展到计算机科学和工程学,转而在理论层面研究互联网、网站及相关媒体,信息及相关技术不断升级革新,以及多元应用产生的社会影响。"[②]

  政治学中的治理指的是有序化的过程。到目前为止,还没有严格的条款对全球互联网治理范围作出限定,互联网治理的实践不应局限于机构(如互联网名称与数字地址分配机构,Internet Corporation for Assigned Names and Numbers, ICANN)及标准制定组织,还应该包括产业政策、国家

[①] WSIS, "WSIS Outcome Documents," *Itu*, December 2005, http://www.itu.int/net/wsis/outcome/booklet.pdf, accessed August 12, 2022.

[②] William Dutton, "Internet Studies: the Foundations of a Transformative Field," in William Dutton ed., *The Oxford handbook of Internet Studies*, Oxford University Press, 2012, p.40.

政策、国际条约以及技术、标准等实践性的研究。互联网大致在三个不同的领域需要治理：第一个是技术的标准化。这涉及就网络协议、数据格式达成共识，并将这些共识编制成文件；第二个是资源的分配。这里的资源是指虚拟资源，就是互联网标识符，如域名、IP 地址和协议的端口号；第三个是人(广义的行为体)的行为，这包括对诸如垃圾邮件、网络犯罪、版权和商标纠纷、消费者保护以及公共安全和私人安全等领域制定全球公共政策、网络战的相关制约等。互联网治理的研究对象是治理架构、公共和非政府机构、社团实体及其治理规则，以及与之相关的政策法规等。

当前的世界处于全球大变局中。全球大变局可以从多个角度理解。从宏观整体看，全球大变局意味着世界多极化、经济全球化、社会信息化、文化多样化。从综合国力的角度看，一般是指新兴市场国家和发展中国家的快速崛起所导致的全球力量的再平衡。从国际秩序的角度看，则指全球治理体系和国际秩序变革的加速推进。著名哲学家欧文·拉兹洛(Ervin Laszlo)将当今世界正在经历的重大转变概括为信息化与全球化。事实上，这两点相互联系、相互驱动，共同构成了全球大变局的背景。全球化的大势不可阻挡，跨国经济流通和全球贸易不可能停顿。全球化是一个过程，目前，部分国家的优先政策动向只能算全球化过程中的自然波动曲折。信息化的根本原因则是网络空间的崛起。

一、网络空间崛起是全球大变局的重要驱动力

这里的网络空间是广义的概念，不仅包括第三次工业革命中的数字计算机催生的计算机革命与数字革命，而且涵盖了始于 21 世纪之交的第四次工业革命的核心内容，即网络变得更加普及和无所不在，移动性大幅提高；大数据技术和物联网不断发展；与此同时，人工智能和机器学习也开始崭露锋芒。因此，网络空间是一个不断延展的动态发展概念。

从经济角度看，网络空间的崛起直接推动了经济全球化的进程，提升了新兴经济体的后发动力。一方面，经济全球化的根本动力正是以信息技术为代表的科技发展和生产力的迅速提高。网络通信的便利使得国界线变得模

糊,商品、技术、信息、服务、货币、资金、管理经验等生产要素借助网络空间技术实现了更加高效和便利的跨国跨地区流动。另一方面,数字经济在国际经济体系中的比例逐步提升。以我国为例,2017 年我国数字经济规模达到 27.2 万亿元,同比名义增长 20.3%,显著高于当年 GDP 的增速,占 GDP 中的比重达到 32.9%,对 GDP 增长的贡献为 55%。[①] 数字经济已成为近年来带动经济增长的核心动力。在 2016 年的 G20 杭州峰会上,多国领导人共同签署了《二十国集团数字经济发展与合作倡议》(G20 Digital Economy Development and Cooperation Initiative)。随着大数据和人工智能技术所推动的新型商业模式的不断诞生,数字经济在整体国际经济体系中的地位将不断上升。

从政治角度看,网络空间崛起是政治多极化背后的重要因素。政治多极化是主要政治力量在全球实力分布状态的反映。一方面,信息技术的普及扩散及其助推经济军事实力的整体提升使得世界各国综合国力的较量发生变化,单极世界构筑的可能性大大降低。可以认为,经济全球化是政治多极化的基础,政治多极化是世界经济多中心和区域化趋势在世界政治发展中的体现。信息技术推动的新军事革命也使各国的军事力量不断提升,推动了政治多极化的进程。另一方面,政治多极化也得益于网络空间崛起所推动的各国软实力的快速发展。政治影响力不仅仅基于军事实力和经济实力,而且还取决于各国的外交主动性、文化吸引力、媒体传播能力等软实力。网络空间成为软实力传播的重要平台,网络空间技术成为软实力提升的重要源泉,而网络空间传播的低成本和蝴蝶效应则使得各国的软实力差距相对缩小。

从社会角度看,网络空间崛起是社会信息化的根本原因。社会信息化是通过现代信息技术和网络设施把社会的最基础资源——信息资源充分应用到经济、科技、教育、军事、政务、日常生活等在内的社会各个领域的过程,从而为社会提供更高质量的产品和服务,促进全社会信息化。在信息化社会中,信息成为社会活动的战略资源和重要财富,信息网络技术成为推动社会进步的主导技术。虽然传统媒体也是承载和传播信息的重要手段,但网络空间是最大的信息承载空间,同时信息网络技术也是社会信息化的根本支撑。社会信息化的衡量方法有多种,如世界经济论坛推出的网络准备指数(Networked Readiness Index,NRI)、国际电信联盟推出的信息化发展指数

---

① 数据来源于中国国家互联网信息办公室 2018 年 5 月 9 日发布的《数字中国建设发展报告(2017 年)》。

(Information Development Index，IDI)、中国信息中心推出的国家信息化发展评价指标体系等。

从文化角度看,网络空间崛起则是最直接的文化多样化的重要载体和动力源。虽然建筑、文物等物理载体也可以承载文化,但文化更多的是通过信息表达出来。如今网络空间已经成为最大的信息库和多元文化的主要载体和展示窗口。同时,网络空间作为有效的文化学习与交流的平台与工具,也是文化多样化的动力源。据统计,截至 2022 年 6 月底,全球互联网渗透率已经超过半数,达 67.9%。[①] 其中,利用智能手机访问移动互联网的用户数量稳步上升。虽然自从最基本的传播手段诞生以来,人类不同文化之间的交流与沟通从未停止过,但是互联网应用的不断扩大使各种文化的交流变得更加通畅便捷,通过突破传统传播的限制而将文化多样化的历史进程推向一个全新的发展阶段。

二、全球大变局对于网络空间治理的意涵

信息网络技术的不断发展和创新,使得全球大变局始终是一个动态发展过程。前沿技术(如大数据和人工智能)的优势可能促进形成新的战略平衡,因为第四次工业革命可能在国家之间导致"赢者通吃"的局面,这也正是各国希望在这一不稳定状态中抢占先机的重要原因。其中,信息网络技术在网络空间的应用治理规则则成为各国争夺的重要战略目标。在全球大变局的背景下,网络空间治理面临许多挑战,在谁来管理网络空间和人工智能的发展、怎样管理、如何解决发展带来的新难题等一系列治理问题上,产生了越来越多的争议与矛盾。这些问题的本质是国际行为体在网络空间的权力分配。具体而言,全球大变局对于网络空间治理的意涵大致包括 3 个方面。

1. 治理对象的变化与延展

在全球大变局的背景下,新技术、新应用、新形态不断出现,网络空间治理的新议题持续增加。网络空间治理的对象大致可以分为四个层面:一是

---

① "World Internet Users and Population Statistic 2023 Year Estimate," *Internet World Stats*, June 30, 2022, https://www.internetworldstats.com/stats.htm, accessed April 16, 2023.

技术层面,如名称和数字地址、域名系统、网络数据交换规则、根服务器运作与管理等;二是基础设施层面,如 IP 地址、光纤宽带、无线网络、全球移动通信系统、通信卫星等;三是内容层面,如电子知识产权、网络图书馆、垃圾邮件、网络交易等;四是社会层面,如国家信息安全、网络赋权、网络隐私、网络犯罪、数码鸿沟等。如果说第三次工业革命使得网络战、黑客攻击、网络监控等成为网络空间治理的重要对象,第四次工业革命则带来更多的开放性议题,如人工智能技术的发展、人工智能基础上的数字经济发展、与大数据相关的数据贸易和个人隐私保护等都将成为网络空间治理的新对象。

2. 治理主体的扩散与分化

在全球大变局时代,各主体意识的觉醒使得网络空间治理主体发生了巨大的变化。一方面,网络空间治理主体向各利益攸关方扩散。国家、国际组织、私营公司、非政府组织甚至个人都可以参与网络空间治理。网络空间出现了权力流散,不同主体拥有不同类型的权力:国际组织和国家间机构可以借助制定国际机制以及体系的排他性发挥体系性权力;国家和政府可以借助国家机器及其自身在国际市场、国际社会中的地位和份额来实施工具性或结构性权力;代表市场的私营部门和技术精英则因掌控网络空间的基础设施技术规范而拥有元权力;代表社会的民间团体和个人可以借助网络活动主义发挥倡议的权力。另一方面,全球大变局中伴随的国家之间力量对比的变化也使得网络空间治理主体出现了分化现象。发展中国家和新兴工业化国家更加积极地参与议程设置,它们的政策主张日益受到重视。同时,美国和西方阵营内部也在"棱镜门事件"之后出现了一定程度的分化。此外,在国家力量日益上升以及国家安全目标优先的背景下,私营部门的影响日益受限,技术社群促进创新发展和技术协议方面的能力也在一定程度上受到国家内部政策法规的约束。

3. 治理体系的分歧与挑战

随着全球大变局中网络应用的普及和各国网络空间力量的快速提升,越来越多的国家开始参与和重视网络空间治理。出于各自的国家利益考量,各国政府在一些核心问题上往往各执己见,网络空间治理争端与分歧日渐明显,网络空间治理出现两极(甚至多极)分化趋势,甚至在一些具体问题上出现碎片化倾向。在技术标准、核心资源和价值规范等网络治理核心议题上,各国之间(特别是发达国家和发展中国家之间)越来越难以达成共识。是否维持或改革当前网络空间治理的权力布局现状、如何定位联合国和国家政府在网络空间治理中的作用、是否需为网络空间制定全新制度方案还是延续传统空间的制度等问题,始终是网络空间治理体系的争论话题。多利益攸关方模式运行面临挑战,2017 年联合国关于国际安全环境中信息通信领域发展的政府专家组(United Nations Group of Governmental Experts on Developments in the Field of Information and Telecommunications in the Context of International Security,UNGGE)25 个国家代表进行的谈判最终破裂,未能如前几届就网络空间行为规范形成共识性文件。网络空间治理进一步阵营分化,联合国大会第一委员会 2018 年 11 月同时通过了两项平行的关于网络安全的决议文件:一项是由美国提议的关于设立第六届 UNGGE;另一项是由俄罗斯提议的关于设立新的不限成员工作组(open-ended working group),即不仅所有感兴趣的国家可以参加,而且工作组将在闭会期间与企业、非政府组织和学术界举行磋商会议,以反映私营部门与社会团体的作用。① 各种网络空间治理的国际磋商进展缓慢,2018 年 11 月召开的互联网治理论坛(Internet Governance Forum,IGF)巴黎会议受挫,不仅政府代表级别较低,而且美、俄等国的政府代表没有在最后声明《网络空间信任和安全巴黎倡议》(Paris Call for Trust and Security in Cyberspace)上签字。② 以上种种现象都说明了网络空间治理已经进入深水区,网络空间治理体系正面临着变革的可能性。

三、全球网络空间治理体系构建的意义

随着网络空间的广泛渗透,网络空间已成为继陆地、海洋、天空、外空之外的"第五空间",成为人类生产生活的主要场所。当下数字经济蓬勃兴起,伴随信息通信技术的加速迭代、创新演进、交叉融合和跨界渗透,虚拟现实、人工智能、下一代互联网、物联网等新应用新业态接连涌现、层出不穷,正深

---

① "UN General Assembly Decides to Continue GGE and Establish an Open-ended Group," *Geneva Internet Platform*, November 8, 2018, https://dig. watch/updates/un-general-assembly-decides-continue-gge-and-establish-open-ended-group, accessed December 16, 2018.

② Louise Matsakis Security, "The US Sits out an International Cybersecurity Agreement," *Wired*, November 12, 2018, https://www.wired.com/story/paris-call-cybersecurity-united-states-microsoft/, accessed December 16, 2018.

刻改变着信息传播、舆论宣传、社会交往、生产生活、企业竞争、产业发展和政府管理的模式。在深刻改变人类生产生活的同时，也使得国家主权的行使更加复杂，技术上的差距和数字鸿沟的存在也加剧了国家间在主权行使上的差距，催生了人类新的不平等。同时，网络空间安全隐患日益上升，已引起了全球关注，并成为全球治理的主要议题，也是大国关系博弈的重要内容之一。

全球网络空间治理的目标是维护互联网的稳定性和安全性，而经济安全、现代生活、文化、政治以及国家安全都依赖于全球互联网的稳定与安全运行。与其他全球行动一样，全球网络空间治理对所有国家都可以产生累积效应。全球网络空间治理也是一项规模浩大、多国参与的利益协调集体行动，其最终目的是确保以有序方式合理运作并造福全球大众。

全球网络空间治理有其现实必要性，但是也和任何措施一样利弊共存。全球网络空间治理在促进互操作性、经济竞争和改革创新，提升网络安全及言论自由等方面存在诸多积极影响。例如，如何能够最大限度地高效且公平地分配资源？怎样使系统间完全互通？系统如何对网络用户的电子商务或金融交易进行验证？在获取身份盗窃嫌疑人信息时，法律应如何公正合理地执行？与此同时，全球网络空间治理也会产生一定的不良影响，如利用个人身份信息来对用户采取监视或限制通信等。因此，合理的全球网络空间治理体系的选择是一种平衡优弊和利益得失的过程。

全球网络空间治理体系构建的意义基于如下三点。

第一，从重要性看，网络空间已经融入人类社会的各个领域，深刻影响着世界经济、政治、文化和社会的发展，成为经济社会发展的重要引擎和关键基础设施，是国际竞争的战略制高点。同时，全球网络空间治理也逐步成为一个新的学术研究领域，其重要性和关注度不断上升。随着网络空间全球问题的日渐增加和治理需求的增长，相关研究成果也经历了由无到有、由点到面、由浅到深、由冷门到热点的过程。而且随着大数据、物联网等的普及，全球网络空间治理的重要性将越来越凸显。

第二，从需求看，国际社会对网络空间治理需求日益增加。网络空间在为人类带来巨大便利的同时，也成为恐怖分子、犯罪分子、宗教极端分子的重要工具，成为造假、诈骗、攻击、谩骂、恐怖、色情、暴力的活动空间。虽然近年来具有相当影响力和战略价值的立法规范、政策动议层出不穷，但是许多与网络空间治理相关的问题依然不能得到很好的解决。

第三，全球网络空间治理尚未形成共识，有关观点的争论仍然很热烈。

各国学者在权力布局现状、治理模式、制度延伸性到制度范畴等方面都存在很大分歧。同时,全球网络空间治理也出现了阵营分化。关于网络空间治理领域的研究多数以单一领域研究为主,同一机构内部的交流多,跨机构的合作少。全球网络空间治理的相关研究应该是多学科领域的共同努力,因为其中关系到国际法、国际关系、国际政治、外交学、传播学、计算机科学等多个学科,而且横跨社会科学和技术科学的巨大鸿沟,但是学界目前有关网络空间治理的研究主要以单一领域居多。

总体而言,学界关于全球网络空间治理的研究和探讨还处于起步阶段,很多问题还有进一步拓展、深化的空间。虽然已经有诸多研究者开始关注这一问题,但是由于这一研究的跨学科特性和多面复杂性,许多关于全球网络空间治理的研究文章仍然处于片面化与浅表化阶段,这也使其系统研究与跨学科研究成为必要。

全球网络空间治理是个具有高度理论价值与实践意义的重大命题,处于国际治理政策辩论的最前沿。放眼全球,近年来在这一主题领域,许多国家相继提出相关的立法规范和政策动议。在网络空间治理全球博弈的背后,是技术支撑下的政治和经济权力的斗争。中国是全球大国,也是全球网民最多的国家,在全球网络空间治理体系中发挥着重要作用。党的十八大以来,习近平总书记对中国的网络空间治理问题极为重视。2016年4月19日,习近平总书记在网络安全和信息化工作座谈会上指出,"互联网越来越成为人们学习、工作、生活的新空间,越来越成为获取公共服务的新平台","网络空间是亿万民众共同的精神家园",我们要"本着对社会负责、对人民负责的态度,依法加强网络空间治理"。同时,在全球层面加强网络空间治理不仅事关对发展制高点的争夺,而且事关各国在国际秩序和国际体系长远制度性安排中的地位和作用。网络空间治理问题成为信息网络化时代影响国家综合发展实力和前景的重要问题。

当前,全球网络空间治理正朝着多边、多方参与的全球协调机制加速演化,能否推动和实现网络空间秩序化,对于全球网络安全和发展有重要影响。在全球网络空间治理新的实践中,中国应当抓住机会,持续性地参与全球网络空间治理的学术讨论和政策辩论,推动建立全球网络空间治理体系,推动全球网络空间治理朝着更加开放、多元、安全、稳定的方向发展,对于保障我国网络安全、提高我国在全球治理体系中的话语权、推动建立新型大国关系以及维护世界和平与稳定有重要意义。

第一章　全球网络空间治理体系的
演进与现状

　　诞生于 20 世纪 60 年代的互联网在今天已经融入人类社会的各个领域，深刻地影响着世界经济、政治、文化和社会的发展。互联网在为人类带来全球互联互通、数字经济和数字贸易等新图景的同时，也给国际社会带来了网络犯罪和数字鸿沟等新挑战，网络空间治理越来越成为全人类面临的共同考验。互联网的跨国性和开放性，决定了全球网络空间治理必定是一项牵扯多利益攸关方的复杂议题。历史上，技术社群、国家政府、国际组织、私营部门、社会团体等不同主体曾前后介入全球网络空间治理中，争夺网络空间治理的话语权，全球网络空间治理体系也经历了从无到有、从简易到复杂、从松散到组织的发展过程。构建全球网络空间治理体系研究，梳理全球网络空间治理体系的演进过程是有必要的。本章将从全球互联网的产生和发展开始，分析全球网络空间治理体系的演进、发展，然后对当前全球网络空间治理体系的架构现状进行评估，最终落实到全球网络空间治理体系的理论构建上。

一、网络空间的特殊性与全球
网络空间治理雏形

（一）全球互联网的产生和发展

　　从 20 世纪 60 年代末至 80 年代中期是全球互联网的诞生和发展时期，这一时期，互联网的资源基础基本上得以建立并主要应用于科学研究。在这一阶段,TCP/IP 协议的部署创造了 IP 地址资源空间,建立了最早形态的顶级域体系,域名系统由简单的系统变为层次化的树状结构,技术专家们在发展的重大技术路线上发挥了决定性作用。此时,全球网络空间治理架构尚未形成,网络空间治理也仅限于技术范畴。

互联网起源于冷战时期,最早可以追溯到 20 世纪 60 年代美国国防部(U.S. Department of Defense, DOD)开展的一个研究项目,该项目致力于在美国的重要研究中心和研究机构之间共享计算资源。1969 年,美国国防部高级研究计划局(Defense Advanced Research Projects Agency, DARPA)资助并建立了一个基于分组交换的 ARPANET(阿帕网),使得数据包能够在该网络中实现多方向路由,从而保障整个网络在部分元素出现故障时仍可运行。最初,阿帕网的参与者仅限于美国国防部的科研人员和研究机构;后来,越来越多的研究机构和大学加入进来,使其逐渐发展成为一个由多个网络相互连接的系统。之后,包括美国军用网络(Military Network, MILNET)、美国国家科学基金会(National Science Foundation, NSF)创立的计算机科学网络(Computer Science Network, CSNET)、因时网(Because It's Time Network, BITNET)等更多网络被建立起来。

随着网络科研项目越来越多,科研工作逐渐产生了将各个网络相连的需求。由于各个网络项目的网络协议各自独立且互不兼容,需要制定一个统一的网际互联协议,来将包括 ARPANET 在内的若干个网络科研项目在保持各自网络特性的前提下连接起来。1974 年,时任美国国防部高级研究计划局的项目官员罗伯特·卡恩(Robert Kahn)同斯坦福大学的温特·瑟夫(Vint Cerf)等人共同研究并提出了传输控制协议(Transfer Control Protocol, TCP)的基本概念,起草并正式发布了 TCP 协议基础架构的文稿。1975 年,TCP 协议的原型开始投入测试,并在接下来的两年内不断进行技术调整和改进,最终在 1978 年 TCP 协议正式发布。

1978 年,研究的工作取得了重要进展,温特·瑟夫与霍纳桑·波斯特尔(Jonathan B. Postel)等人提出了独立于 TCP 的用于标识的网际协议——IP(Internet Protocol)。用于建立链接的 TCP 可以在拥有 IP 地址的主机之间组织端到端的通信,传递数据包。1981 年 9 月,RFC791[①] 作为 IP

---

① RFC 的全称是征求修正意见书(Request For Comments),RFC 始于 1969 年,由斯蒂芬·克罗克(Stephen D. Crocker)用来记录有关 ARPANET 开发的非正式文档,最终演变为用来记录互联网规范、协议、过程等的标准文档。

的正式文件被提交给美国国防部高级研究计划局,标志着 IP 地址空间正式建立。文件明确规定,波斯特尔负责分配 IP 地址资源。在最初阶段,IP 地址资源的 43 个 A 类地址被分配给相关的研究机构,大部分是承担国防部高级研究计划局项目的美国机构。从 1983 年的第一天开始,ARPANET 的网络协议从网络控制协议正式切换到 TCP/IP 协议,TCP/IP 协议的正式部署标志着互联网的诞生。

到 1982 年,由 ARPANET 发展而成的互联网雏形包含 25 个网络,共计 250 台主机。网络中主机之间的通信借助一个主机名称与主机地址对应表组成的名称系统——host. txt 文件完成,网络中的每个主机都需要存储 hosts.txt 文件,权威的 hosts.txt 文件则存储在美国国防部网络信息中心的一个主机名称服务器上,由斯坦福研究所负责维护。斯坦福研究所的波斯特尔从 1970 年代末开始便承担了互联网名称系统的维护工作,他最早提出了若干顶级域建议,包括.cor、.ddn、.edu、.com、.pub 等,并参与起草了简单邮件传输协议(Simple Mail Transfer Protocol, SMTP)的 RFC,为电子邮件的应用奠定了基础。在波斯特尔和斯坦福研究所的共同管理下,互联网域名系统维持了早期的稳定运行。

早期互联网的结构相对简单,随着互联网规模的不断膨胀,网络结构日益复杂,需要一个更高级的域名系统,因此,出现了一系列域名系统理论。技术专家大卫·米尔斯(David Mills)和大卫·克拉克(David Clark)分别提出了分层域名空间和设置域名服务器的分布式网络架构。保罗·莫卡佩里斯(Paul Mockaperis)通过 RFC882、RFC883 等文件对域名系统的方案不断优化,并开发了早期的域名系统软件。到 1983 年,域名系统理论基本确定,技术专家们通过邮件组讨论方式制定了过渡方案,启动了 DNS(Domain Name System,域名系统)的部署。1984 年,波斯特尔和乔伊斯·雷诺兹(Joyce Reynolds)起草了 RFC920 文件,规定了包括.arpa、.edu 等最早的一批通用顶级域,还将 ISO-3166 文件中确定的国家和地区两字符代码规定为顶级域。1985 年,.com 顶级域下正式注册了第一个域名——symbolics.com,并授权 3 个国家或地区通用顶级域。

20 世纪 80 年代成立的网络项目之间的网络称为 ARPA-INTERNET,后来被称作因特网(INTERNET)。随着 TCP/IP 协议的出现和标准化以及域名系统的建立,世界上越来越多的国家纷纷加入其中,使因特网逐渐成为全球性的网络,即今天所说的全球互联网。

（二）网络空间的特殊性：全球公域的争论与界定

全球公域又称全球公地，英文为 global commons。在美国国防部 2010 年发布的《四年防务评估报告》中，全球公域是指"不受单个国家控制，同时又为各国所拥有的领域或区域"，具体来说，"它们共同构成了国际体系的网络状结构，主要包括海洋、航空、太空和网络空间"。[①] 布热津斯基 (Zbigniew Kazimierz Brzezinski) 将全球公域分为战略类和环境类两大类。学术界关于全球公域的概念尚未达成统一意见。全球公域的范围也未明确，有自然环境维度、资源治理维度、法律维度、安全维度等多种分析视角。一般认为包括公海、外太空、国际空域和网络空间四大领域。其中，最大的争议在于网络空间，网络具有公域的某些特点，但是否将其纳入全球公域范畴，世界各大国尚未达成共识。

全球公域是美国为其未来安全量身定做的概念，是美国促进自身安全转型、维护霸权地位所采取的一个关键步骤。美国认为，确保对全球公域的出入自由、充分利用与有效控制，是美国霸权的核心关切和军事基础。在网络空间界定上，美国借助其在国际网络空间基础设施和信息产业上的优势，希望以全球公域和信息自由等为借口将自身的势力扩张到他国的网络空间和主权领域。对美国而言，对网络空间的全球公域的界定有助于为其介入别国网络空间寻找借口，有助于为其军事转型寻找新动力，也有助于为美国的安全同盟体系寻找新使命，并借以将中、俄等国的黑客威胁提升为全球公域的威胁而加以打压。因此，美国在 2005 年曾将网络空间与公海、天空和太空相提并论，纳入全球公域的范畴。[②] 2010 年，美国白宫发表的《国家安全战略报告》认为网络属于全球公域。[③]

美国也慢慢地意识到将网络空间作为全球公域的局限性：一方面，全球公域治理的主体一般为联合国或政府间国际组织，如果视网络空间为国际公域，美国就需要让出网络资源的控制权和网络治理的主导权，而这是美

① U.S. Department of Defense, *Quadrennial Defense Review Report*, February 2010, p.8.
② U.S. Department of Defense, *The National Defense Strategy of the United States of America* (2005), p.13.
③ U.S. White House, "U.S. National Security Strategy 2010," http://www.whitehouse.gov/sites/default/files/rss_viewer/national_security_strategy.pdf, accessed August 16, 2021.

国所不情愿的;另一方面,将网络作为全球公域与美国把军事作战领域扩展至网络空间的图谋有所相悖。因此,美国曾试图采用一个新的概念——全球连接领域(Globally Connected Domain)来说明网络空间的性质[①],旨在把网络空间与海洋、天空和太空等全球公域区分开来,以确保自身网络安全,同时又可以保留在这一领域里的行动自由和对国际网络空间的控制权。

对于中国而言,将网络空间作为纯粹的全球公域也有其局限性,因为这与中国所倡导的网络主权的概念有所冲突。全球公域可以理解为任何单一国家所不能享有排他性主权的场域,而中国在网络空间上所持的立场是:支持网络空间的全球公共属性,认同国际互联互通是网络空间可持续发展的前提。同时,中国希望明确网络空间与国家主权之间的关系。虽然中国并没有坚持主权应涵盖网络空间的一切事务,但是中国支持"与有关的公共政策问题的决策权属国家主权"的观点。[②]

关于网络空间是否属于全球公域,国内外的主流意见是将其纳入全球公域的大环境研究中。但也有学者对此提出质疑。杨剑通过对网络空间公共性的分析和其权力来源与控制权的分析,认为很难以全球公域来定性网络空间。[③] 约瑟夫·奈(Joseph S. Nye)认为,将网络空间描述为公共产品或全球公域并不完全准确。网络空间也并非类似公海的场域,因为其部分地受到主权的控制。[④]

事实上,企图用任何一种单一模型定义网络空间可能行不通。与海洋、天空等相似,网络空间是国内私域和全球公域共同构成的全球混合场域。[⑤]也就是说,网络空间既非完全的国内私域,也非完全的全球公域,网络空间构成了不同于完全的国内私域或全球公域的全球复合场域——公共池塘资源(common pool resources)。[⑥] 网络空间具有部分的排他性,例如,国家可以

---

① U.S. Department of Defense, "National Military Strategy of the United States of America 2011: Redefining America's Military Leadership," http://www.army.mil/info/references/docs/NMS% 20FEB%202011.pdf, accessed August 16, 2021.

② World Summit on Information Society, *Building the Information Society: Global Challenge in the New Millennium* (Declaration of Principles of First Phase of the SIS), 2003, p.7.

③ 杨剑:《美国"网络空间全球公域说"的语境矛盾及其本质》,《国际观察》2013 年第 1 期。

④ Joseph S. Nye, *The Future of Power*, Public Affairs Press, 2011, p.143.

⑤ 张晓君:《网络空间国际治理的困境与出路——基于全球混合场域治理机制之构建》,《法学评论》2015 年第 33 期。

⑥ Scott J. Shackelford, "Toward Cyberpeace: Managing Cyberattacks Through Polycentric Governance," *American University Law Review*, 2013, 62(5).

对位于本国内的基础设施进行管辖,一国享有的排他性主权的场域为国内私域;网络空间单一主权所未能企及之处,则属于全球公域范畴。

(三) 全球网络空间治理的形成与全球网络空间治理雏形

20 世纪 80 年代中期到 90 年代末,随着域名系统的发展和万维网(www)协议投入使用,互联网的商业价值逐渐显现,逐渐从主要用于科研的网络向商业网络转变。这一时期全球网络空间治理架构开始显露雏形,随着一些主要的技术和管理组织的建立,网络空间治理从早期的松散开始向组织化和机构化过渡。在这一过程中,美国政府在同技术专家以及欧洲国家在关于资源的所有权和管理权的博弈中占了上风,推动建立了 ICANN 来规范全球资源的协调分配,并由此暂时确立了政府在全球网络空间治理体系中的主导地位。

网络空间治理最初的技术和管理组织是由技术社群创建的。1983 年年底,一群技术专家成立了互联网活动委员会(Internet Activity Board)并扮演审查组的角色,对重要标准的制定进行把关。在接下来的几年中,互联网进入一个规模迅速膨胀的高速发展的时期,随之而来的技术问题也愈加复杂,技术专家于是又成立了互联网工程任务组(Internet Engineering Task Force,IETF),通过定期举办公开会议研讨技术问题来回应技术发展的诉求。1989 年,温特·瑟夫和波斯特尔等先驱又成立了互联网研究任务组(Internet Research Task Force, IRTF)。在这一时期,标准制定和技术治理的基本架构由互联网活动委员会处于指导地位,把握重大技术方向,IETF 和 IRTF 则采取分领域工作的方式管理各自下设的若干工作组。此外,技术专家们还建立了互联网号码分配管理机构(Internet Assigned Numbers Authority, IANA),负责管理 IP 地址和网络协议参数等,波斯特尔是该机构的联络人和最高负责人,记录所有 IP 地址和域名的 host.txt 文件就存储在他位于南加州大学的个人电脑中。随着 20 世纪 90 年代商业化的发展,IETF 的影响力越来越大,其所制定的标准和作出的决定都有可能造成重要的经济影响,为了迎合商用化的趋势,同时也为了应对经济影响力提升带来的法律纠纷的风险,技术社群在 1992 年 1 月成立了另一个重要组织——互联网国际协会(Internet Society, ISOC)。同时,ISOC 的建立也有技术专家们争取治理权、为以后脱离美国政府做铺垫的意思。随着互联网在全球的普及,区域地址分配机构(Regional Internet Registry,RIR)开始陆续建立,1992 年 4 月成立的欧洲 IP 地址资源网络协调中心(Réseaux IP Européens Network Coordination Centre,RIPE-NCC)是第一个区域性 IP 地址资源分配机构。1992 年,欧洲、中亚地区和中东地区的 RIPE NIC 成立;1993 年,亚太地区的 APNIC 成立;1997 年,北美地区的 ARIN 成立;2002 年,南美及加勒比海地区的 LACNIC 成立;2004 年,非洲地区的 AFRINIC 成立。

在这一时期,技术专家们采取一系列举措来巩固他们对互联网政策的制定权。随着网络技术的发展,关键资源管理权归属问题开始凸显,技术社群和美国政府之间的矛盾变得突出。美国政府和技术社群围绕网络事务的最高决定权展开了一系列博弈。

1990 年,美国国防部与斯坦福研究所(Stanford Research Institute,SRI)签订的根区管理合同到期,新的承包商将这一业务转包给一家名为 NSI (Network Solution Inc.)的小公司。NSI 公司开始与波斯特尔等人共同管理域名系统,波斯特尔仍拥有对通用顶级域设置的决定权和影响力,NSI 则成为民用顶级域①的唯一注册商,并负责管理根服务器。从 1995 年起,NSI 公司开始利用域名注册收费。为打破 NSI 公司的垄断行为,ISOC 在 NSI 公司与国防部的合同预计于 1998 年到期之际准备全面接管域名的注册和分配权力,为此它在 1996 年成立了一个名为国际特别委员会(International Ad Hoc Committee,IAHC)的国际小组负责未来的域名和地址管理工作,IAHC 对除了.com、.org、.net 之外的国际性公用顶级域名(gTLD)进行整理,推出了通用顶级域名谅解备忘录(generic Top Level Domain Memorandum of Understanding,gTLD-MoU),这项 gTLD-MoU 联盟计划准备由一个独立于美国政府的运作实体负责事务,ISOC 意图利用这一机会为其及其附属组织全面争取治理权,改变 NSI 在域名注册领域的垄断地位和摆脱美国政府对于互联网的控制。此举争取到包括国际电信联盟、域名注册商理事会(CORE)等来自世界各地 80 多个组织的支持。ISOC 的努力代表了技术社群的自治实践,然而,美国政府不同意让出管理权,更重要的是,美国政府担心 ITU 等组织的介入会使得其他政治体(尤其是欧盟)对互联网形成控制力。因此,在美国政府的干预下,gTLD-MoU 联盟拟于 1998 年 1 月正式接管治理权的计划失败了。美国政府最终确定了自己对于互联网的全面管治权。

---

① 　包括.com、.net、.org、.edu 等。

　　技术社群的最后一次自治尝试来自波斯特尔的"政变"。1998 年 1 月
28 日,就在美国政府将管理权由美国国家科学基金会转移到美国商务部的
当天,波斯特尔利用其在社群的个人威望和强大影响力,向当时组成根区系
统的 13 个根服务器中的 8 个根服务器的负责人发送电子邮件,要求他们将
其实际控制的 8 个根服务器直接认波斯特尔的电脑为主机,在极短的时间
内,互联网被分成了两个世界:一个由波斯特尔控制;另一个则受控于美国
政府。美国政府立刻意识到问题的严重性,并威胁要诉诸法律。波斯特尔
很快便屈服了,他声称这次举动仅仅是一次实验。1998 年 1 月 29 日,美国
政府发布绿皮书,宣布自己对根域名的最终权威,并全面接管域名系统的控
制权。

　　在关键资源的管理权问题上,美国政府战胜了自治组织和其他试图通
过政府间组织来分享控制权的地区和国家,但是美国政府并未直接管理域
名系统,而是采取通过私营化实现全球化的全球治理策略。1997 年,美国
总统比尔·克林顿(Bill Clinton)签署了一项总统谅解备忘录,授意美国商
务部将 DNS 管理职能转移给民间机构或私营部门。1998 年,美国商务部下
属的国家电信与信息管理局(National Telecommunications and Information
Administration, NTIA)先后公布了改进国际域名与地址的技术管理的建议
和《域名和地址管理》(*Management of Internet Names and Addresses*)白皮书,
宣布将域名系统的治理权私有化,承诺将网络空间治理向更加国际化的方
向过渡。[①] 于是,互联网名称与数字地址分配机构正式成立。ICANN 的成
立提高了 DNS 管理的国际参与度,使得 DNS 管理权掌握在一个非营利性
的民间组织手中,形式上脱离了美国政府的掌握,使各国政府获得了参与关
键资源管理体系的渠道和可能性。同时,ICANN 的成立打破了 NSI 对于域
名注册服务的独家垄断局面,引入了市场竞争,促进和实现了域名注册服务
的市场化,也为日益增多的国际域名注册纠纷建立了解决机制。时至今日,
ICANN 仍是全球网络空间治理的核心机构。

　　尽管 ICANN 的建立促进了全球网络空间治理的私有化和国际化,但由
于它受到美国政府的监督并对其负责,关键资源的控制和管理权实际上仍

---

① United States Department of Commerce, "Statement of Policy on the Management of Internet Names and Addresses," *National Telecommunications and Information Administration*, June 5, 1998, https://www.ntia.doc.gov/federal-register-notice/1998/statement-policy-management-internet-names-and-addresses, accessed August 10, 2022.

在美国政府的手中。美国政府通过 IANA 合同、2006 年美国商务部和 ICANN 签订的谅解备忘录以及美国商务部与 VeriSign 公司①之间的合同等法律框架来巩固对 ICANN 的控制,并且不止一次地干涉 ICANN 的运作。这意味着美国政府从未真正放手互联网管理的主导权,美国在全球网络空间治理中仍牢牢占据主导地位。

二、全球网络空间治理:从"自治论"到 "巴尔干化论"

全球治理最广为引用的定义是:个人和机构(包括公共机构和私人机构)管理其共同事务的多种方式的总和。② 网络空间的全球治理则可以认为是"包括网络空间基础设施、标准、法律、社会文化、经济、发展等多方面内容的一个范畴"。③ 之所以用"全球治理"取代"治理",是因为网络空间的性质使其超越任何一个国家和主体可以操纵的能力范围。如何建立一个公平、繁荣并且安全的网络空间已成为一个全球性议题④,网络空间也因此成为全球治理一个重要对象。

(一)网络空间"自治论"

全球网络空间治理经历了从初期的"自治论"到当前的"巴尔干化论"的演化过程。网络空间的"自治论"所强调的是网络应独立于国家政府管制之外,应由各不同的网络社区中的网络公民自己管理自己,由各种代码规则、软件和硬件实现对网络空间的管理。在网络发展的初期,人们相信互联

---

① VeriSign 公司是.com 和.net 域名服务器的管理者,据此执行所有 ICANN 的决定。
② [荷]亨克·奥弗比克:《作为一个学术概念的全球治理:走向成熟还是衰落?》,来辉译,《国外理论动态》2013 年第 1 期。
③ Panayotis A. Yannakogeorgos, "Internet Governance and National Security," *Strategic Studies Quarterly*, Fall 2012.
④ "团结合作、社会公平、民主和政策有效性"不足是全球性议题的产生原因,也是全球治理需求的深层次动力。参见[英]戴维·赫尔德:《重构全球治理》,杨娜译,《南京大学学报》2011 年第 2 期。

网是"不可控制的"。美国前总统克林顿曾有一个非常著名的比喻：控制互联网就好像是"试图将果冻钉在墙上"。[1]

首先，从词源上来说，网络空间（Cyberspace）所刻画的图景给人们这样一种印象：网络空间是一个用户可以将自己的思想倾注进去的虚拟的现实领域，是人们可以借以逃离现实物理世界的空间。[2] 这幅图景描绘的是一个纯净的精确的数理空间，就像三维电脑图画一样。对大多数人而言，网络空间可能仍然是这种抽象印象。

其次，从网络空间的核心技术建构来看，TCP/IP 协议常常被认为是高度去中心化的相对匿名的网络组织方法，这使得很多评论家始终认为网络空间从来就不应该被国家政府所控制。他们认为，网络空间不是建立在某个单一的民族国家基础之上，因此，传统形式的国家管制并不适合这个去中心化的、分散的媒介。他们进一步指出，即使是国际组织，也不应该提供任何所谓有意义的方式来规训。[3]

最后，从网络空间的演化发展来看，这些年其发展的确在很大程度上是通过个人、研究团队以及松散的科学家团体的自愿行动来完成的。这种发展方式提供了一种"大致共识"基础上的非正式的却很紧密的治理模式。[4]这也是 20 世纪 70 年代以来早期互联网技术结构发展和解决方案的特征。

这种网络独立于政府管控外的"自治论"观点主宰了互联网诞生后的头 25 年。相当数量的专家至今仍坚持纯粹自由与开放，认为互联网应当是一种非政治的、非营利的、纯技术的存在。直至 20 世纪 90 年代，对网络空间的治理重点仍然在技术和标准方面，这似乎将国家排除在全球网络空间治理之外，网络空间某种程度上还是一个能够抵抗国家调控的开放的公共空间（open commons）。[5] 然而，当前的情况正在改变。国家和政府越来越显示出对网络空间及其治理的兴趣。以往主要由用户和私营部门

---

[1] Gudrun Wacker, "The Internet and Censorship in China," in Christopher R. Hughes, Gudrun Wacker, eds., *China and the Internet: Politics of the Digital Leap Foreward*, Routeledge, 2003, p.58.

[2] 网络空间（cyberspace）最初由科幻小说家威廉·吉布森（William Gibson）提出。See William Gibson：*Neuromancer*, Ace Books, 1984。

[3] ［英］安德鲁·查德威克：《互联网政治学：国家、公民与新传播技术》，任孟山译，华夏出版社 2010 年版，第 307 页。

[4] 同上。

[5] Ronald J. Deibert and Masashi Crete-Nishihata, "Global Governance and the Spread of Cyberspace Controls," *Global Governance*, 2012, 18.

所塑造的网络空间开始逐步受到政府的影响。"网络巴尔干化"(cyber-balkanization)成为一种可能和趋势。[①]

(二)"网络巴尔干化论"的浮现

"网络巴尔干化论"是指网络空间分裂为各怀利益动机的繁多子群趋势的观点。[②] 这种趋势是国家、市场和社会在网络空间互动的结果。虚拟网络边界在不同利益集团间逐步显现,网络空间从一个开放的公共空间逐步变为受制约的空间。[③] 国家借助其主权概念和传统权力正在加强对网络空间的介入;各种市场行为者(如网络服务提供商)操控着大量人群的网上活动、个人数据等,他们在网络空间承担着保证用户身份识别、维持网络社会秩序等传统国家才有的职能;网络的全球互联互通和便捷性,又导致了某种程度上网络空间全球社会的诞生。尽管还不能称之为真正的社会,但是各种民间团体的网络空间行动却是不可忽视的网络空间力量。

国家和政府是全球网络空间治理中最明显的利益相关者。网络空间面临着来自国家和政府越来越大的管制压力。通过各种治理论坛、国家间的协商机制以及各国的审查过滤措施,国家和政府逐步加强对网络空间的规范、塑造甚至干涉和权力实施。自由放任和市场导向的网络空间立场逐步让位于国家主导的管控。

网络空间审查和过滤常态化以及网络边界在国家间的显现是"网络巴尔干化"的重要例证。曾经的那些被认为不正常的管控现在几乎成了标准动作。[④] 如今的现实是:不管是东方还是西方,不管是发展中国家还是发达国家,过滤已经成了普遍实践。对网络空间的审查和管控已经不仅限于所

---

① Marietje Schaake, "Stop Balkanizing the Internet," *Huff Post*, July 17, 2012, http://www. huffingtonpost.com/marietje-schaake/stop-balkanizing-the-internet_b_1661164.html, accessed August 10, 2022.

② "网络巴尔干化"由麻省理工学院教授马歇尔·范·阿尔斯泰(Marshall Van Alstyne)和埃里克·布林约尔松(Erik Brynjolfsson)在1997年3月1日发表的题为《电子社区:是全球村还是网络巴尔干国家?》("Electronic Communities: Global Village or Cyberbalkans")的论文中首次提出,http://pdf.aminer.org/000/326/255/communication_networks_and_the_rise_of_an_information_elite_do.pdf,最后浏览日期:2022年8月10日。

③ Ronald J. Deibert and Masashi Crete-Nishihata, "Global Governance and the Spread of Cyberspace Controls," *Global Governance*, 2012, 18.

④ Ronald Deibert, John Palfrey and Rafal Rohozinski, eds., *Access Controlled: The Shaping of Power, Rights, & Rule in Cyberspace*, The MIT Press, 2010, p.4.

谓的集权国家,也不再是大众视野之外的偷偷摸摸的行为,而正在形成一种全球常态和规范。尽管许多国家可能羞于承认自己采取措施对网络内容进行过滤或对敏感网站进行查封,但或多或少地在一些模糊的国家安全法律的掩护下,对本国网络空间进行管制。

国家如今对其网络空间的管控也不再遮遮掩掩。以一向标榜捍卫网络自由的美国为例,其长期通过政府和私营电信机构合作来进行网络监控的事实早已不是秘密,即使2013年"斯诺登事件"曝光引起全球轩然大波后,仍然不断被爆出其在网络空间监听监控的丑闻。在此影响下,各国出于网络安全的考虑,纷纷加强了政府层面的管控,不仅发展中国家(如巴基斯坦等国)建立了国家防火墙来监控和过滤网上的信息流动,就连英国、加拿大等所谓的西方民主国家也有意无意地走向管控之路,对网上的政治内容进行过滤、审查其中的仇恨性语言和种族极端主义内容。

从数量上看,2002年实施国家强制性网络过滤的只是两三个国家,然而,到2007年,在调查的41个国家中,实施网络过滤的国家已经达到25个。① 到2012年,这一数据已经上升至30多个国家。② 更为重要的是,这些国家并不都是威权体制。更别说大部分公司都自觉进行的自我审查。根据CompariTech《互联网审查报告(2024年)》的统计,受调查的175个国家均普遍存在或多或少的网络审查。③ 这些都充分表明了这种"网络巴尔干化"的趋势。

(三)"网络巴尔干化"的原因

"网络巴尔干化"的最重要推手是各个国家和政府。国家跻身网络空间管控和治理的原因包括三个方面。

第一,网络空间从自由的乌托邦到网络边界的逐步形成的过程,是网络空间的自然发展过程,是全球信息环境的回归。从历史上看,在互联网诞生

---

① Ronald Deibert, John Palfrey and Rafal Rohozinski, eds., *Access Controlled: The Shaping of Power, Rights and Rule in Cyberspace*, The MIT Press, 2010, p.XV (Foreword).

② Ronald J. Deibert and Masashi Crete-Nishihata, "Global Governance and the Spread of Cyberspace Controls," *Global Governance*, 2012, 18(3).

③ Paul Bischoff, "Internet Censorship 2024: A Global Map of Internet Restrictions," *Comparitech*, https://www.comparitech.com/blog/vpn-privacy/internet-censorship-map/, acessed December 1, 2023.

之前,全球信息环境的特点就是围绕各自主权范围的管控。因为只要政府存在,它就具有政府性(governmentality)和管制的思维习惯。① 而这种日常监控也因此成了当代工业社会运行的一个惯例。② 回顾现代历史上的大多数时期,政府常常与一些可能威胁其权威的新兴技术社群形成持久的角力。③ 电报、电灯、电话几乎都是出现在一些历史转型期,互联网的出现也恰好适逢东欧、苏联巨变前的一系列政治动荡。这些都使人们相信技术具有促进民主化、促进社会和政治改革的力量④,会弱化国家权威,因此,国家需要对之加以限制和管控。

当新技术产生之初,它要么处于未被管控的状态,要么就是受制于旧的可能已经过时的规则。一旦技术逐步成熟、在政治领域开始具备重要性,且政府开始具备了应对的经验之时,也就是技术被纳入常规管控之时。互联网一度看上去不可控,因为它赋予了许多个人和非国家行为体前所未有的力量。但是和其他技术的发展命运一样,互联网也无法逃避全球信息环境的历史发展规律和国家的政府性。

第二,国家对网络空间的逐步介入源于世界政治中的竞争逻辑,因为没有一个国家希望在新的地缘政治竞争格局中被击败。世界政治中的竞争逻辑常常会超越并覆盖理性的决策过程。因此,对于网络战争的威胁,各国政府的应对措施并不是相互自我克制,而是积极发展攻击性技术,包括承包给第三方甚至是犯罪组织。这也是国际政治中安全困境时常会发生的原因。

网络空间日渐上升的重要性和人们对它越来越高的依赖性使网络空间成为世界政治新的竞技场。一方面,网络空间是一种必须拥有的珍贵资源,是可以绕过结构障碍促进经济和社会发展的工具,是进入全球市场的路径。对于硅谷一代人(Silicon Valley generation)而言,互联网曾经是一种公共资源,是要在电脑上登录"进入"后才能接触到的领域和空间。随着如今随身携带的移动终端的普及,越来越多的交易网络化、在线化,人们几乎无时无

---

① "政府性"(governmentality)一词由法国哲学家福柯提出,该词首次出现在 1978 年 3 月 15 日福柯的"安全、领土与人口"课程系列演讲中。也有"统治性、统治心态、统治术、治理性、治理术"等中文译法。

② See David Lyons, *Surveillance Society: Monitoring Everyday Life*, Open University Press, 2001.

③ See Ronald J. Deibert, *Parchment, Printing and Hypermedia: Modes of Communication in World Order Transformation*, Columbia University Press, 1997.

④ See Tom Standage, *The Victorian Internet: The Remarkable Story of the Telegraph and the Nineteenth Century's On-line Producers*, Berkeley Books, 1998.

刻不在网络空间,网络空间已经成为人们不可分割的生活、居住和商务环境。另一方面,国家越来越认识到网络空间的战略重要性,网络空间军事化越来越明显。网络在 2008 年格鲁吉亚战争中的应用、网络间谍的全球频发都佐证了网络空间的战略意义。而国家之间、国家和非国家行为体之间在网络空间的地缘政治竞争,更使国家无法忽视这一重要领域。

第三,国家跻身网络空间的管控还源于现实挑战性,这种挑战性一方面是由于现有网络空间治理模式的不足而导致的许多网络安全问题和纠纷;另一方面是网络空间对国家威胁的逐步上升。从这两方面看,国家对全球网络空间治理的介入也可以说是迫不得已。

在互联网诞生初期,网络空间的发展目标远甚于安全目标,而且其力量也尚未威胁到国家。[①] 然而,网络恐怖主义、儿童色情、网络犯罪等各种网络安全问题的出现,都给了国家对网络空间管控以充分的理由。除此之外,网络空间的传播和组织功能还使许多国家希望通过参与网络空间的治理,以达到对异议分子和反动力量的压制、保护和促进民族认同、加强社会稳定和地域控制、规范网络空间的版权控制等目标。

所以,国家对网络空间治理的参与乃至将来的主导有其充分的理由。针对民族国家在网络空间的地位问题,第一个能找出答案的国家也许就能在 21 世纪占据网络空间的主导地位。

三、21 世纪全球网络空间治理体系的演进、架构与评估

全球网络空间治理体系的发展大致可以分为三个阶段:从 20 世纪 60 年代末至 80 年代中期,是互联网的诞生和发展时期,互联网的资源基础基本建立并主要应用于科学研究;20 世纪 80 年代中期到 20 世纪 90 年代末,互联网经历了从科学实验网向商业网络的转变,网络空间的基础标准基本形成体系,技术标准、资源分配组织陆续成立,全球网络空间治理架构显露雏形;进入 21 世纪以来,全球网络空间治理进入一个新阶段,全球网络空间

---

① NCAFP, "Cyberpower and National Security," *American Foreign Policy Interests*, 2013, 35(1).

治理呈现多平台、议题多样化的特点,随着越来越多治理平台的出现,更多的国家政府和其他利益相关方开始通过各种渠道参与全球网络空间治理,积极争取话语权和影响力,全球网络空间治理架构逐渐发展成为如今的形态。

(一) 全球网络空间治理架构的演进与变迁

全球网络空间治理架构的发展进程可分为四个阶段。

第一阶段是自主发展阶段。从 1969 年 ARPANET 的建立至 1980 年代中期,互联网主要用于科学研究,美国国防部、美国国家科学基金会等机构为互联网的发展提供大量的资金。在这一阶段,TCP/IP 协议的部署创造了 IP 地址资源空间,建立了最初的顶级域体系,域名系统由简单的系统变为层次化的树状机构,互联网的资源基础基本确立。在该阶段,技术专家们在重大技术路线决策上发挥了主要作用。网络空间主要是通过各种技术标准及行业准则进行自我规制和自发、自治发展。

第二阶段是从 1980 年代中期至 1990 年代末的美国政府确立权威地位的阶段。在这一阶段,互联网经历了从科学实验网向商业网络的转变,网络空间的基础标准基本形成体系,技术标准、资源分配组织陆续成立,网络空间治理从早期的松散状态开始向组织化和机构化过渡。工程任务组的成立很好地解决了技术发展的需求。互联网号码分配管理机构、互联网国际协会、区域地址分配机构等陆续成立。在这一阶段,美国政府在与技术社群及欧洲国家关于资源所有权和管理权的博弈中占据上风,并确立了其在国际治理体系中的主导地位。美国政府推动建立了 ICANN,规范了互联网关键资源的协调安排。美国商务部开始取代国防部行使根区管理职责。这一时期,国际网络空间治理架构显露雏形。

第三阶段是从 1990 年代后期至 2010 年的全球网络空间治理规范化的萌芽阶段。进入 21 世纪以来,国际网络空间治理进入一个新阶段,随着互联网在全球的普及,互联网融入了人类社会的各个领域,包括国家政府、国际组织、民间团体、商业机构等在内的利益相关方越来越关注国际网络空间治理。在这一阶段,国际网络空间治理呈现多平台、议题多样化的特点。联合国特别召开了信息社会世界峰会,专门讨论国际网络空间治理问题。随着峰会的举行,越来越多的国家政府和其他利益相关方开始通过各种渠道参与国际网络空间治理,积极争取话语权和影响力。然而,美国凭借控制互联网的关键资源,仍在国际网络空间治理上发挥主导作用。这一阶段也是网络空间治理规范化的萌芽阶段。从 1990 年代后期开始,学界(主要是西方学者)就开始对网络犯罪和"网络战"等国际法问题开展了颇具前瞻性的研究。特别是 2007 年爱沙尼亚受到大规模网络攻击后,对"网络战"和网络安全国际法问题的关注大大增加。以北大西洋公约组织(North Atlantic Treaty Organization, NATO)从 2009 年开始组织编写《关于适用于"网络战"的国际法的塔林手册》(*Tallinn Manual on the International Law Applicable to Cyber Warfare*,以下简称《塔林手册》)为主要标志,学界对"网络战"国际规则的研究进一步走向深化。

第四阶段是 2010 年之后的全球网络空间治理全面发展阶段。这一阶段也是网络空间国际规则研究和国际网络空间治理意识的快速成长期。在 2010 年谷歌宣布退出中国、2013 年"棱镜门"、2014 年美国以从事"网络间谍"为由起诉 5 名中国军人以及索尼影业遭黑客攻击等广受关注的事件的推动下,中国等发展中国家开始意识到参与网络空间治理的重要性,开始积极寻求提高网络空间治理的话语权和影响力。国际社会对网络空间国际规则制定的重视也不再限于"网络战"等少数领域,开始走向全面升温。

除了上述对全球网络空间治理发展阶段的划分方法外,还有其他不同的网络空间治理阶段划分法,例如,有人将之分为军事和政治背景下的建设期、科技和教育的接棒推动期、商业逻辑驱动的普及期和社会发展中的全面治理期。有学者认为,网络空间治理出现了从非政府化的治理转向政府管控(政府调控的市场干预模式、政府主导的行政命令模式),再向多主体协同的治理模式的转变。还有学者从治理主体角度将网络空间治理分为霸权下的治理阶段、全球治理与霸权治理阶段和主权治理与霸权治理阶段。

毋庸置疑的是,21 世纪以来,全球网络空间治理进入一个新的阶段。随着互联网在全球的普及,越来越多的国家政府、国际组织、民间团体和商业机构成为网络空间治理的利益相关方,互联网融入了社会生活的各个领域。由美国掌控、ICANN 管理的全球网络空间治理架构因其正当性缺失不断遭遇挑战。全球网络空间治理架构逐渐发展成为如今的形态。

21 世纪以来,有关网络空间治理权争夺的重点不再发生在政府和技术社群之间,而是政府同政府之间。最典型的变化体现在联合国的互联网治理世界峰会(World Summit on Internet Governance,WSIG),其前身为2002 至 2005 年间召开的信息社会世界峰会。峰会的召开反映了各主权国家反对美国通过 ICANN 对互联网实行单边主义控制、希望成为网络空间治理主体的诉求。在 2005 年 11 月召开的突尼斯信息社会世界峰会上,欧盟曾提出将域名管制权从 ICANN 和美国商务部手中转移到联合国下属的政府间组织手中,国际电信联盟下属的互联网治理工作组也试图从 ICANN 手中取得域名和 IP 地址的分配权和管理权,峰会明确提出了多边主义的治理精神,但由于美国的强硬反对而未能得到落实。2011 年,印度、南非和巴西召开峰会,同样提议将 ICANN 纳入联合国框架内进行管理和运作。同年,上海合作组织向第 66 届联合国大会提交了《信息安全国际行为准则》(International Code of Conduct for Information Security),旨在推动以各国政府为主体的多边主义网络空间治理模式。上述努力在世界范围内都有重要的影响,但由于美国态度强硬地予以反对,将 ICANN 纳入联合国框架下进行管理的努力都不了了之。

真正让美国通过单边主义控制网络空间治理权的行为丧失合法性的转折点是 2013 年 6 月的"棱镜门"事件。长期以来,美国一直以保护自由和个人权利的理由反对以主权国家为主体的网络空间治理模式,然而,据斯诺登(Edward Snowden)的揭露,美国政府自 2007 年以来一直对世界各国实行全面监控计划。这次事件揭露了美国在网络空间治理中的双重标准,动摇了美国在全球网络空间治理上的道德威信,引发了国际社会的强烈不满。同年 10 月,包括 ICANN、IETF、ISOC、互联网架构委员会(Internet Architecture Board,IAB)和万维网联盟(World Wide Web Consortium,W3C),以及包括 5个洲际区域性网络地址注册机构在内的管理国际网络基础架构和技术标准的众多组织在乌拉圭召开会议,联合发布了《关于未来互联网合作的蒙得维的亚声明》(The Montevideo Statement on the Future of Internet Cooperation),声明指出,互联网域名系统的国际化应让各国政府参与进来。

"棱镜门"事件也大幅提升了许多国家的网络安全意识,尤其是一些新兴国家开始以更积极的姿态参与全球网络空间治理。2014 年,巴西联合 ICANN、世界经济论坛(World Economic Forum,WEF)等国际组织发起了网络空间多利益攸关方的倡议,并于圣保罗举办了题为"互联网治理未来——全球多利益攸关方会议"(Global Multistakeholder Meeting on the future of Internet Governance，Net Mundial）。同年,中国举办了世界互联网大会（World Internet Conference，WIC）,作为一个全球网络空间治理国际平台,它广泛涉及互联网经济、互联网创新、互联网文化、互联网治理、互联网国际合作等问题。也有越来越多的美国盟友和支持者开始要求网络空间治理的自主权。法国和德国曾一度探讨要建立欧洲独立的互联网,以绕开美国的网络。为加强互联网数据安全和隐私保护,欧盟在 2016 年推出了《通用数据保护条例》（General Data Protection Regulation，GDPR）。

迫于国际社会的压力,美国政府于 2014 年 3 月宣布将移交 IANA 职能的管理权,并对 ICANN 的移交方案提出了四项原则:一是支持并加强多利益攸关方模式;二是保持互联网域名系统的安全性、稳定性和灵活性;三是满足全球 IANA 使用者与合作者的需求和期望;四是保持互联网的开放性。在声明中,美国政府还特别强调了不会接受由政府或政府间机构主导的解决方案,即杜绝了将互联网域名管理权移交给任何多边机制、联合国或 ITU 的可能。[①] 2016 年 10 月,美国正式将互联网域名管理权移交给 ICANN,被认为是结束了对这一互联网核心资源近 20 年的单边垄断。改革后的 ICANN 将其根本控制权由美国政府手中转移到“赋权社群”（Empowered community）,即自下而上的多利益攸关方手中。然而,改革后的 ICANN 并没有真正地为每个主权国家提供了平等参与全球网络空间治理的机会和渠道,在多利益攸关方模式下,美国仍凭借其在历史渊源和互联网技术方面所建立的长期优势,牢牢占据全球网络空间治理的主导地位,新兴国家仍难以通过新渠道对 ICANN 实行监管并参与决策。

（二）全球网络空间治理的现状与架构

尽管各方参与的民主平等性不尽相同,但随着全球网络空间治理架构的演进和治理主体的扩散,今天的网络空间治理基本上达到了全球共同参与治理。同时,伴随着互联网更深层地融入人类社会,全球网络空间治理也呈现出复杂和多样的特点。不同于早期的网络空间治理仅仅涉及技术问题,如今的互联网早已与现实社会高度交融,互联网作为一种新媒介承载了

---

① "NTIA Announces Intent to Transition Key Internet Domain Name," *NTIA*, March 14, 2014, https://www.ntia.doc.gov/press-release/2014/ntia-announces-intent-transition-key-internet-domain-name-functions, accessed August 10, 2022.

政治、经济、文化、军事等人类社会方方面面的事务。目前,全球网络空间治理主要包括两个方面:一是网络空间相关问题领域的治理,如安全、经济、文化等;二是网络空间本身的全球治理,如基础设施、编码、规范等。当前的全球网络空间治理现状可以说是这些年互联网发展的大致共识基础上的自发安排。

具体而言,ICANN 负责网络空间的资源分配,即域名和地址系统的协调。这种对资源分配统一管辖的服从是系统有效性的前提。受互联网国际协会(Internet Society)赞助的互联网工程任务组负责网络空间的产业技术标准的制定,该任务组通过"大致共识"(rough consensus)的讨论方式以形成明确且精确的技术标准。[①] 为了更好地协调不同相关主体间关于网络空间的不同标准,2012 年,5 个全球机构共同签订了一份协议,承诺共同遵守现代标准范式(The Modern Paradigm for Standards)。[②] 它们分别是电气电子工程师学会(Institute of Electrical and Electronics Engineers,IEEE)、互联网国际协会、万维网联盟、互联网架构委员会以及互联网工程任务组。此外,一些国际机构或平台(如互联网治理论坛)则是讨论形成网络空间行为准则的场所。

不同领域的网络空间应用同时要受相应领域的国际组织的指导和协调,例如,联合国贸易和发展会议(United Nations Conference on Trade and Development,UNCTAD)、联合国经济及社会理事会(United Nations Economic and Social Council,ECOSOC)协调网络经济发展与国际合作;世界贸易组织(World Trade Organization,WTO)协调电子商务和国际贸易路径;国际电信联盟协调全球电信规则等。此外,各种不同的国际和区域组织也在讨论网络空间的行为规则,例如,经济合作与发展组织(Organization for Economic Cooperation and Development,OECD,简称经合组织)在 2011 年也就是其成立 50 周年之际,通过了经济合作与发展组织"互联网治理联合公报"(OECD communiqué on Internet governance)。此外,各国的国内法也在网络空间的全球治理中发挥着不可忽视的作用。上述机构共同构成了当前全球网络空间治理的自发架构(见图 1-1)。

---

① "The ITEF Standards Process," *Internet Engineering Task Force*, http://www.ietf.org/about/standardsprocess.html, accessed August 10, 2022.
② OPEN STAND, http://open-stand.org/, accessed August 10, 2022.

图 1-1　全球网络空间治理现状架构图

注：该图在英文版基础上略有改动，英文版来源可参见：Jonathan Sallet，"International Internet Governance，Innovation & The International Telecommunications Union，" *Innovation Law & Policy eJournal*，October 1，2012，p.15. Electronic copy available at：http://ssrn.com/abstract = 2155669，accessed August 10，2022.

　　可以看出，网络空间的全球治理是两条路线同时在进行：一是公司和技术精英角度的技术层面的治理，这条线是市场和社会两者的融合。目前，网络空间运行的基本标准仍然是 30 多年前生成的，30 多年间这些标准（如TCP/IP）基本上没有变，也就是说互联网的基础仍然没有变。从技术角度来说，当前的互联网仍然是 30 多年前美国国防部高级研究计划局的互联网实验性项目阿帕网的延伸。[①] 而当前技术层面的治理也体现了这种实验性的延续；二是政府角度的治理，比如通过国内法对网络空间活动进行管制，同时争取其全球治理中的话语权。目前，政府对网络空间的治理还处于实验性的尝试阶段。网络空间的命运是否会如以前的电话、电报、无线电传输一样还不得而知。政府的目标显然是在网络空间设立各国的司法边界，希望传统的社会规范也能应用到其相应的网络空间，并能在网络空间的全球治理中争得一席之地。

（三）全球网络空间治理体系的评估与挑战

　　早期的网络空间治理涉及的问题主要是互联网技术层面的问题，随着

---

① NCAFP，"Cyberpower and National Security，" *American Foreign Policy Interests*，2013，35(1)．

互联网与现实社会的深度融合,互联网作为一种新的媒介,承载了人类社会方方面面的事务,全球网络空间治理涉及的问题更加包罗万象,参与网络空间治理的主体也更加复杂多元。随着网络空间治理的议题变得更加复杂化、多样化,全球网络空间治理体系也面临相当大的挑战。

网络空间主要是依托计算机技术而兴起的,因此,目前只是在单纯的技术层面上形成了一定的规则制度,而全球网络空间的基本制度架构仍然处于严重缺失的局面。虽然我们看到了有关网络空间治理国际制度的内容在不同平台上被广泛讨论,但是结果却不如人意,具体表现为机制碎片化问题、缺乏实质性合作内容、参与主体不平衡、有效性差4个方面。

1. 机制碎片化问题

机制碎片化是全球治理领域出现的新难题,主要表现在机制的密度增大、议题领域的界限模糊以及行为体多元化等方面。[①] 一方面,随着国际社会掀起新一轮治理浪潮,近年来,越来越多的国际网络空间治理论坛和机制纷纷涌现。2013 年 12 月,爱沙尼亚总统伊尔韦斯(Toomas Hendrik Ilves)领导成立了全球互联网合作与治理机制高层论坛(High-Level Panel on Global Internet Cooperation and Governance Mechanisms Convenes);2014 年 1 月,瑞典前外长卡尔·比尔特(Carl Bildt)领导成立了全球互联网治理委员会(Global Commission on Internet Governance);2014 年 4 月,由巴西政府和 ICANN 共同举办的互联网治理未来——全球多利益攸关方会议在巴西召开;2014 年 11 月,中国倡导并主办了世界互联网大会乌镇峰会;2015 年 5 月,全球互联网治理联盟(Internet Governance Coalition)组织章程公布,一个新的国际互联网治理机构开始运转。但是,越来越多的互联网治理论坛和机构纷纷涌现并不意味着成果的叠加,而国际组织总是倾向于从自身的立场出发,尽可能地扩大其管辖范围和影响力。[②] 从目前的状况来看,这些机制之间缺少必要的协调,对话平台虽多,却难以产生合力和行动力,尽管普遍冠以"全球互联网治理"的名号,但没有一个国际治理机构能够在这一问题上真正发挥全球协调的作用。

另一方面,如前所述,网络空间治理的议题普遍出现在现有的各类多边机制之中,大多是在已有的平台机制内纳入网络空间治理的内容,而并不是

---

① 王明国:《全球治理机制碎片化与机制融合的前景》,《国际关系研究》2013 年第 5 期。
② 郎平:《国际互联网治理:挑战与应对》,《国际经济评论》2016 年第 2 期。

专业的网络机构。例如,亚太经济合作组织、东盟地区论坛、亚太电信组织(APT)等都日益增强了对网络空间治理问题的关注,并在这些框架之下建立起各类专门性协调或研究机构。国际机制的碎片化可能导致合作机制过度扩散以及规则模糊和交错,从而限制了网络空间治理议题的集中讨论与解决,降低了网络空间治理的合作深度和协议的有效性。同时,这些机制之间缺乏明确的职能分配,缺乏有效的核心机制统筹协调。

以全球围绕网络犯罪问题的相关机制为例。网络犯罪作为与核武器、化学武器等相类似的、公认的全球威胁,必须构建国际性的应对机制。在区域层面,当前除了欧洲委员会(Council of Europe)的《网络犯罪公约》(Convention on Cybercrime)以外,其他一些区域组织也制定了相关的国际法机制,如非洲联盟的《网络安全与个人数据保护公约》(African Union Convention on Cyber Security and Personal Data)、阿拉伯国家联盟的《打击信息技术犯罪公约》(Arab Convention on Combating Information Technology Offences),上海合作组织框架下制定的《上合组织成员国保障国际信息安全政府间合作协定》(Agreement on Cooperation in Ensuring International Information Security between the Member States of the Shanghai Cooperation Organization)的部分条款也涉及网络犯罪问题。在全球层面,在联合国和国际电信联盟等国际组织框架下,也有《联合国儿童权利公约关于买卖儿童、儿童卖淫和儿童色情制品问题的任择议定书》(The Optional Protocol on the Sale of Children, Child Prostitution and Child Pornography)等涉及网络犯罪问题。从表面上看,打击网络犯罪的国际机制及其相关实践似乎已有长足发展,但实际上,这些机制大多只是各国从地缘政治或本国立场出发,在所在地区区域组织或立场相近的国家构成的小圈子框架下开展相关国际合作构建而成的,地域性和政治性明显。[1] 全球层面至今仍未形成各国可统一适用的打击网络犯罪的国际机制。

2. 缺乏实质性合作内容

虽然许多国际会议和国际组织出台了不少网络安全领域的多边倡议,然而,这些倡议大多是框架性的、粗略的,缺乏实质性内容。现有的关于网络空间治理合作的讨论大多置于全球多边合作的框架之下,因此,在探讨互

---

① 胡健生、黄志雄:《打击网络犯罪国际法机制的困境与前景——以欧洲委员会〈网络犯罪公约〉为视角》,《国际法研究》2016年第6期。

联网议题时可能会与其他相关议题穿插进行,从而导致有关互联网问题的对话与合作趋于泛化。

目前,国家间的网络空间安全合作局限于一般政治领域,即仅仅是在打击网络入侵、网络犯罪等层面上的合作,涉及各成员国核心的军事与战略利益的网络安全合作则比较稀缺。网络安全国际合作仍浮于表面,其背后的竞争与博弈暗流涌动。以上海合作组织在信息安全方面的合作为例,很多还局限在每年元首峰会的宣言以及各种会议文件中,总体上形式多于内容;已经签署的有关信息安全合作的文件没有得到认真贯彻和落实,有时还出现以文件落实文件的现象;相关合作机制的运行还不够到位,一些成员国有时借故不出席或者降低规格出席各种会议。① 因此,到目前为止,网络安全的国际机制合作虚多实少,无论是合作的广度还是深度,都非常不足。

3. 参与主体不平衡

虽然网络安全问题是一个全球性议题,每一个参与者都意识到该问题的重要性,但是由于国家实力的差距和技术能力的差异,以及网络空间自身的特殊性,现有的网络空间治理机制框架呈现参与主体不平衡的状态。网络安全治理的规则制定很大程度上与国家实力和互联网的发展程度相关。发达国家由于自身实力的强大,在整个机制构建过程当中具有更大的影响力、主动权和发言权。发展中国家的技术相对落后,参与度不高,话语权较弱。总体看,目前围绕该问题的国际斗争主要格局是"一超多强,两大阵营"。"一超"指美国,其网络优势非常明显,短期难以撼动。"两大阵营"是指在网络安全上意见相左的两个国家集团:第一个阵营是以美国为首的发达国家集团;第二个阵营是以中国、俄罗斯等新兴国家为代表的发展中国家。该博弈格局基本上反映了当前国际大格局的特点,即传统强国和新兴大国的矛盾与竞争。② 此外,非国家行为体的作用和地位不断提升,逐渐形成了一种不同于前两者的新力量,但总体上这股力量影响有限,"两大阵营"仍唱主角。此外,从参与主体来看,非政府行为体代表(如网络技术专家)在网络安全合作框架中的参与度和话语权并不少于政治精英阶层,这表明合作意向与共识在不同层次上难以转化为有效的国际合作行为。

---

① 张文伟:《上海合作组织信息安全合作:必要性、现状及前景》,《俄罗斯东欧中亚研究》2016 年第 3 期。

② 蒋丽、张小兰、徐飞彪:《国际网络安全合作的困境与出路》,《现代国际关系》2013 年第 9 期。

4. 机制有效性差

随着互联网技术的发展和数字经济重要性的上升,全球网络空间治理已不再是简单的技术问题或经济问题,而是扩展到政治、军事、环境、文化等领域。网络空间治理已经成为"包括网络空间基础设施、标准、法律、社会文化、经济、发展等多方面内容的一个范畴"。[①] 随着互联网越来越同一个国家的安全和发展息息相关,现有的网络空间治理机制在有效性方面的缺陷便更加明显。国际机制的有效性主要可以从四个方面来分析:是否服务并促成合作;是否起规范制约作用;是否惩罚不合作行为;是否有示范作用。[②] 网络空间属于新领域,示范作用还不现实,但从其他三方面看,网络安全国际机制现状也不尽如人意。在服务并促成合作方面,非政府间的合作在网络安全治理机制建构中有重要的地位,而政府间和国家间的合作仍然困难重重,网络安全合作的效果不甚理想。由于网络安全涉及各自的切身利益,在网络安全治理问题上,各国积极参与,通过会议和谈判及时发现网络安全领域存在的问题,并进行研究分析,提出议案,通过协议。从规范制约作用来看,许多组织机构、多次国际会议都出台了相关政策和宣言,试图规范网络空间的运行规则。但是,这些条约、宣言等在很大程度上浮于形式,缺乏实质性内容。例如,2001 年通过的《网络犯罪公约》对网络犯罪等行为没有起到很好的制约作用。在技术层面上,目前的网络空间关键资源分配、域名、IP 地址等规则已经渐渐被所有国家接受。也就是说,非政府间平台(如 ICANN、IETF、IGF)主导了当前网络安全治理的主要规则,维持着当前信息网络的基本运行。由于网络空间的虚拟性和管理权的模糊性,目前仍然没有相关的国际法来惩罚违反规定和不合作的行为,国际社会仍然没有达成具有法律约束的文件。国际社会仍缺乏联合国版本的"网络安全公约",各国间的矛盾很大,至今未能达成基本共识。

思考题

一、简述从互联网诞生直至今日全球网络空间治理的演进过程。

二、辨析网络空间作为全球公域与国内私域这两种理论的合理性及

[①] Panayotis A. Yannakogeorgos, "Internet Governance and National Security," *International Strategic Studies Quarterly*, 2012, 6(3).

[②] 何叶:《全球网络安全治理机制的有效性分析》,外交学院国际关系专业硕士学位论文,2015年,第 22—24 页。

缺陷。

三、介绍网络"巴尔干化"的实质并试论"网络巴尔干化"的成因。

四、分析全球网络空间治理的不同阶段的核心特征,论述不同阶段对现今全球网络空间治理架构的影响。

第二章　全球网络空间治理的理论探析

在前文分析全球网络空间治理概念的内涵、外延与历史演进的基础上,本章的任务是梳理全球网络空间治理的相关理论和视角,并从理论层面剖析全球网络空间治理博弈中的权力与利益逻辑,从全球网络空间治理的角度分析网络空间紧张关系的原因,重点分析全球网络空间治理的阵营分化现象、原因和实质。对这些问题的梳理和认识,将有助于全球网络空间治理的形成,从而有助于缓解国家间在网络空间的冲突和紧张关系。

一、不同理论视角下的全球网络空间治理

全球网络空间治理并非新近出现的议题,从互联网诞生之日起,全球网络空间治理就被提上了议程。由于互联网的全球性及技术专家、非政府组织在治理中发挥的关键作用,最初的网络空间治理被认为是"没有政府的治理"的一种全球治理的实践。相对于传统的国际政治而言,全球网络空间治理还是一个较新的议题。这是因为互联网技术的发展和应用使得人类社会对网络的依赖度不断增加,不断有新的治理议题进入全球治理议程,治理所包含的内容也更加深刻和广泛。随着全球网络空间治理的不断发展,国际社会对于网络空间治理也出现了许多不同的理论。这些理论差异和分歧的背后,反映的是对互联网、网络空间、网络空间治理等概念和理论存在的不同认知。

（一）自由主义理论与全球网络空间治理

　　自由主义是西方的经典学说,它的核心理念是自由,主要体现为个人的选择自由,它反对政府干预,重视市场自身的力量。互联网全球治理领域的一个核心问题是,应该由自上而下的政府间国际组织实施监管,还是由自下而上的社会团体自我履行? 自由主义给出的答案是,互联网是一个自由的空间,不需要被政府监管,治理应该由自下而上的社会团体自我履行,国家应该对网络空间的规则给予尊重。网络自由主义者认为,互联网作为新的社会空间,不需要国家治理。自由主义理论主导了人们对网络空间治理的早期认识,尤其是互联网技术社群的认知,技术专家们在此理论的基础上形成了一系列全球网络空间治理思想。

　　首先是"网络空间自治论"。最初构建互联网的美国技术专家深受 20世纪 60 年代美国青年运动的社会思潮影响,有着新左派和反文化运动的反体制和反国家主义冲动。有学者将这种思潮称为"加州意识形态",他们认为,20 世纪 60 年代的加州出现了一股不同于美国东海岸的思考,"它掺杂了控制论、自由市场思想和反文化的自由意志论",这股文化思潮在宏观上塑造了加州开放自由的硅谷,也在技术层面影响了之后的互联网。① 构建互联网的这群美国工程师大多来自加利福尼亚州,无疑深深地受到这些思潮的影响。他们将互联网视为独立于任何民族国家的、近乎主权国家的存在。在他们看来,互联网的本质在于追求创造自由、拓展知识传播,其治理应当是网络自治,而非基于暴力的政府管制或是基于财富的商业控制。这一观念的典型代表是约翰·巴洛(John Barlow)。1996 年,他在瑞士达沃斯论坛上发表著名的《赛博空间独立宣言》(A Declaration of the Independence of Cyberspace)。他不仅吸收了"没有政府的治理"等全球治理理论的思想,还结合了网络空间虚拟性、匿名性的特点,将网络空间视为一个独立于国家之外的新空间,一个自我治理的空间。② 巴洛的呼吁代表了 20 世纪 90 年代互联网商业化之前很多人对互联网的期待和想象:网络

---

① 胡泳:《互联网发展的三股力量》,《新闻战线》2015 年第 15 期。
② John Perry Barlow, " A Declaration of the Independence of Cyberspace," *Electronic Frontier Foundation*, February 8, 1996, https://www.eff.org/cyberspace-independence, accessed August 10, 2022.

空间没有主权,没有国家强制,没有国家立法;网络空间自我治理,其治理方式是技术编码和自治伦理,而非物理强制和国家权力。网络空间形成了一个全新的、独立的平等自由共同体,是代表了实现人类一切美好政治社会理想的新空间。

彼时"柏林墙"刚倒塌不久,传统的国家权威治理范式日渐式微,国家法律之外的社会规范大受推崇。巴洛的思想不仅在互联网社群被广泛推崇,也影响了很多研究网络空间治理的学者。戴维·约翰逊(David Johnson)和戴维·博斯特(David Post)将巴洛的思想延伸到网络空间法律设计的研究中,并认为网络空间是由人类创造出来的新空间,在这个空间中,传统的基于地理边界的法律和治理是不适用的,现实社会的法律是基于地理的边界,而网络空间区分了虚拟世界和现实世界。[①] 这一全球网络空间被证明是能够抵制中央化的控制的。自我治理的机制是网络自己发展而来的,例如,在线的用户社区和服务提供商都会依据不同的需要制定出一些治理机制,新的规则也会被设立用来处理网络空间出现的新问题,这一切的基础就是自我治理。政府没有必要参与在线事务的治理。在他们看来,基础架构、网络协议、代码、运行规则等以及与互联网的诞生和运转息息相关的关键步骤是由互联网工程师、科学家共同完成;确保互联网的开放、互联、透明、可操作与安全的治理原则是由 ICANN、IETE、IAB 等国际非政府组织在负责;他们与互联网企业和用户共同构成了网络空间治理的主体。政府在互联网的发展过程中既没有作过重要的贡献,也没有不可取代的地位,因此,自治是网络空间治理最重要也是唯一的原则。

此外,还有学者提出了代码治理论。劳伦斯·莱斯格(Lawrence Lessig)在《代码——塑造网络空间的法律》一书中认为,网络空间是由计算机代码所构筑或编制,因此也受到它治理。网络空间本质上是自由的,这个空间是一个完全自我组织的实体,既没有统治者,也没有政治干预。劳伦斯希望,网络空间能够摒弃意识形态之争,回归到组成网络空间的最基础也是最核心的代码。他认为,网络空间受到四种约束,分别是市场、法律、社会规范和架构。架构实际上是由代码组成的,这些代码是代码作者所设置的,代码设置的行为决定了其他任何网络空间行为的可行与否。代码蕴含了某种价值,

---

① David Johnson and David Post, "Law and Borders: the Rise of Law in Cyberspace," *Stanford Law Review*, 1966, 48(5).

因此,代码就像现实空间的架构一样,也是一种治理。① 网络空间的属性是由互联网的设计架构和代码所导致的,因此,架构可以通过增加或修改代码实现对现有架构的修改。政府、企业和非政府组织都可以通过代码来对网络空间进行治理,对代码的控制就是权力。网络空间治理要回答的问题,就是代码如何治理、谁制定代码以及谁控制代码的作者这几个问题。这一派别的学者多数具有计算机技术背景,很多人本身就是从事互联网技术开发和应用的工程师和科学家,他们设计出了去中心化结构、匿名、互联互通的互联网。他们主张互联网已经改造了人类社会的思考方式、生活方式和生产方式,随着信息革命的加剧,社会团体将会取代国家的功能。② 在这一派别看来,网络空间治理应当从技术角度出发,设计出更加完美的网络来减少网络犯罪、网络安全等问题,公民社会应当取代国家成为网络空间治理的主体。③

(二) 全球治理理论下的网络空间治理

网络空间治理是全球治理中的议程之一。网络空间治理的理论和实践也受到 20 世纪 90 年代以来全球治理理念兴起的深刻影响。一般认为,全球化使得现代国家的边界日益模糊,国际组织、跨国公司等非国家行为体分割了民族国家的权力,在很大程度上削弱了传统的国家主权。全球治理最大的特点之一,是强调其治理主体不仅仅是各主权国家和政府,也包括国际组织、民间团体等机构。全球治理理论的先驱詹姆斯 • N. 罗西瑙(James N. Rosenau)认为,政府权威的衰减和功能的减退,使得人类社会的治理从以国家为主体的政府治理转向多层次的治理。④ 作为一种分析方法,全球治理理论否定了有关世界政治和世界秩序以国家为中心的传统概念。⑤ 罗西瑙认为,在以国家为中心的国际体系之外,还存在一个由其他各种行动集

---

① [美] 劳伦斯 • 莱斯格:《代码——塑造网络空间的法律》,李旭、姜丽楼、王文英译,中信出版社 2004 年版,第 11—30 页。
② Lawrence Lessig, *Code and Other Laws of Cyberspace*, Basic Books, 1999, p.13.
③ Lawrence B. Solum, "Models of Internet Governance," *University of Illinois Public Law Research Paper*, 2008(07-25).
④ [美] 詹姆斯 • 罗西瑙主编:《没有政府的治理》,张胜军、刘小林等译,江西人民出版社 2001 年版,第 3—13 页。
⑤ [英] 戴维 • 赫尔德、安东尼 • 麦克格鲁:《治理全球化:权力、权威与全球治理》,曹荣湘、龙虎等译,社会科学文献出版社 2004 年版,第 23 页。

体共同组成的多元中心体系,为了争夺权威,他们时而竞争、时而合作,并与以国家为中心的国际体系之间开展永不停止的互动。他认为,全球治理的本质是要打破国家中心体系,建立没有政府的治理。①

全球治理理论和网络空间治理之间有着天然的联系,因为网络空间治理从一开始就具备了罗西瑙所定义的政府权威和功能衰减,治理主体和层次多元。在互联网最初的产生和发展过程中,非政府行为体在其中扮演了重要角色。相对于国际体系从以国家为中心的治理体系转向更加多元的全球治理这一趋势,网络空间治理的发展趋势则显得有些"倒退":从以非政府行为体为主导、以"没有政府的治理"为理念的网络空间治理,回归到政府、私营部门和社会团体共同参与的多利益攸关方治理模式,甚至是以国家为主导的多边治理模式。这种观察在罗伯特·基欧汉(Robert Keohane)和约瑟夫·奈等学者看来并不成立,他们不认同罗西瑙等人较为激进的全球治理理论,而是坚持治理仍将建立在以民族国家为中心的基础上,认为国家权力和国家间的权力分布仍将十分重要。

全球治理的理念和理论为全球网络空间治理理论的构建提供了重要的理论依据和来源。同时,对全球治理和其理论本身的争议也延续到了网络空间治理的理论和实践中,这也被认为是导致网络空间治理困境的一个因素。② 全球治理理论和治理制度的理论内涵、框架对解释网络空间的全球治理提供了一个非常有帮助的分析视角。首先,全球治理理念中"以国家为中心"和"没有政府的治理"两种分歧对网络空间产生了深刻影响。无论是ICANN 对政府参与的"限制",还是联合国信息安全政府专家组中缺乏私营部门和社会团体的代表,都体现了两种思想分歧对网络空间治理的深刻影响。其次,全球治理理论对于参与治理行为体的三分法,即政府、私营部门和社会团体,也适用于网络空间治理。最后,以国际组织、国际机制和国际规则为内涵的国际制度是网络空间治理的重要实体。国际制度理论的核心假设是国家依旧是国际体系中主要的行为体,对于制度的合法性来源、其构建及其有效性都有重要影响。

---

① [美]詹姆斯·罗西瑙主编:《没有政府的治理》,张胜军、刘小林等译,江西人民出版社 2001 年版,第 3—13 页。
② 鲁传颖:《网络空间治理与多利益攸关方理论》,时事出版社 2016 年版,第 49 页。

（三）国际机制理论与全球网络空间治理

对于自由主义和全球治理理论关于网络空间治理的看法,一些国际政治学者不以为然。他们认为,网络自治的理念过于幼稚和不现实,没有国家的参与根本无法解决网络空间治理中的种种问题。相较于互联网技术社群主要关注网络空间中互联网层面的治理,国际政治理论更注重从网络空间中的资源、安全、权力等视角来构建相应的治理理论。例如,米尔顿·穆勒(Milton Mueller)对将网络和国家之间二分的观点进行了严厉批评,他认为,网络自由主义生活在幻想中,并且网络自由主义者在被挑战者变成他们的国家时,就转而为美国辩护,允许其控制和主导互联网。但同时,他也反对过度强调民族国家主导一切的网络保守主义,认为过度伸张国家权力和网络主权将会抵制创新,破坏互联网的发展。穆勒认为,国家与网络之间的关系是一种控制与摆脱控制的关系,这种关系是动态的,处于不断演进和变革中。随着网络空间治理已经成为国际政治中冲突的一大重要来源,有必要建立起一系列国际性的机制来规范国家参与网络空间治理。①

国际机制理论的学者关心的是国际机制在网络空间治理中的作用。约瑟夫·奈是对网络空间治理研究最有影响力的国际关系学者之一。他从制度自由主义的角度出发,研究网络空间中信息与权力的关系,并逐步将研究聚焦于网络空间治理领域。首先,约瑟夫·奈假设国家作为理性的自利者,在集体行动问题上会寻求合作解决方案,国家是全球网络空间治理中的主要行为体,因此,建立网络空间合作机制是可能的。其次,他假设网络空间是物理与虚拟属性的结合,政府和非政府行为体在这个复杂舞台上为了权力展开合作与竞争。最后,网络空间治理不存在单一的机制,而是由一套耦合的各种机制组成的机制复合体。

在这三个理论假设的基础上,约瑟夫·奈将网络空间治理划分为标准、犯罪、间谍、战争、隐私、内容监控和人权七个治理的子议题领域,并使用深度、宽度、组合体和履约度四个变量作为分析框架。深度是指一套规则或规范的等级性或一致性程度,以及是否存在一套总体规则,可以相互兼容并加

---

① 参见[美]弥尔顿·穆勒:《网络与国家:互联网治理的全球政治学》,周程、鲁锐、夏雪等译,上海交通大学出版社 2015 年版。

强治理,即使它们并不一定被所有行为体所坚持或履行。例如,在域名和标准议题上,规范、规则以及程序就具有一致性和深度。然而,在网络间谍议题上,就少有一致性和深度的规范、规则和程序。宽度是指接受一套规范的国家和非政府行为体的数量的多少。例如,在网络犯罪议题上,有42个国家批准了《网络犯罪公约》,如果有更多国家批准该公约,则说明网络犯罪议题领域的治理宽度得到扩展;反之,则相反。组合体是指在一个议题领域中国家行为体和非国家行为体的混合体。国家高度控制的议题往往是紧实的组合体;那些非政府行为体作用比较大的议题领域则相对比较松散。安全议题(网络中的战争法)就是受到主权控制的较为紧实的组合体,非政府行为体发挥主导作用的域名系统议题则表现为较松散的组合体。最后一个比较维度是履约度,指在多大程度上行为体的行为和整套规范保持一致。例如,在域名和标准子议题上,履约度较高;在隐私保护子议题上,履约度则优劣参半;在人权子议题上,履约度就较低。根据这个分析框架,约瑟夫·奈得出结论:网络空间治理不可能会出现单一的治理机制,或是在多利益攸关方模式与国家主导模式之间二选一,而是由各子议题各自发展,并且松散耦合,最终构成一个网络空间机制复合体。①

约瑟夫·奈的机制复合体理论是制度自由主义理论第一次以完整的形式分析全球网络空间治理的理论框架,也是截至目前国际政治学者对网络空间治理理论构建所作的最重要的贡献之一。机制复合体理论提出了关于规范的四个维度——深度、宽度、组合体和履约度,并且通过赋予不同的值来表明不同议题的不同情况。这一理论构建较为清晰地勾勒出不同治理议题的参与主体、机制本身的有效性及其对行为体行为的改变程度,不仅是重要的理论创新,而且对网络空间治理具有重要的解释力。该理论也存在不足之处,例如,在强调网络空间治理中某一行为体的主导作用时,没有考虑到参与行为体的互动可能会产生重要的影响,此外,该理论对不同维度规范的赋值及其含义仍有值得深化和具体化的空间。总体上而言,机制复合体理论是解释网络空间治理中的问题和现象的一种较为有效的理论。

① Joseph S. Nye, "The Regime Complex for Managing Global Cyber Activities," in *Who Runs the Internet? The Global Multi-stakeholder Model of Internet Governance*, Centre for International Governance Innovation, 2017, pp.5-18.

（四）社会学网络理论与全球网络空间治理

社会学网络理论中的"网络"指的并非互联网,而是一种群体间组织或结构的模式,即一种社会结构或关系。网络是一组节点相互连接形成的合集①,这一节点可以是各类事物。网络结构广泛存在于历史的各个阶段,在信息时代尤为明显。西班牙学者曼纽尔·卡斯特(Manuel Castells)提出网络社会的概念。他指出:"信息时代的支配性功能与过程日益通过网络组织起来。网络建构了我们社会的新社会形态,而网格化逻辑的扩散实质性地改变了生成、经验、权力与文化过程中的操作与结果。……我们可以称这个社会为网络社会"。其核心观点在于,由网络建构起来的社会结构或社会形态对其中权力的运行与流动会产生深刻影响。不同的社会学网络理论侧重点各异,但都运用节点、关系和结构来分析主体互动关系和决策过程。不同于传统的强调行为体属性数据的视角,网络理论着眼于分析行为体间的位置及其相对关系,以此来揭示行为体在网络中的影响力、权力。

社会学网络理论重点关注以下三个维度。首先是主体间的强弱关系,即行动者之间的社会黏着关系,通过互动频率、互惠交换、感情力量、亲密程度等维度测量联结的强度,并以此来说明特定的行为和过程。其次是主体间的位置关系,即关注行动者在网络中所处的位置,以此反映群体间社会结构以及特定主体在社会结构中的地位、作用、角色等。主体间发生稳定关系从而形成社会网络结构。除了联结,网络位置关系中存在"结构洞"。"结构洞"是指在社会网络结构中存在一种"缝隙",即某个行动者和有些行动者之间既彼此联系,又与其他行动者不发生直接联系,即在关系网络中形成了"洞"的形状。这种"缝隙"的消除必须依赖第三方行动者作为中介,因此,在这类关系中,第三方行动者占据核心位置。最后是主体的作用大小。社会学网络理论运用社会资本的概念来反映某一主体对结构的影响力,社会资本即某行为体所拥有的实际的和潜在的通过联结摄取稀缺资源的能力,以及社会资本的数量和异质性决定了相关主体在网络结构中的地位,从

---

① ［西］曼纽尔·卡斯特:《网络社会的崛起》,夏铸九、王志宏等译,社会科学文献出版社2001年版,第570页。

而决定了其影响力。同样的,行为体可以调动的关系网络的规模大小和异质性程度也反过来影响社会资本的占有。一个主体的社会网络规模越大、异质性越强,其社会资本就越丰富;社会资本越多,摄取资源的能力便越强,二者之间是相互促进的关系。

社会学网络理论特有的结构概念也可以为研究国际政治中主体的竞争格局、互动关系等提供独特的视角。社会学网络理论认为,在国际关系中,决定行动者行为与影响力的不仅仅是军事实力和经济实力等客观能力,其在群体中的位置同样具有强大的影响力,行为者之间的位置关系和互动方式等会极大地影响其外交判断和决策。近年来,有学者将社会网络理论的这一分析框架引入网络空间治理领域,来解释在复杂的网络空间条件下,不同治理主体在全球网络空间治理网络中的行为、互动、决策过程及其影响力或治理权力。例如,韩国学者金尚培(Sangbae Kim)将网络空间视为一个社会网络,认为这一网络结构最大的特点是"中美两国是两个最重要的节点"[1],许多相关政策的形成主要依靠二者之间的互动,其他国家也是节点,并与中美两国或彼此之间发生各种"强弱联系"。同时,这一关系网络中还存在一些"结构洞",这就为其他国家,尤其是一些所谓的"中等国家"(Middle Power)或重要的利益相关方发挥作用提供了空间。因此,他认为,其他国家要想在网络空间发挥影响力,在制定网络外交政策时可以考虑"新建联系"或"弥补结构洞",尤其是在网络大国之间发挥中介作用。在社会学网络理论的基础上,有社会学家根据数学方法、图论等数学方法发展出社会网络分析法的定量研究方法,通过收集和分析数据来探究社会结构,通过针对整体网络层面和网络中成员层面的一系列概念和指标,如密度、距离、中心度、派系、结构洞等,来反映网络成员是否紧密联系、网络中是否存在小团体、网络中谁是核心者、边缘者或是第三人等问题。有学者将这一方法应用于分析全球网络空间治理主体之间的竞争格局和互动关系。[2] 总的来说,社会学网络理论为理解网络空间治理的复杂性,反映网络空间治理领域的社会属性,透析和解释网络空间的技术和社会属性、技术和社会深度互动的关系提供了有力的支撑。

---

[1] Sangbae Kim, "Cyber Security and Middle Power Diplomacy: A Network Perspective," *The Korean Journal of International Studies*, 2014, 12(2).

[2] 参见蔡雨婷:《全球互联网治理主体竞争格局的社会网络分析》,暨南大学硕士学位论文,2019 年。

二、全球网络空间治理的阵营分化：利益、竞争、身份和风险的聚合

过去的20年是网络空间大发展的20年。网络空间的发展加深了国家政府、全球市场和全球社会的融合。但是枝茂叶盛之后，网络空间开始出现了越来越深的分化和组合。因此，"网络巴尔干化"的后续便是全球网络空间治理中不同的利益、身份和权力的聚合，从而形成不同的阵营。各方对全球治理的竞争实质，是对网络空间秩序中的地位的争夺。

国家和政府的介入原因不再赘言。商业和市场主体更在这一轮全球化和网络化的潮流中各显神通。最早也是最广泛介入网络空间的各种非政府组织、民间团体和社会个人则在网络空间找到了一种全新的社会存在。各种行为主体都希望在全球网络空间治理中找到自己的定位和志同道合者，网络空间也因此开始出现各种阵营分化。从最基本的网络空间行为规范、网络本身的构成基础到网络空间的全球治理机制，各行为主体都存在很大的意见分歧，难以达成一致。基于分析的方便，笔者将网络空间的全球治理分化组合方式分为利益共同体、竞争共同体、身份共同体和风险共同体，事实上，每一种共同体都有潜在的利益因素存在。虽然这些分类可能有不完全之嫌，但希望能借此反映全球网络空间治理的阵营分化现象。

（一）利益共同体

利益是国际关系乃至人类社会永恒的话题。基于明显的利益分歧，网络空间出现了如下的分裂组合。

第一类利益共同体出现在国家政府和各种非国家行为体之间，其分歧点在于国家是否介入全球网络空间治理以及多大程度上能够介入。就国家而言，从自身利益和传统实践出发，其对网络空间治理的介入意愿是必然的。然而，非国家行为体则趋向认为，国家在网络空间的权威应该加以限制。这一类又可以分成如下三小类。

一是国家和国际组织。以联合国及国际电信联盟等为代表的各类国际组织自然希望这一新兴的网络空间领域能够纳入先前的传统权力范畴。关于国际组织参与全球网络空间治理的理论支撑是汉密尔顿式的管理模式。用汉密尔顿（Alexander Hamilton）的观点看,管理互联网的答案在于要建立一个集中的组织,这个组织可以强加规则给民族国家和网络公民,并用以管理和控制网络空间的行为。[①]

二是国家和代表市场与技术的各类私营部门。在国家政府尽力跻身网络空间的同时,私营部门则力推主权管辖之外的行业资质。一些互联网公司联合推出了自治条例,即全球网络倡议（Global Network Initiative，GNI）。网络空间目前主要还是由私营部门运行,所以,他们认为这样的自我规范条例应该成为全球网络空间治理的主要特征。同时,在互联网工程任务组和区域互联网注册管理机构等技术精英的眼里,无论是从网络起源还是从当前的治理现状看,国家在其中发挥的作用微乎其微,因此,他们认为,要对抗国家对全球网络空间治理的"政治"干预。[②] 技术精英与政治家之间的权力争夺由来已久。政治家往往从社会稳定、政治体系良性运行等组织运行角度,要求对网络技术的负面影响加以控制,这是基于合法性的强化意识形态的治理。技术精英追求的是一种去意识形态的基于效率的治理,例如,对互联网使用中降低成本、提高效率、突破时空等目标的追求,并以管制阻碍技术进步为由来抵制政治家的权力对这个领域的渗透。[③]

三是国家和代表社会的网络用户和民间团体。后者认为,网络空间有助于全球社会的产生,认为这是一个相对于主权国家和政府组织之外的国际社会领域。他们推崇超国家的政治认同,旨在将公民身份认同或群体政治认同的视域延伸到区域或全球。他们还担心国家的超级权威会侵犯公民隐私权,因此主张杰弗逊（Thomas Jefferson）式的管理模式。这一模式支持网络空间的自我管理,这些支持自我管理网络的团体要求民族国家把权力交给他们。这些观点吸取了托马斯·杰弗逊关于限制中央政府权力的思想。杰弗逊认为,应尽可能地将决定权下放到真正具有民主品格的

① David G. Post, "Governing Cyberspace," *Wayne Law Review*, 1997, 43, http://temple.edu/lawschool/dpost/governing.html, accessed August 10, 2022.
② Liv Coleman, "'We Reject：Kings, Presidents, and Voting'：Internet Community Autonomy in Managing the Growth of the Internet," *Journal of Information Technology & Politics*, 2013, 10(2).
③ 蔡翠红:《国际关系中的网络政治及其治理困境》,《世界经济与政治》2011 年第 5 期。

公民手中。[1]

第二类利益共同体出现在美国及其盟国与其余国家之间。为了维护捆绑在一起的安全利益和价值观,美国和欧盟等一直是互联网自由的积极倡导者,他们希望维持全球网络空间治理的现有模式。而其他国家则希望打破现状,并对美欧所提的互联网自由不予反应,认为其宣扬的互联网自由也仅是维护和拓展其利益的工具。有关网络犯罪的国际协定分歧就是一个案例。2004 年生效的《网络犯罪公约》规定了相互提供搜查信息和引渡犯人等内容。这是欧美国家主导的框架,其中,关于网络犯罪的界定基于不同的价值观,因此,中、俄等国采取置之不理的态度,目前,《网络犯罪公约》的成员国仍然仅限于欧洲 31 个国家及美国。

(二) 竞争共同体

竞争共同体是一种基于权力的分类。诚然,权力争夺的背后往往也有利益动机。竞争共同体可以分为下述两类。

第一类是美国和其他国家,分歧点是美国是否可以继续掌控互联网。从互联网的源起及当前美国在网络空间的技术优势来看,美国在网络空间的主导地位有一定的合法性。但是,网络空间这些年的发展已经逐步弱化了美国在网络空间的绝对优势,美国所占据的网络空间霸权地位也开始面临挑战。例如,中国、俄罗斯、印度、南非、巴西等国曾共同反对美国对 ICANN 的垄断性控制。

第二类是拉丁文系统和非拉丁文系统之间的竞争,这主要是用户使用习惯和网络内容的竞争。2009 年 10 月 30 日,国际互联网名称与数字地址分配机构在韩国首尔召开的会议中批准了互联网使用拉丁文以外的域名和网址的提案,这是非拉丁文国家共同努力抗争的结果。也就说,互联网此后可使用中文、俄文、阿拉伯文、韩文等非拉丁字母文字注册域名。尽管网络安全专家担心使用中文、阿拉伯文、俄文等语言注册域名将使打击黑客等网络攻击难上加难,但这给了非拉丁文国家公民完全使用本国语言上网的权利,也可能为今后的网络空间进一步分化创造了条件。这些国家都在努力

---

[1]　David G. Post, "Governing Cyberspace," *Wayne Law Review*, 1997, 43, http://temple.edu/lawschool/dpost/governing.html, accessed August 10, 2022.

开发自身的网络操作系统,并努力希冀有朝一日能够完全本土化,从而减少对拉丁文系统的依赖并提升自己的竞争力。

（三）身份共同体

国际社会中存在很多不同的身份组合。同样,全球网络空间治理中也因为身份的不同有如下的分化类型。

第一类是发达国家和发展中国家的分化,这是基于发展阶段的不同。在网络空间,这几乎也是先期加入者和后来者的关系。互联网兴起于发达国家,但是网络空间的发展已经使发展中国家的重要性与日俱增。从人口统计来看,网络空间有向南和向东的人口移动趋势(demographic shift)。[1]因此,占世界陆地面积和总人口70%以上的发展中国家目前正依托各种平台希望争取网络空间更多的平等对话、参与甚至治理权力。

第二类是传统大国和新兴大国群体(如"金砖国家")的分化,这是基于规模和实力的一种诉求。中国、巴西、俄罗斯、印度、南非等国虽然社会制度各异,发展阶段也有不同,但是它们有一个共同身份,即"金砖国家"。随着其经济实力的逐步增长,这些国家正在借助"金砖国家"这一平台争取更多的与实力、身份相称的权力,包括在全球网络空间治理中的地位。2012年9月18日,"金砖国家"互联网圆桌会议在北京举行。这是新兴国家在互联网领域的首次政府多边接触,是"金砖国家"就网络空间问题彼此交流观点、分享经验和做法的新开端。

第三类是基于地理位置的网络空间区域政策协调。各种区域组织正在尝试在区域内的网络空间进行经验分享与政策协调。上海合作组织(Shanghai Cooperation Organization, SCO,简称上合组织)、阿拉伯国家联盟(League of Arab States)、海湾阿拉伯国家合作委员会(Gulf Cooperation Council,GCC, 简称海湾合作委员会)、东盟(Association of Southeast Asian Nations,ASEAN,东南亚国际联盟)、北大西洋公约组织还没有就网络空间问题达成一致意见,但是相互协调网络空间的法律、政策和原则是一大趋势。例如,上海合作组织2009年峰会就对信息战争进行了重新定义,指一

[1] Ronald Deibert and Rafal Rohozinski, *Contesting Cyberspace and the Coming Crisis of Authority*, pp.25-27, http://www.docin.com/p-432720200.html, accessed August 10, 2022.

国对另一国发起的政治、经济和信息系统的破坏和攻击,包括可能会影响社会和国家稳定的心理战。① 为了应对欧美所提的《网络犯罪公约》,2012年,中俄等国还提出了上海合作组织版本的《网络犯罪公约》。② 2010年,北约里斯本峰会后,北约各盟国都承诺将在网络空间上采取联合行动。海湾合作委员会成员国在网络空间的区域政策协调上的历史则最长。1997年,海湾合作委员会就开始讨论互联网发展对国家安全和传统的宗教信仰和实践的挑战。2008年,在多哈举行的 ITU 区域网络空间论坛上,海湾合作委员会和阿拉伯国家联盟代表讨论了如何协调网络空间的国家安全政策应对,并在小组内签署了《网络安全多哈宣言》(Doha Declaration on Cybersecurity),强调网络空间管控相互协调的重要性。③

(四) 风险共同体

风险共同体的对立主要产生在民主制国家和威权制国家之间,分歧点是严格的互联网过滤和审查制度。在一些特定的条件下,全球风险的发生可以穿越各种不同的边界并创造出想象的共同体,而网络空间的互联互通性更加为这种风险共同体提供了想象的空间。对于一些国家和政府而言,网络空间的最大威胁是对其政权和社会稳定的威胁。因此,有共同社会稳定风险的国家、主张网络空间强管制的国家(如中国、沙特阿拉伯等)可能基于风险意识形成风险共同体,风险是其共同的治理单元。

同时,这些国家对网络空间的强管制取向还源于其传统经验。这些国家有政府干涉和国家管控(尤其是对大众传媒和经济的管控)的传统。对于更早引入网络空间的国家而言,网络空间往往被理解为不应被政府干涉、

---

① Tom Gjelten, "Seeing the Internet as an 'Information Weapon,'" *National Public Radio*, September 23, 2010, http://www. npr. org/templates/story/story. php? storyId = 130052701&sc = fb&cc = fp, accessed August 10, 2022.

② Nazli Choucri and Daniel Goldsmith, "Lost in cyberspace: Harnessing the Internet, International Relations, and Global Security," *Bulletin of the Atomic Scientists*, 2012, 68(2).

③ "Arab Region Presses for Heightened Cybersecurity: Doha Declaration on Cybersecurity Adopted at ITU Forum," *International Telecommunication Union*, February 21, 2008, http://www. itu. int/ newsroom/press_releases/2008/NP01.html, accessed July 21, 2022; "Draft Meeting Report: ITU Regional Workshop on Frameworks for Cybersecurity and Critical Information Infrastructure Protection (CIIP) and Cybersecurity Forensics Workshop, Doha, Qatar, February 18–21, 2008," *ITU Regional Cybersecurity Forum 2008*, February 21, 2008, http://www.itu.int/ITU-D/cyb/events/2008/doha/ docs/doha-cybersecurity-forum-report-feb-08.pdf, accessed August 10, 2022.

与政府隔离的空间,或者就是被理解为一个政府最好不要去碰的尚未有答案的神秘事物。但对于那些较晚引入网络空间的国家而言,网络空间具有更多的安全含义和竞争意义。它们的做法基于以前对信息控制的经验与实践。因此,东西方文化的不同使两者采取不同的战略取向,并导致全球网络空间治理的阵营分化加剧(见表2-1)。

表2-1　全球网络空间治理的阵营分化

分化组合方式	全球网络空间治理的不同阵营	分　歧　点
利益共同体	国家/政府 vs.非国家行为体: ——国家 vs.国际组织; ——国家 vs.网络公司和私营部门; ——国家 vs.网络用户和民间团体	国家是否介入全球网络空间治理以及多大程度上能够介入
	美国及盟国 vs.其余国家	是否维持全球网络空间治理的现有模式
竞争共同体	美国 vs.其他国家	美国是否可以继续掌控互联网
	拉丁文系统 vs.非拉丁文系统	是否可以形成完全本土化的网络环境
身份共同体	发达国家 vs.发展中国家	是否可以给发展中国家更多的网络空间平等对话、参与甚至治理权力
	传统大国 vs.新兴大国(如"金砖国家")	新兴大国迅速提升的经济实力是否可带来网络空间相称的权力提升
	网络空间区域政策协调(如上海合作组织、海湾合作委员会、阿拉伯国家联盟等)	是否可以借区域共同体形成一致的网络空间治理政策和方针
风险共同体	民主制国家 vs.威权制国家	是否可以施行严格的互联网过滤和审查制度(基于对政权和社会稳定的威胁风险以及传统经验)

从上面的分析可以看出,似乎"网络丛林"(cyber jungle)现象在人类这一新活动空间再现。各共同体之间存在着纵横交错的关系。例如,南非既属于"金砖国家",希望和中国等国一起与美国的网络空间霸权进行抗争,又与美国一样属于民主制国家阵营,因此,也是美国的争取对象。

当前的网络空间全球格局是网络自然生长的生态环境造就的,凭借实力和网络空间的源起优势,美国正在努力主导一大阵营。美国的盟国(如欧盟、日本、加拿大、澳大利亚等)在网络空间主要立场上基本上和美国一致,美国的下一个目标是利用价值观基础将一些大的民主体制国家纳入其阵营,如印度、巴西、印度尼西亚、南非等。其他阵营虽然有许多努力的迹象,但是还没有出现明显的合力,也没有出现有较强号召力的主导者,尽管中国和俄罗斯等国曾共同向联合国提交过"信息安全国际行为准则"。不争的事实是,如何在"网络丛林"中占据一席之地,是每个国家当前都在思考的一大重点。

三、全球网络空间治理中权力与利益较量的实质

全球网络空间治理阵营分化的表面原因似乎是对目前治理现状的不满,以及基于现状,各行为主体对全球网络空间治理的观点分歧。然而,和所有国际问题一样,全球网络空间治理阵营分化的实质还是各行为主体在网络空间的权力和利益的较量。

(一)全球网络空间治理的权力流散

从权力来看,借用哲学家沃尔特·布莱斯·加利(Walter Bryce Gallie)的概念,网络空间现在已经出现了"威权危机"(Crisis of Authority)[1],或者用英国国际政治经济学学者苏珊·斯特兰奇(Susan Strange)的概念,网络开

---

[1] Walter Bryce Gallie, "Essentially Contested Concepts," *Proceedings of the Aristotelian Society*, 1956, 56.

始成为"权力流散"(Diffusion of Power)的重要场所。[①] 美国学者约瑟夫·奈也指出,在全球信息化时代,权力不再由国家独有,国家要和跨国公司、犯罪集团、恐怖组织以及个人等网络行为体共同分享权力。网络领域的权力流散不仅表现在行为体的数量越来越多,而且表现在行为体之间的权力差异被缩小。[②]

本书则认为,各种网络空间的权力流散体现在不同的行为主体所拥有的不同的网络权力上。

1. 国际组织和国家间机构拥有的是一种体系性权力(Systemic Power)

国际组织和国家间机构拥有体系性权力。[③] 国际组织作为一个体系的存在,它既可以通过制定相关国际机制对网络空间的运行进行规约,它也可以利用体系的排他性或对应的专属性来对体系外及体系内的成员进行协调与制约。网络空间体系性权力的诞生主要源于三个趋势:一是各国在网络空间权力的去中心化;二是国家之间的相互依赖,如网络安全问题等;三是权力结构的变化,例如,网络空间所伴随的软实力重要性的日趋上升。

2. 国家和政府拥有的是一种工具性或结构性权力(Instrumental and Structural Power)

国家和政府拥有工具性或结构性权力。从互联网的起源来看,国家不是行为者,而是一个参与者,是一个被动的参与者,但是,未来的趋势是国家将作为管理者。虽然从技术方面看,政府是门外汉,特别是在网络发展的开始阶段,政府从能力上看似乎可能缺乏治理权威。但是国家在其管辖范围内拥有的主权至高无上性和此概念在社会团体中的根深蒂固,使得国家随时可以动用其国家机器等工具介入网络空间的治理,并借助其自身在国际市场、国际社会中的地位和份额来影响网络空间的全球治理,可以有意识地通过设定议程、操纵国际体系的游戏规则取得对自己更有利的结果。这就是一种工具性或结构性权力。简而言之,结构性权力就是构造国与国之间关系、国家与人民之间关系或国家与企业之间关系框架的权力。[④] 尽管按照苏珊·斯特兰奇的观点,结构性权力既可以由国家行使,也可以由国际组

---

① See Susan Strange, *The Retreat of the State: The Diffusion of Power in the World Economy*, Cambridge University Press, 1996.

② Joseph S. Nye Jr., *The Future of Power*, Public Affairs, 2011, pp.132—139.

③ 国际政治中体系性权力的正式提出最早出现于下文: Silviu Brucan, "The Systemic Power," *Journal of Peace Research*, 1975, 12(1).

④ [英]苏珊·斯特兰奇:《国家与市场》,杨宇光等译,上海人民出版社 2006 年版,第 21 页。

织、跨国公司等非国家行为体行使①,但是国家无疑仍是其中最强势的结构
性权力拥有者。

3. 代表市场的私营部门和技术精英拥有的是一种"元权力"(Meta-power)

网络空间"元权力"是指对网络结构中身份、利益和机制的重新配置、构成或重构的权力。② 技术规范等是全球网络空间治理不可缺少的基础,是"元权力"的源泉。从国际上看,网络空间的基础物理设施和技术规范掌控在私营部门手中。也就是说,这种对网络空间构成基础的"元权力"主要属于私营部门和一些技术精英。大量人群的网上活动、个人数据、社交网络行为等都控制在少数网络服务提供商的手里。他们的权力不仅可借用户条款得以实现,而且还可以对不满意的内容(包括用户档案)进行删减,可以将个人数据卖给第三方,还可以更改用户条款。他们在网络空间承担的作用可能以前都是国家的专属权,例如,保证用户的身份识别、维持网络社会秩序等。从这一意义上看,拥有众多用户的一些公司(如苹果、谷歌等),甚至可被看作虚拟的"国家"③,尽管他们本身可能也要受其服务器所在国的法律制约。

4. 代表社会的民间团体和个人拥有的是倡议的权力(Advocacy Power)

全球社会是所有独立于国家和市场的体系和领域,涵盖了所有国家(包括政党)和市场之外的组织和协会。各种私人组织、志愿活动、非营利组织和社会团体组织的兴起改变了国家统治的内外环境,把民族国家之内的许多个人、集团和组织解放出来,形成由多元化力量共同主宰的全球社会。④ 正如詹姆斯·N.罗西瑙所言,工业化时代的权力是建立在一种强制性权威的合法性基础上的,而后工业化时代或者当前的网络时代,权力是基于一种倡议。⑤ 网络空间的全球性、互联互通性、便捷性都使之成为

---

① ［英］苏珊·斯特兰奇:《权力流散:世界经济中的国家与非国家权威》,肖宏宇、耿协峰译,北京大学出版社 2005 年版,前言第 5 页。

② Meta-power refers to how networks reconfigure, constitute, or reconstitute identities, interests, and institutions. See James N. Rosenau and J. P. Singh, eds., *Information Technologies and Global Politics: The Changing Scope of Power and Governance*, State University of New York Press, 2002.

③ Séverine Arsène, "The Impact of China on Global Internet Governance in an Era of Privatized Control," author manuscript published in "Chinese Internet Research Conference", Los Angeles, United States, 2012, p.10.

④ 王金良:《全球治理:结构与过程》,《太平洋学报》2011 年第 4 期。

⑤ James N. Rosenau and J. P. Singh, eds., *Information Technologies and Global Politics: The Changing Scope of Power and Governance*, State University of New York Press, 2002, p.24.

全球社会倡议权力的重要来源,也成为网络活动主义(cyber activisim)的重要场所。[①] 这种倡议的权力可以使囊中羞涩的个人或团体借助互联网影响公众意见、筹集资金,甚至形成跨地区联盟等,这意味着国家政府对议事日程的控制被削弱,决策自由受到限制,国家到个人的垂直权力结构趋向扁平。

(二) 全球网络空间治理的利益分化

全球网络空间治理分化的实质不仅是权力的分散,还是网络空间行为主体的利益分化与竞争。互联网全球治理中的利益分化不仅体现在主权国家之间,也体现在国家与非国家行为体之间。不同行为体在网络空间的利益并不相同。国家和公司的利益取向不同,国家的安全利益高于一切,而公司的发展利益高于一切;国家之间有不同的价值观,一些国家主张所谓的互联网自由,而另一些国家主张互联网主权;各公司的利益存在相互竞争关系;属于全球社会的各种民间团体和组织也有不同的利益诉求。虽然互联网将人类联合在一起,而互联网的治理却使人类分裂[②],主要原因是在互联网的治理过程中引起了传统利益相关者和新的利益相关者之间的权力斗争。

在全球网络空间治理问题上,国际社会被划分为两大阵营,分别是以欧美国家为代表的发达国家阵营和以中国、俄罗斯、巴西等为代表的新兴发展中国家阵营。前者坚持多利益攸关方的治理模式和网络公域、网络自由等概念;后者提倡政府主导的多边主义治理模式和网络主权、网络边界的概念。这种阵营的划分源于国家间信息技术发展水平的差距和治理理念的不同,但更深层的原因是利益的差异,网络领域的发达国家作为既得利益者希望维护现有的治理模式,后者则希望打破发达国家的垄断,争取更大的话语权。[③]

① 关于网络活动主义,可以参看 Michael D. Ayers, Martha Mccaughey, eds., *Cyberactivism: Online Activism in Theory and Practice*, Routledge, 2003;Steven F. Hick and John G. McNutt, *Advocacy, Activism, and the Internet: Community Organization and Social Policy*, Lyceum Books, 2002;Michael Dartnell, *Insurgency Online: Web Activism and Global Conflict*, University of Toronto Press, 2006;Molly Beutz Land, "Networked Activism," *Harvard Human Rights Journal*, 2009, 22.

② The World Bank, "Digital Dividends," *World Development Report*, 2016.

③ Lang Ping, "The Formation Mechanism of International Order in Cyberspace," *Quarterly Journal of International Politics*, 2018, 3(1).

近年来,随着国际权力格局的变化和技术水平的发展,各阵营内部在利益冲撞下均出现了不同程度的离心倾向,传统阵营随着利益分歧的增多出现了分化重组的现象。一方面,欧美之间的传统盟友关系出现了分化。随着"棱镜门事件"的爆发和美国向单边主义的戏剧化倒退,欧盟的网络安全风险明显上升,欧盟开始越来越强调追求自身在数字领域的战略自主权,主张加强政府在数字治理中的地位,力争分享国际网络空间治理权。法国和德国在2014年曾设想建设独立的欧洲互联网以取代由美国主导的互联网基础设施,以夺回数字技术主权并减少对境外国家的依赖。美国2018年通过的允许美国政府强迫美国科技企业提供境外存储数据的"云法案"更是引发了欧盟的高度警惕。德国经济部长彼得·奥特梅尔(Peter Altmeier)表示,越来越多的德国企业,甚至德国内政部和社会保障系统的数据也储存在微软和亚马逊的服务器上,这让德国"正在丧失一部分主权"。[1] 为此,欧盟加强了其境内统一的数字监管立法,推进欧盟单一数字市场建设,并积极开发自己的数据管理平台来维护数字主权。出于对安全风险的考虑,欧盟法院以不尊重欧盟公民权利为由于2018年宣布欧美之间的"隐私盾"协议无效。另一方面,在新兴国家阵营中,也出现了部分发展中国家向现有网络空间治理体系及发达国家立场接近和靠拢的现象。例如,在2003年的突尼斯峰会上,巴西曾代表广大发展中国家质疑以美国为中心的网络空间治理模式,要求美国放弃对ICANN的单边统治权并改革原有的非政府政策制定机制,承认政府在互联网公共政策制定上的权力。但近年来,巴西在网络空间治理问题上逐渐向多利益攸关方模式靠近。2014年,巴西互联网指导委员会同ICANN和世界经济论坛联合发起的网络空间治理平台——Net Mundial就明确以多利益攸关方为治理模式。在2015年的金砖峰会准备会议上,主席国俄罗斯希望就网络空间治理问题发表共同声明,但因巴西的反对而未能实现。

利益分化还体现在国家与非国家行为体之间。由于网络空间的开放和互联性,国家行为体与非国家行为体之间的权力差距正在缩小[2],与其他领域相比,非国家行为体在网络领域具有更大的影响力。[3] 随着数字技术对

---

[1]　Guy Chazan, "Angela Merkel Urges EU to Seize Control of Data from US Tech Titans," *Financial Times*, November 13, 2019, https://www.ft.com/content/956ccaa6-0537-11ea-9afa-d9e2401fa7ca, accessed August 10, 2022.

[2]　See Joseph S. Nye, *The Future of Power*, Public Affairs, 2011.

[3]　Joseph S. Nye, "Cyber Power," Harvard Kennedy School, Belfer Center for Science and International Affairs, May 2010.

社会生活影响力的上升,国家、企业和个人都在努力维护其对网络空间数字的控制权,试图将网络空间"领土化":国家在网络空间中不仅重塑本国"领土",还竭力扩大"域外"管辖范围;企业借助用户数据、网络和专有硬件设备打造庞大的网络生态系统,扩大它们在网络虚拟和现实空间的影响力;网络私人用户或创建者虽不能重建新的网络领地,却能在各种在线社区或封闭的聊天群中建立虚拟领土。[①] 谁在网络空间占有的"领土"越多,可供使用的网络信息和数据资源越广,谁的网络能力就越强。在这一背景下,网络空间中的政府、企业和个体之间经常出现"领土冲突"(Territorial Conflicts)的情况。互联网巨头企业通过数字平台收集在线用户的数据,并利用其获取巨额收入,从中获得的数据垄断地位限制了政府在数字环境中的立法和执法能力,迫使更多国家政府加强管控数据跨境自由流动;数字公司提供的数字服务往往以用户的数据隐私为报酬,全球科技巨头对用户数据的无限制挖掘对个人数据安全和隐私构成巨大威胁;数字监控技术给国家治理和保护公共安全提供了有效的工具,但也引发了公众对数据泄漏和个人隐私信息被滥用的担忧。随着国家政府有关网络主权、数字民族主义和数字本土化的呼声愈来愈高,非国家行为体(如企业和社会团体)反对政府网络审查和管制的声音也日益增多。

利益分化甚至是矛盾无处不在。例如,在国家间网络空间竞争中,印度不仅加快了其网络战能力的建设步伐,而且为了应对所谓来自中国的黑客威胁,印度政府采取措施限制来自中国的高科技产品的进口[②],甚至建议立法使爱国性质的黑客行为合法化。[③] 又如,谷歌公司曾试图将芝加哥大学图书馆的资源全部电子化,最后由于其他利益相关者的反对(如作者的知识产权等)遭遇了彻底失败。再如,在中美针对网络犯罪的合作中,一些行为在中国看来是威胁政治稳定的网络空间犯罪行为,但在美国看来只不过是政治动议。美欧虽然都支持全球网络空间治理的多利益攸关方模式,但

① Daniel Lambach, "The Territorialization of Cyberspace", *International Studies Review*, 2020, 22(3).
② Heather Timmons, "India Tells Mobile Firms to Delay Deals for Chinese Telecom Equipment," *New York Times*, April 30, 2010, http://www.nytimes.com/2010/05/01/business/global/01delhi.html, accessed August 10, 2022.
③ Joji Thoms Philip and Harsimran Singh, "Spy Game: India Readies Cyber Army to Hack into Hostile Nations' Computer Systems," *Economic Times*, August, 2010, http://economictimes.indiatimes/com/news/news-by-industry/et-cetera/Spy-Game-India-readies-cyber-army-to-hack-into-hostile-nations-computer-systems/articleshow/6258977.cms, accessed August 10, 2022.

二者在具体网络空间策略上并不相同。①

全球网络空间治理的利益分化的典型案例是 2012 年年底的国际电信联盟召开的世界电信大会（The World Conference on International Telecommunications，WCIT-12）。作为联合国的一个特殊机构，ITU 是全球电信通信的权威。在 ITU 中除了 190 多个国家会员外，还有数千个企业会员。这次会议的核心争论点包括互联网的监管、互联网自由、网络内容审查、全球网络空间治理等。此外，还有关于垃圾邮件等经济和社会生活领域的争辩。

该会议进行了一场关于网络空间未来的激烈辩论。每一方都从自身利益出发寻求一个不同的结果。谷歌等网络公司认为，国际电信联盟没有资格讨论并制定互联网的未来；ITU 希望扩大它在网络空间事务中的权威；欧洲电信机构希望通过改变在网络之间交换信息的规则来获得更多的收益；中国、俄罗斯和印度希望更强有力的政府对于网络空间的控制，希望 ITU 获得管理网络空间的更多权限，并削弱 ICANN 等机构的权限；美国和欧洲希望维持保护现有的模式；还有一小部分国家寻求将互联网同人权联系起来。

因此，并不令人惊奇的是，当最终修改版的《国际电信条例》（International Telecommunication Regulations，ITR）付诸表决的时候，尽管 89 个国家签署同意，包括许多非洲国家、阿拉伯各国家、巴西、中国、印度尼西亚、伊朗、俄罗斯等，但是仍有 55 个国家拒绝签署，其中包括许多重要的西方大国如美国、澳大利亚、欧盟各国、加拿大和日本。② 这一投票结果说明，各行为体的利益冲突使当前的全球网络空间治理问题仍然处于无解状态。

（三）权力利益争夺下的全球网络空间治理趋势

根据上述分析，全球网络空间治理呈现如下四个趋势。

一是国家在全球网络空间治理中的作用会越来越强。尽管国家在全球网络空间治理中参与的程度、效果、主动性和积极性并不完全一样，但作为治理主体是绝不可能缺位的。主权至上观念的深入人心以及网络空间全球

---

① Susan Ariel Aaronson，"Internet Governance Or Internet Control? How To Safeguard Internet Freedom," *Cicero Foundation Great Debate Paper*，2013，13（1）.

② ITU，WCIT，*Signatories of the Final Acts*，2012，http://www. itu. int/osg/wcit-12/highlights/ signatories.html，accessed August 10, 2022.

社会的不完全发育,使未来数十年政府对于网络空间的介入将始终是一个热门话题。甚至有人认为,随着国家和政府的重要性日益提升,网络结构已经出现从去中心的分散结构逐步向等级体系结构发展、从网络型治理(networked governance)向传统等级型治理(hierarchical governance)发展的趋势。① 虽然有专家对此观点进行了驳斥,但国家在全球网络空间治理中的作用提升已成为不可避免的趋势。国家对网络空间的权力主张将会加剧国家间在网络空间的对立与竞争。

二是国家和非国家行为体的网络空间治理权争夺将加剧。国家在全球网络空间治理中的介入行为会很自然地招致市场、社会团体和其他国家的抵抗和反作用力。治理本身就有别于等级制的政治统治,它体现为无中心、网络型或并行的原则,这就规定了任何由主权国家主导的政治行为都不属于全球治理的理想模式。全球治理的单位并不仅仅是国家和政府,至少还有十个相关术语已经得到人们的认可:非政府组织、非国家行为体、无主权行为体、议题网络(issue network)、政策协调网(policy network)、社会运动、全球社会、跨国联盟、跨国游说团体和知识共同体(epistemic community)。而且网络空间的结构与特点已经超越了主权的治理范围。② 从能力上看,政府也不可能单独主导全球网络空间治理。网络空间出现的技术犯罪等也是难以通过外交途径或军事手段解决的问题。还有人提出了网络空间的分层模型,认为网络空间由物理基础(physical foundations)、逻辑秩序(logical layer)、信息层面(information layer)和用户(users)这四个层面组成。③ 对于国家管制而言,层级越低,物理性越强,则管制越方便;层级越高,参与者越多,行为主体越分散,管理和执法则更加困难。

三是美国在网络空间的霸权地位将会受到越来越多的挑战。首先,这是由于美国霸权得到国际社会认可和接受程度的下降。在国际政治中,霸权不仅意味着超强的实力地位,还意味着一种权威,这种权威依赖霸权的

① 对这一观点,也有学者专门进行了反驳分析,可见: Milton Mueller, Andreas Schmidt, and Brenden Kuerbis, "Internet Security and Networked Governance in International Relations," *International Studies Review*, 2013, 15.

② Nazli Choucri, "Introduction: CyberPolitics in International Relations," *International Political Science Review*, 2000, 21(3).

③ Nazli Choucri and David Clark, "Integrating Cyberspace and International Relations: The Co-Evolution," Massachusetts Institute of Technology Political Science Department Working Paper, No. 2012 - 29, pp. 2 - 3. Electronic copy available at: http://ssrn.com/abstract = 2178586, accessed August 10, 2022.

"正当性"。理论上讲,霸权国的"正当性"主要体现在三个方面:在价值上,霸权国尊重国际社会的共享价值和规范;在程序上,霸权国公开决策,遵守国际法和制度性约束;在结果上,霸权国能够促进全球的安全、稳定和经济发展等。[①] 然而,近年来美国霸权的"正当性"在下降。其次,这也是其他网络空间行为体网络参与的必然结果,因为网络空间行为的低行动成本赋予了他们特殊的"伤害的能力"(capacity to harm)。网络空间是一种鱼龙混杂的场所,其间私人行为体、公共行为体、罪犯都在一系列交错重叠的规则下各自行动。[②] 而且,用"贫民窟"(Favela, or Shantytown)来形容今后的网络空间图景可能更合适,因为绝大多数的互联网新用户现在都来自发展中国家。[③] 即使没有能力提出适当的网络空间治理政策建议的第三世界国家或"羸弱国家"(weak states),也可能通过所谓的"伤害的能力"影响全球网络环境[④],从而对现有治理体系的效力产生影响。

四是全球网络空间治理的有效治理模式将是能够平衡国家、市场、社会的多元多层合作治理模式。根据成功地实现现代化的国家的经验,最需要界定清楚的关系就是国家、市场和社会的关系,也就是尼克拉斯·卢曼(Niklas Luhmann)提出的政治系统、经济系统和民间组织的关系。同样,在网络空间,这三者关系的平衡将是未来全球网络空间治理的主要问题。网络空间治理的利益相关方有很多,国家、政府、非营利机构、商家、服务提供商、消费者等都在其中有份。作为治理主体的制度行动者也有很多,如国际组织、主权国家、跨国行为体、次国家行为体、社会团体、行业机构、网络精英等。不同的制度行动者在网络空间的权力和利益的差异意味着,真正有效的并为各方所接受的全球网络空间治理模式将是能够平衡国家、市场、社会的多元多层合作治理模式。国家无法脱离市场和社会而存在,市场是国家发展经济的有效载体,而经济是国家实力的根本保障。同时,国家存在于社会并受制于社会。国家、市场、社会的互动在全球网络空间治理中将持续存

---

① 刘丰:《美国霸权与全球治理——美国在全球治理中的角色及其困境》,《南开学报》(哲学社会科学版)2012 年第 3 期。
② Ronald Deibert and Rafal Rohozinski, "Liberation vs. Control: The Future of Cyberspace," *Journal of Democracy*, 2010, 24(1).
③ Internet World States, "World Internet Usage and Population Statistics," June 30, 2022, http://www.internetworldstats.com/stats.htm, accessed August 10, 2022.
④ 此处借用第三世界国家在环境领域全球治理中的"伤害的能力",参见 Marian A. L. Miller, "Sovereignty Reconfigured, Environmental Regimes and Third World States," in Karen Liftin, ed., *The Greening of Sovereignty in World Politics*, The MIT Press, 1998.

在。网络空间的全球治理之路,将是基于协调而非控制基础上的一个包括国家和非国家行为体的持续的互动过程。

值得注意的是,目前网络空间不同的阵营分化似乎给全球网络空间治理的未来蒙上了一层厚纱,但同时这些问题的集中出现和相互之间权力和利益的碰撞也是我们彻底重新审视全球网络空间治理的机遇。从前仅限于工程师、情报机构和少数国家的少数政策制定者之间的神秘讨论,将被拓展至公共政策和大众视野。网络空间利益竞争恶化和"威权危机"出现的时刻,也许就是全球网络空间治理形成的时刻。

思考题

一、如何认识不同理论视角下全球网络空间治理的异同之处?

二、简要介绍目前全球网络空间治理阵营分化的情况,并试析阵营分化对全球网络空间治理的影响。

三、简述全球网络空间治理的"权力流散"现象,并分析"权力流散"与"利益分化"之间的联系。

四、试论全球网络空间治理的发展趋势。

第三章 全球网络空间治理体系中的国际规则

全球网络空间治理体系中的国际规则建构既繁荣活跃,又充满挫折。一方面,这一领域充满活力,各种规则不断确立,各种机制不断诞生,各种倡议层出不穷,有些规则和机制已经获得了大多数国家的认可;另一方面,在一些事关全球网络空间治理最重要的议题领域,围绕国际规则的谈判却屡屡陷入深水区,各方在一些关键议题上存在深刻的分歧。本章着重分析网络空间国际规则制定的发展历程、当前网络空间治理国际规则涉及的主要议题、各方在这些议题上达成的共识和存在的分歧,以及当前网络空间国际规则制定存在的问题。

一、网络空间国际规则的发展历史

随着全球互联网的发展,互联网的全球治理经历了一个从无到有、从松散化到组织化和机构化、从被动到主动的过程,同时,随着互联网在全球范围内的普及,与网络空间治理利益相关的大量治理主体也不断涌现并积极参与全球治理,共同推动了网络空间国际规则的制定和发展。根据2005年信息社会世界峰会达成的国际共识,网络空间治理的利益相关方主要包括七类:国家政府、私营部门、民间社团、政府间组织、非政府间组织、学术界和技术界。根据不同时期占主导地位的治理主体的不同,可以将网络空间国际规则的发展划分为四个阶段;第一个阶段是互联网技术社群自治阶段,这一时期互联网的应用范围较小,治理内容基本上属于技术范畴,互联网技术社群在制定技术规则方面起到了主导作用;第二个阶段是多利益攸关方阶段,这一时期随着互联网的商业化,各利益相关方围绕互联网的核心治理权展开了博弈,美国政府在同互联网技术社群的竞争中占据上风并最终确立了其在网络空间治理领域的主导地位,建立了以 ICANN 为核心的多利益攸关方的治理模式;第三个阶段是国家参与规则制定阶段,在美国通过单边方式掌握网络空间治理规则主导权的同时,互联网在全球的普及让更多的国家和国际组织逐渐参与网络空间治理和规则制定,各国通过联合国等平台围绕网络空间治理权展开博弈;第四个阶段是国家主导规则制定阶段,"棱镜门事件"的曝光大幅提高了世界各国争取互联网规则制定权的意识,网络空间出现了所谓的"国家回归"或"再主权化"的趋势,大量新的治理平台和组织纷纷涌现,全球网络空间治理和规则制定开始朝着多极化趋势发展。

(一)互联网技术社群自治阶段

网络空间治理的早期阶段涉及的议题主要是互联网领域信息交流相关的政策和技术,这一时期明显地体现了技术治理的特点,这是因为早期互联网的应用范围有限,主要是用于进行科学研究的私人空间。由于数字技术允许非中心式的控制方式和个体行动,政策制定也具有更多的包容性和参与性的特征。[①]

由于早期的互联网主要用于科学研究,技术专家在其规则制定中发挥了重要作用。一方面,国际 IP 最初是美国政府与 IANA 签署协议,授权设立在南加州大学的信息科学研究所通过向地区性互联网注册机构分配一组国际协议地址编号,同时对传输控制协议和用户数据报协议(UDP)公共服务的端口进行定义。另一方面,域名的注册则由斯坦福大学信息研究中心负责管理。拉里·罗伯茨、罗伯特·卡恩、温特·瑟夫、霍纳桑·波斯特尔和大卫·卡拉克等工程师创立了包括 TCP/IP 协议等一系列今天互联网仍在使用的基础设施。由他们所创立的互联网架构委员会及其附属的国际互联网工程任务组是规则制定的核心机构。

IETF 负责制定互联网的技术规则,它向任何人开放,商讨规则的标准

---

① Eric Brousseau, Meryem Marzouki and Cecile Meadel, "Governance, Networks and Information Technologies: Societal, Political and Organizational Innovations," in Éric Brousseau, Meryem Marzouki, Cécile Méadel eds., *Governance, Regulations and Powers on the Internet*, Cambridge University Press, 2012, p.8.

主要是能否得到成员的认同及是否能有效地运行。不同于仅仅局限于技术圈的小群体,IETF 向所有人开放,举行公开会议研讨技术问题。自 1986 年 1 月起,IETF 每年举办三次全体会议,参与规则制定的人多为来自私营部门、科研机构和高等院校的计算机科学家和工程师。IETF 采取自下而上的运作方式,其著名信条是互联网工程师大卫·克拉克所说的:"我们反对总统、国王和投票;我们相信大致的共识和运行的代码。"[1]这种模式被描述为"一种新型政府的原型形式",它意图根本改变传统的主权国家自上而下的治理模式,实现真正的协商民主和社会自治。[2]

　　总之,在 20 世纪 70 年代和 80 年代,互联网是一群有新潮理念的互联网技术同侪的世界,他们用自己的专业知识构建了互联网并实行网络自治,是第一批制定互联网规则的主体。

(二) 多利益攸关方阶段

　　随着互联网的商业化和全球化,美国国内的政府、私营部门和互联网技术社群之间围绕互联网核心治理权和规则制定权展开了激烈争夺。在经历了同互联网技术社群的博弈后,美国政府正式明确了其对互联网的管理权,启动了绿皮书和白皮书的进程,推动成立了制定互联网关键资源规则的平台 ICANN,并由此确立了美国在互联网规则制定中的独特地位,建立了以 ICANN 为核心、以美国为主导的多利益攸关方的网络空间治理模式,使网络空间治理全球规则制定体系发生了重要变化。

　　作为一个非政府组织,ICANN 肩负着保障国际互联网稳定运营和发展的重要职能。在网络空间治理中,它一直强调多利益攸关方的治理模式,这实际上是一种政治多元主义,强调一种包括国家、非政府组织、企业、社会团体共同参与的治理模式。它的理论核心是自下而上的决策过程,强调透明度和公信力,同时限制政府的参与,避免政府将技术之外的分歧带入网络空间治理中。ICANN 作为一个自下而上的治理体系,主要由下属的六个咨询委员会负责 ICANN 的实际运行。尽管 ICANN 有着清晰的组织架构和明确的决策过程,但在人员组成上,ICANN 的管理人员和咨询人员大多来自早期

---

①　See David Clark, "We Reject: Kings, Presidents, and Voting. We Believe in: Rough Consensus and Running Code," 24th IETF Meeting, July 1992, Cambridge, MA, 1992.

②　胡泳:《互联网发展的三股力量》,《新闻战线》2015 年第 15 期。

创立互联网的工程技术人员,这些人员大多数是义务、兼职地参与 ICANN 的管理运营工作,平时大多分布在美国 ICT(Information and Communication,Technology,信息与通信技术)领域的各个公司中,其中的很多人来自微软和谷歌等大型互联网公司,且大多数人的身份并不公开。

对 ICANN 来说,虽然一直追求独立于美国政府并多次与之展开争夺,但其更关注的是如何避免其他政府间组织或机构接管或取代其位置。正如弥尔顿·穆勒所形容的,"一群网络自由主义者甚至最终转变为国家主义的秘密支持者,以为只要被挑战的国家是他们的祖国,他们就转而为美国政府辩护,允许其控制、主导互联网"。① 因此,在多数情况下,ICANN 都与美国政府结盟,共同阻止其他国家或政府间组织影响其治理结构。在 ICANN 的组织架构和决策体制中,各国政府代表所在的政府咨询委员会(Governmental Advisory Committee, GAC)只有资格提名一名不具有表决权的联络员。发展中国家认为,作为一种网络空间治理的国际机制,在 ICANN 中来自发展中国家的代表性明显不足,并希望在其未来的管理架构中更多地体现政府的职责和权力,增加政府咨询委员会的权限。但 ICANN 多次表示不会接受这种改变。对于这种情况,无论是在政府咨询委员会中,还是在 ICANN 的全体会议中,美国政府代表与 ICANN 的官方立场高度一致。

(三) 国家参与规则制定阶段

有人将国家参与网络空间治理规则制定的阶段称为政府在网络空间"回归"的阶段。随着互联网日益成为全球信息社会的重要基础设施,全球网络空间治理主体更加多元,联合国成为国际社会各方围绕网络空间治理进行博弈的新场所。这一阶段主要从信息社会世界峰会到 2012 年。信息社会世界峰会分为 2003 年日内瓦会议和 2005 年突尼斯议程两个阶段。信息社会世界峰会表面上是各国政府与私营部门和社会团体之间的斗争,实质上则是美国和其他国家就互联网规则制定权展开的博弈。2011 年,中国、俄罗斯等国家向第 66 届联合国大会提交了《信息安全国际行为准则》,主张联合国在网络空间治理中发挥主导作用。同年,美国、英国等政府主导

---

① 参见[美]弥尔顿·L.穆勒:《网络与国家:互联网治理的全球政治学》,周程、鲁锐、夏雪等译,上海交通大学出版社 2015 年版,第 4 页。

的全球网络空间治理大会（Global Conference on Cyberspace，GCCS），又称"伦敦进程"（London Process）正式召开。多利益攸关方模式和多边治理模式之争始终贯穿这个时期。

2003 年，在国际电信联盟及其成员国的推动下，联合国举办了信息社会世界峰会，峰会首次采取多利益攸关方共同参与的方式，吸引了 176 个国家派出代表参会，加上其他各类型人员共计一万多人参会，突尼斯阶段的与会人数更是多达两万。这是互联网的全球治理问题第一次在联合国层面进行全面、深入的探讨和协调。信息社会世界峰会日内瓦会议通过了《日内瓦行动计划》和《日内瓦宣言》两份文件，并委托联合国秘书长安南（Kofi Atta Annan）召集成立互联网治理工作组专门研究互联网治理和互联网规则制定并提出研究建议。WGIG 公布的研究报告提出了互联网规则制定中的单边垄断问题，矛头直指美国政府在互联网关键资源规则制定中的垄断地位。2005 年 11 月，信息社会世界峰会突尼斯会议召开。在此期间，美国政府尽管受到较大的压力，但仍不放弃关键资源规则的制定权，经过国际博弈，最后妥协的结果是各方提请联合国每年举办一次互联网治理论坛。峰会的成果《突尼斯议程》宣布，各国政府在关键互联网资源和互联网公共政策监管方面应享有平等的地位和责任。[①]

从 2011 年起，随着全球数字经济进入快速发展的十年，越来越多的国家开始寻求积极参与全球网络空间治理。中国、俄罗斯等几个上海合作组织成员国提出了《信息安全国际行为准则》并提交联合国大会讨论。美欧等国开始推动网络空间的"伦敦进程"，从 2011 年起分别在伦敦、布达佩斯、首尔、海牙、新德里等地举办了网络空间国际大会。同年，俄罗斯在国际上提出了《国际信息安全公约》的构想，印度、巴西和南非召开峰会，提出将互联网治理权转到联合国互联网相关政策委员会的手中。2012 年在迪拜举行的世界电信大会，更是发达国家与发展中国家之间一场无硝烟的战争。大会的核心议题是对 1988 年通过的《国际电信规则》进行修订。俄罗斯联合诸多阿拉伯国家希望将互联网相关内容纳入新规中。这无疑是多边治理模式对多利益攸关方模式的又一次挑战——这些国家希望将互联网置于ITU 的管理范围内，美国、欧盟对此强烈反对，最终，互联网相关内容以决议

---

① WSIS:《信息社会突尼斯议程》（2005 年 11 月 18 日），联合国官网，http://www.un.org/chinese/events/wsis/agenda.htm，最后浏览日期：2022 年 8 月 10 日。

形式被写入新版《国际电信规则》中,得到包括大多数发展中国家在内的 89 个成员国的赞成,而包括美国、英国等国家在内的 55 个成员国拒绝在新版《国际电信规则》上签字。继 WSIS 后,迪拜会议再次典型地反映了各国在互联网治理上的偏好和冲突,美国又一次显示了自己在这个领域的难以撼动的地位。

(四)国家主导规则制定阶段

第四个阶段从"棱镜门事件"之后一直到现在,"斯诺登事件"使世界各国争取网络空间治理权的意识大为提高,多个国家参与并主导全球网络空间治理规则制定的多极化趋势不断加强。随着互联网的不断普及,越来越多的国家加入国际互联网,要求 ICANN 国际化的呼声越来越高。在这一过程中,以 ITU 为代表的许多政府间国际组织都提出了种种方案,但都因为美国政府的抵制而未能实现。然而,"棱镜门事件"的曝光彻底揭露了美国政府在网络空间的双重标准:一面以网络自由之名拒绝其他国家参与互联网关键资源的治理,一面却凭借自身的特殊地位对全球实施互联网监控。这一事件严重动摇了美国在全球网络空间治理上的道德威信。

为化解"斯诺登事件"带来的同盟危机,消减 ICANN 面临的国际化的压力,帮助美国在网络空间建章立制中走出信任危机,2014 年 3 月,美国商务部下属机构 NTIA 宣布将放弃对 ICANN 的控制权,并在移交声明中指出,将由 ICANN 管理层组织全球多利益攸关方讨论接收问题,但明确拒绝由联合国或其他政府间组织接管。

2014 年 7 月,互联网社群成立了 IANA 管理权移交协调小组(Interagency Coordination Group, ICG),负责移交事务的具体流程工作,由来自 13 个社群的 30 名代表组成。移交的方案包括两个部分,分别是 IANA 管理权移交协调小组协调编制的技术要求移交提案,以及加强 ICANN 问责制跨社群工作组(Cross Community Working Group, CCWG)确定的强化 ICANN 问责制的方案,根据 IANA 职能所包含的域名、地址资源和协议参数三种职能,分别指定 ICANN、RIR 和 ETPF 来成立三大运营社群,并分别按照 NITA 和 ICC 的要求制定移交方案。最终,三大社群分别制定了各自的移交方案,其中,域名移交是由域名职能跨社群工作组编制完成,包含三方面的内容:成立移交后 IANA(PTI)机构,作为 ICANN 的下属机构来承担 IANA 关于域名职能的运营工作;成立客户常任委员会(Customer Standing Committee, CSC),负责对 PTI 的监督,建立以多利益攸关方为基础的 ANA 职能审核流程,对域名职能的绩效进行审核;地址社群和协议参数社群基本认可继续由 ICANN 来继承目前的工作,但应加强监督机制建设。ICG 以全体一致同意的方式支持提案,并建议 ICAW 董事会在通过后将提案呈交代表美国政府的 NTIA 审核。最终,ICG 的技术性方案和跨社群工作组的问责制方案全部获得 ICANN 董事会的支持,并在 2016 年 3 月摩洛哥召开的 ICANN 第 55 届大会上向社会公开,宣告互联网管理权将迎来新时代。

就 ICANN 的国际化和移交的过程来看,多利益攸关方模式的适用得到了一定程度的体现。对于美国政府提出的不认可其他政府或国际组织来接管的要求,既有其一定的历史延续性在其中,也反映了美国在网络空间治理中的强大影响力和话语权。尽管多利益攸关方模式能够做到广泛的参与和决策程序透明,但其能力和资源对于国际规则制定的影响力仍是不可忽视的。

同时,"棱镜门事件"引发了各国国内对网络空间安全的关注,各国纷纷采取新的措施保障网络空间安全,不少国家的网络安全意识得到大幅提升,特别是新兴国家更是以更加积极的姿态介入全球网络空间治理。中国政府加快了网络空间的法治化过程,并开始讨论网络安全设备自主可控的指导思想、制定了网络安全审查办法,在先后出台的《国家安全法》《反恐怖主义法》《网络安全法》等法律中都大幅增加了涉及网络安全的条款。法德曾一度探讨建立欧洲独立的互联网以绕开美国网络,此外,欧盟于 2016 年通过了《通用数据保护条例》,为跨境数据流动安全制定了严格的法律。旨在对数字服务和线上平台进行更严格规制的《数字服务法》和《数字市场法》也于 2022 年 11 月生效。随着多个由主权国家发起的新治理平台和组织的建立,全球网络空间治理越来越朝着多极化的方向发展。

二、当前国际规则涉及的主要议题及其成果

随着全球网络空间治理架构的演进,当前网络空间治理的规则逐渐形成,既有规则向互联网的延伸也不断深化。全球网络空间治理可以通过多

种途径实现,如技术设计决策、私营企业决策、全球性的非政府机构、国家法律和政策、国际条约等。狭义上看,网络空间治理是网络架构、标准和协议等的问题,主要讨论一些特定的组织是如何治理互联网技术基础设施和架构的。这些组织包括互联网工程任务组、互联网域名和数字地址分配机构、互联网架构委员会、万维网联盟、互联网协会、区域互联网注册管理机构等。广义上看,网络空间治理不仅要研究互联网基础设施或架构演化问题,如域名等互联网关键资源的配置,而且要关注互联网应用问题,如知识产权冲突、网络空间安全、内容管制、数字鸿沟等。

当前全球网络空间治理涉及的议题多样,根据不同的标准,可以将全球网络空间治理主要规则划分为多个议题领域。在全球第一次关于网络空间治理的国际性论坛——信息社会世界峰会上,时任联合国秘书长安南根据大会的授权设立了互联网治理工作组,在工作组的报告中对互联网治理提出了以下定义:"互联网治理是政府、私营部门和民间社会根据各自的作用制定和实施旨在规范互联网发展和使用的共同原则、准则、规则、决策程序和方案。"[1]在这一治理思想的指导下,互联网治理工作组梳理了互联网治理的四大内容:"第一,与基础设施和互联网重要资源管理有关的问题,包括域名系统和互联网协议地址管理、根服务器系统管理、技术标准、传输和互联、创新和融合技术在内的电信基础设施以及语言多样性等,这些问题与互联网治理有着直接关系;第二,与互联网使用有关的问题,包括垃圾邮件、网络安全和网络犯罪;第三,与互联网有关,但影响范围远超过互联网并由现有组织负责处理的问题,如知识产权和国际贸易;第四,互联网治理发展方面的相关问题,特别是发展中国家的能力。"[2]相较于互联网社群主要关注网络空间治理中的互联网层面的技术治理,国际政治理论更加注重从网络空间中的安全、自由、发展等议题的视角来构建相应的治理理论。

(一)安全

安全领域的网络空间国际规则涉及的议题包括网络安全技术标准、网

---

① WSIS, "WSIS Outcome Documents," *Itu*, December 2005, http://www.itu.int/net/wsis/outcome/booklet.pdf, accessed August 10, 2022.
② Château de Bossey, "Report of the Working Group on Internet Governance," *WGIG*, 2005, https://www.wgig.org/docs/WGIGREPORT.pdf, accessed August 10, 2022.

络基础设施安全、网络安全事件预警和应急处理、网络间谍活动、网络犯罪、网络战、网络恐怖主义等。

1. 网络安全技术标准

在网络安全技术标准方面,国际标准化组织、国际电信联盟、互联网工程任务组、电气电子工程师学会、国际电工委员会(International Electrotechnical Commission, IEC)等在内的多个技术标准组织均有涉及。ISO(International Organization for Standardization,国际标准化组织)是由各个国家的标准化机构组成的世界范围的联合会,于 1947 年正式运行,共有 140 个成员国,中国既是发起国,也是首批成员国。ISO 的技术活动是制定并出版国际标准,进入 20 世纪 90 年代后,ISO 与国际电工委员会和国际电信联盟加强合作与协调,三大组织联合形成了全球标准化工作的核心。在信息技术方面,ISO 与 IEC 成立了第一联合技术委员会(ISO/IEC/JTC1),负责制定信息技术领域中的国际标准,其所发布的国际标准约占总量的三分之一。其中,同网络安全技术标准相关的子委员会为 ISO/IEC/JTC1/SC27,ISO 15408 和 ISO 27000 系列等信息安全管理体系(Information Security Management System, ISMS)主要的国际规范性标准均是该子委员会发布或制定的。IEC 中与安全技术标准相关的组织包括电子元件和设备可靠性技术委员会(TC56)、IT 设备安全和功效技术委员会(TC74)、电磁兼容技术委员会(TC77)和无线电干扰特别委员会(CISPR)。ITU 制定的典型标准包括消息处理系统(MHS)、目录系统、X.400 系列、X.500 系列、安全框架、安全模型、X.509 标准等。互联网工程任务组是全球互联网最权威的技术标准化组织,主要职能是负责互联网相关技术规范的研发和制定,当前绝大多数国际互联网技术标准出自 IETF,其中,与安全相关的包括域名服务系统安全、一次性口令鉴别、公钥基础设施以及安全 Shell 等,域名系统安全扩展(Domain Name System Security Extensions, DNSSEC)、互联网安全协定(IPsec)等安全标准占据主流。欧洲计算机制造商协会(ECMA)是一个由主流厂商组成的非官方机构,其通信、网络和系统互连技术委员会(TC32)曾定义了开放系统应用层安全结构,IT 安全技术委员会(TC36)负责信息技术设备的安全标准,包括制定商用和政用信息技术产品和系统安全评估标准框架,以及在开放系统环境下逻辑安全设备的运行标准。

除此之外,一些国家的信息安全标准化组织在制定网络安全技术标准方面也有较多的成果和较大的影响力。例如,美国国家标准学会(ANSI)是

IEC 和 ISO 的成员之一,其 X3、X9、X12 等技术委员会制定了很多数据加密、银行业务安全和 EDI 安全方面的标准,其中的很多标准都成为国际标准。此外,美国国防部制定的"彩虹系列"计算机安全标准、美国国家标准与技术研究所(National Institute of Standards and Technology, NIST)以 NIST 出版物(FIPSUB)和 NIST 特别出版物(SPECPUB)等形式发布的系列标准、英国标准协会(BSI)制定的 BS 7799 标准等在国际上也有极大的影响力。

2. 网络基础设施安全

在网络基础设施安全方面,尚未建立获得广泛共识的全球性规则,但世界各大国和相关组织都相继制定了关于关键信息基础设施保护的一些法律和规范,《信息安全国际行为准则》和《塔林手册 2.0》(Tallinn Manual 2.0)是其中比较有代表性的。中国、俄罗斯、塔吉克斯坦、乌兹别克斯坦于 2011年 9 月向联合国大会提交的《信息安全国际行为准则》是目前国际上就信息和网络安全国际规则提出的首份较全面、系统的文件;2015 年 1 月,上述国家再次提交了该准则的修改版。北约卓越网络合作防卫中心在 2013 年和 2017 年分别发布的《塔林手册 1.0》和《塔林手册 2.0:适用于网络行动的国际法》,是西方国家在网络信息安全国际规则理论研究方面的成果。

《信息安全国际行为准则》和《塔林手册 2.0》都包含了关键信息基础设施保护的内容。《塔林手册 2.0》第 39 条提出"网络基础设施所在馆舍不得侵犯",第 40 条规定了各国"保护网络基础设施的义务",第 61 条规定了各国"建立、维护和保护电信基础设施的义务",在网络武装冲突法部分,第 140 条规定了"攻击堤坝和核电站时的注意义务",第 150 条提出对"中立国网络基础设施的保护"。[1] 新版《信息安全国际行为准则》第 9 条提到,"各国政府与各利益攸关方充分合作,并引导社会各方面理解他们在信息安全方面的作用和责任,包括私营部门和民间社会,促进创建信息安全文化及保护关键基础设施"。[2] 二者都在内容上明确了关键信息基础设施的重要性以及要进行重点保护。2015 年,联合国通过 11 项负责任国家行为规范,其中的第 6 项规范也明确指出,"不应从事破坏其他国家关键基础设施的网

---

[1] Michael N. Schmitt ed., *Tallinn Manual 2.0 on the International Law Applicable to Cyber Operations*, Cambridge University Press, 2017, https://assets. cambridge. org/97811071/77222/frontmatter/ 9781107177222_frontmatter.pdf, accessed August 11, 2022.

[2] 《中俄等国向联合国提交"信息安全国际行为准则"文件》(2011 年 9 月 13 日),外交部官网, https://www. fmprc. gov. cn/wjb _ 673085/zzjg _ 673183/jks _ 674633/jksxwlb _ 674635/201109/ t20110913_7666326.shtml,最后浏览时间:2022 年 8 月 11 日。

络行为"。① 上述规范是指导国家在网络空间实施网络活动时不具备约束力的行为规范,但是在关键基础设施信息安全保护体系框架方面,国际社会尚未建立获得广泛共识的有约束力的全球性规则。

3. 网络安全事件预警和应急处理

在网络安全事件预警和应急处理方面,计算机应急响应组织(Computer Emergency Response Team, CERT)是国际网络安全应急响应体系的重要运行机构。这些组织是关键参与者,组成了独立的技术专家网络,处理网络安全事件,协调解决方案,通知各相关方,相互交流信息,并协助当事人处理未来事件。CERTs 可能来自不同的组织和机构,包括银行、互联网服务提供商和技术组织在内的私营部门,它们构成了一个全球网络。根据其隶属、职能和资金来源的差异,可以将其分为三类:国家级 CERTs、私营 CERTs 以及技术或学术型 CERTs。尽管各个小组的背景不同,技能水平也参差不齐,事故响应与安全团队论坛(Forum of Incident Response and Security Teams, FIRST)这一国际组织对 CERTs 进行松散的协调。FIRST 成立于 1990 年,是全球网络安全应急响应领域的联盟,现有 520 个成员,其中包括中国、美国和俄罗斯等 95 个经济体,是预防和处置网络安全事件的国际联合会,其职能是通过向成员提供可信的联系渠道、分享最佳实践和工具等途径,促进成员间对网络安全事件的快速响应。FIRST 按照其制定的运作原则和规章开展工作,对成员的组织运行等不存在任何控制权力。除了 FIRST 外,一些区域性应急组织,如亚太地区应急响应合作组织(APCERT)、欧盟的事件响应组织工作组(TF-CSIRT)等也组成了网络安全事件预警和应急处理的国际协调机制。此外,联合国、国际电信联盟、亚太经合组织、上海合作组织等国际政府间合作组织也将 CERT 组织的合作纳入有关工作或文件中。

4. 网络间谍活动

在互联网世界,有大量不同的国家和非政府行为体在从事网络间谍活动。间谍是一个古老的现象,并不违反国际法,但经常违反主权国家的国内法。传统上,例如在美苏冷战时期,国家之间形成了一个通过相互驱逐和减少间谍来管理由间谍活动导致争端的"路线图"。然而,在信息时代,从事

---

① Bart Hogeveen,"The UN Norms of Responsible State Behavior in Cyberspace," *ASPI - Australian Strategic Policy Institute*, March 22, 2022, https://www.aspi.org.au/report/un-norms-responsible-state-behaviour-cyberspace, accessed August 11, 2022.

网络窃密不仅很容易,而且也相对安全,国家间还没有形成一个网络空间的"路线图"。美国多次指责中国的网络间谍窃取了美国的知识产权,并在2013年6月美国前总统奥巴马同中国国家主席习近平的峰会上提出了这一问题。美国曾试图在间谍行为中单独区分出获取商业利益的经济间谍,但这一努力随着斯诺登曝出美国国家安全局大规模监控的"棱镜门事件"而失败。网络间谍问题的结构松散,这也对相关领域的规则制定造成了影响,因为很难确定网络间谍活动是政府所为还是其他行为体所为。

目前,网络间谍活动方面的国际规则主要是通过中美两国经过多个回合的斗争后,在2015年9月习近平主席访美期间,同美国时任总统奥巴马达成的"习奥共识"形成的。这条国际规则在中英、美印、中加的双边外交文件中得到确认,同时,二十国集团和七国集团对这方面的措辞进行了背书。该规则的核心内容只有一句话:"中美双方同意,两国政府都不从事或有意支持那些旨在为公司或商业部门提供竞争优势的经由网络盗窃知识产权的行为,包括行业秘密或其他机密商业信息。"

2015年10月22日,习近平主席在访问英国期间和时任英国首相卡梅伦发表《中英联合声明》,包含了同样的措辞。① 2015年11月16日,二十国集团领导人第十次峰会发布《二十国集团领导人安塔利亚峰会公报》,公报第26段出现了相似的措辞。② 同样,在《七国集团网络空间原则和行动》(2016年5月26日)和《七国集团网络空间负责任国家行为规范宣言》(2017年4月11日)这两份网络安全外交文件中也引述了相关的措辞。2016年8月30日,美国和印度签署《美印网络安全关系框架》,第2部分第11条第d款完整地引述了中美措辞。③ 2017年6月22日,时任中共中央政法委员会秘书长汪永清与加拿大总理国家安全与情报顾问丹尼尔·让(Daniel Jean)签署了《第二次中加高级别国家安全与法治对话联合声明》,重复了"习奥共识"中的内容。④ 可见,中美的这项共识已经从双边领域扩

---

① "UK-China Joint Statement on Building a Global Comprehensive Strategic Partnership for the 21st Century," October 22, 2015, https://www.gov.uk/government/news/uk-china-joint-statement-2015, accessed August 11, 2022.

② 《二十国集团领导人安塔利亚峰会公报》(2015年11月15—16日),新华网,http://www.g20chn.org/hywj/lnG20gb/201512/t20151201_1664.html,最后浏览时间:2022年8月11日。

③ U.S. Embassy & Consulate in India, "Framework for the U.S.-India Cyber Relationship," August 30, 2016, https://in.usembassy.gov/framework-u-s-india-cyber-relationship/, accessed August 11, 2022.

④ 《第二次中加高级别国家安全与法治对话联合声明》,《人民日报》2017年6月26日。

展到多边平台,逐渐成为大国之间的国际共识。

5. 网络犯罪

网络犯罪作为一项全球威胁,有必要构建国际性的集中应对规则和机制。当前,无论是区域组织层面还是联合国等全球性国际组织层面,都建立了部分打击网络犯罪的国际机制并进行了相关实践,但总体上,全球层面至今仍未形成各国可统一适用的打击网络犯罪的国际机制。

网络犯罪的组织松散,但给国家和私营部门增加了大量的成本。目前,欧洲委员会制定的《网络犯罪公约》是网络犯罪治理领域比较有影响力的一项公约,它在深度上提供了一个紧密的结构,但在宽度上受到很大限制,一些国家(如俄罗斯)认为欧洲国家制定的规范是对其主权的侵犯,一些发展中国家则担心加入以后没有什么好处,本国的企业不会从中受益,成为签约国后还要承担高昂的执行成本。此外,一些私营部门发现,隐藏它们的受害程度,将网络犯罪简单地作为商业成本消化掉,而不是增加名声上和管理上的成本,对它们的经济利益更有利。因此,保险市场很难发展,履约度远远没有满足。但近年来,随着网络犯罪造成的成本、复杂程度以及影响范围的增加,全球合作治理网络犯罪问题的需求也愈加急迫。

在建立全球性的打击网络犯罪国际法机制的问题上,美欧等主要《网络犯罪公约》的缔约国主张推动现有区域性国际法的全球化,主张使该公约成为全球标准,反对在联合国层面新设相关的网络犯罪全球性公约。以中国、俄罗斯为代表的发展中国家则倡议在联合国框架内制定新公约。2010 年,在中俄等发展中国家的推动下,联合国预防犯罪与刑事司法大会在成果文件《萨尔瓦多宣言》中提请预防犯罪和刑事司法委员会(United Nations Congress on Crime Prevention and Criminal Justice, CCPCJ)设立一个不限成员名额的政府间专家组,全面研究网络犯罪问题及其对策,即联合国网络犯罪问题不限成员名额政府间专家组(UNIEG),这是一个专门探讨网络犯罪国际规则的平台。该专家组在 2013 年举行的第二次会议上发布了《网络犯罪问题综合研究报告》,提出制定网络犯罪国际示范条款及综合性的多边法律文书。但由于《网络犯罪公约》缔约国反对制定全球性法律文书,讨论进程一度陷入停滞,后续会议进程前景具有不确定性。2018 年 12 月,在中俄等国家的推动下,联合国大会通过第 73/27 号决议,设立了一个同 UNGGE 平行的、不限成员名额的信息安全开放成员工作组(Open-ended Working Group, OEWG)。相比于 UNGGE,OEWG 是一个受许多国家尤其是发展中国家支持的讨论平台。2019 年 12 月 27 日,第 74 届联合国大会通过了中国等 47 国共同提议的"打击为犯罪目的使用信息通信技术"决议,正式在联合国框架下开启谈判制定打击网络犯罪全球性公约的进程。但无论从谈判程序、谈判原则还是谈判内容来看,双方阵营的分歧和火药味仍然存在,国际社会能否在联合国框架下达成一个具有约束力的全球性公约仍是未知数。

6. 网络战

网络战是网络安全治理领域的重要议题。在美国政府率先成立网络战司令部并大力发展网络作战力量后,已有越来越多的国家开始建立网络军事力量,网络空间军事化的发展趋势越来越明显。与此同时,国际社会在对于网络战本身以及涉及的相关国际法问题等认知上存在一定程度的分歧,这增加了国际规则体系构建的难度。联合国信息安全专家组的报告和《塔林手册》作为这一领域的尝试取得了一定的突破,但还未能完全应用于相关治理的实践中。

国际社会在网络战的治理领域还处于起步阶段,网络战议题首要的规范性结构源自《联合国宪章》,较有影响力的机制是联合国信息安全专家组报告(GGE)对于网络战相关国际法适用的描述,在 2013 年联合国信息安全政府专家组的文件中也得到明确的体现。① 联合国信息安全专家组报告第三份报告中将《武装冲突法》(Laws of Armed Conflict, LOAC)中的人道原则、必要性原则、相称原则和区分原则等写入其中,同意上述法律原则适用于网络领域。② 此外,北约卓越网络防御中心编写的《塔林手册》在研究网络战争国际法领域的影响力也越来越大。在这两个治理机制中,前者试图解决《武装冲突法》在网络空间中的适用性问题,后者具体研究如何在网络空间中适用国际法。《塔林手册》是一份旨在使现有法律——包括关于《武装冲突法》中比例、区分和连带伤害控制等总体原则——适用于网络战的非约束性文件。因其非约束性,手册在撰写过程中比较注重其理论阐述的中立性、适用国际法时的逻辑性、符合国际法精神的合理性以及在对待法律

---

① UN, "Group of Governmental Experts on Developments in the Field of Information and Telecommunications in the Context of International Security," UN General Assembly Document A/68/98, 2013, https://documents-dds-ny. un. org/doc/UNDOC/GEN/N13/371/66/PDF/N1337166. pdf? OpenElement, accessed August 11, 2022.

② UN, "Group of Governmental Experts on Developments in the Field of Information and Telecommunications in the Context of International Security," UN General Assembly Document A/70/174, 2015, https://digitallibrary.un.org/record/799853, accessed August 11, 2022.

分歧时的包容性,这些特点使得这部手册具备较高的理论和实践意义。

作为国际规则,联合国专家组报告的问题在于仅仅表明了原则性的立场而缺乏具体的可落实条款,《塔林手册》的问题则在于它并非官方文件,也不具有约束力。此外,参与手册撰写的专家大多来自西方国家,手册主要反映了网络发达国家的观点和立场,缺乏发展中国家的代表性,因此只能是一种较有影响力的区域性治理机制。[①]

7. 网络恐怖主义

现有的网络恐怖主义国际治理的规则体系包括:在全球层次上,联合国等国际组织或机制内含的网络恐怖主义治理规则;在地区层次上,以欧盟和上海合作组织等为代表的具有网络恐怖主义治理功能的区域组织制定的规则;在国家层次上,以各个国家出台的相关法律法规为主的规则体系。

在全球层次上,首先,联合国明确了网络恐怖主义的概念范畴,为清晰界定网络恐怖主义提供了理论依据。2009 年,联合国反恐执行工作组(CTITE)将网络恐怖主义界定为四类行为:"第一类是利用互联网通过远程改变计算机系统上的信息或者干扰计算机系统之间的数据通信,以实施恐怖袭击;第二类是为恐怖活动目的将互联网作为其信息资源进行使用;第三类是将使用互联网作为散布与恐怖活动目的有关信息的手段;第四类是为支持用于追求或支持恐怖活动目的的联络和组织网络而使用互联网。"[②]其次,联合国多次通过相关决议,打击网络恐怖主义。2013 年 12 月 17 日,联合国通过了第 2129 号决议,决议强调,恐怖分子及其支持者利用互联网进行恐怖活动,联合国反恐机构要会同各国和相关国际组织加强打击恐怖组织和恐怖分子利用互联网煽动、招募、资助、策划活动等恐怖行为。2014 年9 月 24 日,联合国第 2178 号决议要求成员国协力防止恐怖分子利用互联网从事恐怖活动,鼓励成员国打击网上暴力极端主义言论,敦促成员国协作采取措施,共同防止恐怖分子利用恐怖音频煽动支持恐怖行为。2014 年年底,第 68 届联合国大会第 4 次评审修改并通过了《联合国全球反恐战略》决议,根据中国的提议,首次明确在全球反恐战略框架中写入打击网络恐怖主义的内容,要求联合国反恐机构会同各国和有关国际组织,加强打击恐怖组织和恐怖分子利用网络实施的恐怖行为。2016 年 7 月 1 日,联合国大会

---

① 鲁传颖:《网络空间治理与多利益攸关方理论》,时事出版社 2016 年版,第 221 页。
② UN, "Countering the Use of the Internet for Terrorist Purposes," February, 2009, https://www.unodc.org/unodc/en/terrorism/news-and-events/use-of-the-internet.html, accessed August 11, 2022.

审评《全球反恐战略》实施 10 年来的执行情况并通过决议,呼吁各成员国根据国际恐怖主义新威胁和不断变化的趋势灵活地改变策略,以有效地打击恐怖主义;决议指出,各成员应当阻止"伊斯兰国""基地组织"等极端恐怖主义利用互联网平台筹措资金、招募人员、策划恐怖活动、传播极端主义思想,阻断恐怖分子回流,鼓励促进和平与宽容文化及各文明间对话等。其他的全球治理机制在网络恐怖主义治理中也发挥了重要作用,例如,2015 年 11 月,二十国集团领导人在土耳其安塔利亚峰会后发表关于反恐问题的联合声明,表示反恐必须全面施策,根据联合国 2178 号决议的决定,解决滋生恐怖主义的根源性问题,以及阻止利用互联网煽动支持恐怖活动。

在地区层次上,区域性国际组织也出台了一些相关战略性文件、国际公约以打击恐怖主义。例如,欧盟网络与信息安全局在 2013 年公布了《欧盟网络安全战略》,确立了网络安全指导原则、优先战略任务以及行动方案等内容。此外,2004 年,欧洲委员会批准的《网络犯罪公约》也为打击网络恐怖主义提供了法律依据。上海合作组织在网络恐怖主义治理中也发挥了重要作用,上海合作组织在 2013 年设立了打击"三股势力"网上活动专家工作组,还成立了上海合作组织成员国总检察长会议机制,作为开展司法合作的重要平台。在打击网络恐怖主义方面,上海合作组织侧重于具体的操作层面,提高打击暴恐犯罪的能力,运用互联网技术对网络恐怖主义进行打击治理。但整体来看,全球网络恐怖主义国际治理并未形成一套包含预警、立法、信息共享、执法行动部门协同以及国际合作的全面的、完备的规则体系。

(二)权益

"棱镜门事件"后,大规模数据监控对公民自由、隐私和人权的侵犯成为国际社会关注的焦点,引发了网络空间治理领域对隐私保护、内容管理、大规模数据监控等议题的研究。

1. 隐私保护

隐私是指个人和组织有能力隔绝或者自主选择披露什么样的信息,一般包括金融隐私、互联网隐私、医疗隐私、信息隐私和政治隐私。随着通信技术的发展和大数据技术的突破,政府和私营部门在数据收集、存储和加工方面的能力不断加强,而国际社会又缺乏对于用户隐私保护的法律规范和框架,致使对网络用户隐私侵犯的情况日益严重。联合国发布的《数字时代的隐私权》(A/HRC/27/37)报告就点名批评,美国国家安全局和英国通信总部合作研制技术,获取大量的全球互联网内容,提取个人电子通信记录及大量其他数字通信方面的内容。报告还指出,这些监控不仅通过政府间的战略情报合作,还通过私营公司来开展。[①] 一些获取个人数据的技术手段通过商业途径流入市场,更是增加了隐私保护的风险和难度。

　　如何在安全与人权之间实现平衡,在互联网世界的安全与开放、发展之间取得良性互动,是互联网隐私保护治理的主要目的。网络隐私保护主要涉及用户的个人身份信息、在线活动数据以及在线表达内容,这些不同形式的内容都以网络数据的形式存储在网络空间。随着网络存储设备的容量不断扩大,海量的数据收集和存储成为现实。原则上,个人在网上所有的身份信息包括银行卡信息、个人简历、教育经历、乘坐交通工具等,以及在互联网上从事的交易、浏览的网页、聊天内容甚至是电话通信记录统统是被存储的。从表面上来看,个人是数据的生产者,私营部门是数据的存储者,国家是监管者。但实际上,特定的数据对用户而言是个人信息,对其治理涉及个人隐私问题;对国家而言,大规模的个人数据则与政治安全、社会安全、经济安全等国家安全事务息息相关;从企业的角度来看,用户数据是有价值的商业信息,通过大数据分析可以改善服务,提高市场占有率。出于以上种种复杂的因素,隐私保护一直是互联网全球治理中的重点议题。随着互联网的大规模普及,国际社会逐渐达成共识——在线网络隐私作为现实世界隐私的一种延伸应当被保护。无论是在联合国和政府主导的信息安全政府专家组,还是在"伦敦进程"等机制中,隐私保护始终是重要的治理议题。"棱镜门事件"后,美国国内的企业和社会团体纷纷反对美国政府收集公民的电话和网络记录,其他国家政府也表示出对美国的强烈不满。时任巴西总统迪尔玛·卢塞夫(Dilma Rousseff)举办了全球多利益攸关方会议,声讨美国政府的行为。此外,欧盟法院于 2015 年判决鉴于美国政府无法保护欧盟用户的数据安全,欧盟决定终止运行了十多年的美欧"数据安全港"协议。2013 年 12 月,联合国大会第 68/167 号决议指出,人们在现实世界中享有的各种权利在网络上也应当被保护,各国政府应尊重并保护数字通信

---

① 　UN, "The Right to Privacy in the Digital Age," Report of the Office of the United Nations High Commissioner for Human Rights, A/HRC/27/37, June 30, 2014, https://documents-dds-ny.un. org/doc/UNDOC/GEN/G14/088/54/pdf/G1408854.pdf?OpenElement, accessed August 11, 2022.

方面的隐私权。①

2. 内容管理

数据和信息的流通虽然是在互联网世界中,但其所依靠的物理网络和基础设施却处于国家主权的管辖范围内。正如约瑟夫·奈所言:"信息并不在真空中流动,而是在早有归属的政治空间中流动。数据的跨界流动以及其他交易,都是在国家近四个世纪建立以来的政治结构中进行的"。② 因此,不同国家在这个议题上存在分歧。例如,美国政府认为,除了在儿童色情等极少数领域之外,政府不应当干涉网络内容的传播;德国政府反对在网络空间中宣扬纳粹的内容;信仰伊斯兰教的国家则反对任何与伊斯兰教教义相违背的内容。

对于互联网内容的管理问题涉及各国的主权,背后反映的是国家间不同的文化、不同的价值观和意识形态问题。总体而言,网络发达国家与网络发展中国家在内容管理上的立场差异较大,背后所遵循的治理理念不同,观点背后是更加复杂的文化、利益和意识形态的差异。网络发达国家倾向于认为,为了保证网络自由、互联、可操作,政府不应当对网络内容进行管理,即使管理也需要按照统一的标准,即西方国家的价值观。这种"一元论"的观点认为,网络空间应有统一的标准,当空间中的行为体进入网络空间时就应当被视为接受这种标准,如果不同的国家都将自己的文化、制度和经济发展水平等因素纳入网络空间之中,会导致网络空间的开放、透明、繁荣和安全被破坏。网络发展中国家则认为,信息社会是建立在文化、制度和经济基础上的,网络空间吸收并且反映了多元文化,不同国家有不同的国情、发展阶段、文化背景,有权利采取适合自己的网络内容管理方式,依法对网络空间进行管理是一国的主权范围内之事。双方之间的观点分歧影响了网络空间治理领域国际规则的构建。

网络发达国家和网络发展中国家之间的博弈一直在联合国和其他国际性的论坛中展开。2011 年,在第 66 届联合国大会上,中国和俄罗斯联合上海合作组织成员国向联合国提交的《信息安全国际行为准则》受到了以美

---

① UN, "The Right to Privacy in the Digital Age," UN General Assembly Document A/RES/68/167, 2013, https://documents-dds-ny.un.org/doc/UNDOC/GEN/N13/449/47/pdf/N1344947.pdf? OpenElement, accessed August 11, 2022.

② 参见[美] 罗伯特·基欧汉、约瑟夫·奈:《权力与相互依赖》(第四版),门洪华译,北京大学出版社 2012 年版。

国为首的西方国家的强烈抵制。该文件认为,与互联网有关的公共政策问题的决策权是各国的主权,应尊重各国在网络空间中的主权,尊重人权和基本自由,尊重各国历史、文化和社会制度多样性等。① 2012 年,在迪拜召开的国际电信联盟大会上,89 个网络发展中国家与 55 个网络发达国家在将"成员国拥有接入国际电信业务的权利和国家对于信息内容的管理权"写入《国际电信规则》上发生了分裂,虽然签署条约的国家占据大半,但由于55 个网络发达国家的抵制,条约无法生效。

联合国因其主张各国平等,一国一票,网络发达国家很难取得绝对的优势。因此,美英等国联手推进"伦敦进程"在网络空间治理中的主导作用,试图取代联合国的地位。在"伦敦进程"的多次会议中,都将网络自由设置为重要的讨论议题,并且放置在会议成果宣言的重要位置中。"伦敦进程"首次会议论坛峰会的主席声明用大段文字强调了网络自由与人权的重要性:"大会同意增加网络安全的努力不能建立在侵犯人权基础之上。大家强烈支持网络空间必须对创新和思想、信息、表达自由流通开放。很多发言人确信自由表达和信仰在网络空间同样有力,强调政府有必要遵循《世界人权宣言》的责任和义务。"②"伦敦进程"的第四次会议——2015 全球网络空间大会(海牙)的主席声明,专门有一章来表述自由与隐私,其中强调线下的自由在线上同样应当得到保护。其不仅重申了《世界人权宣言》在网络空间的适用性,还进一步指出应当落实《公民及政治权利公约》所宣布的国际人权法保护措施。③

网络发达国家与网络发展中国家在网络内容管理等方面的激烈博弈,使整个网络空间治理的进程陷入困境,对网络安全、网络恐怖主义等其他紧急议题的治理也产生了负面影响。因此,各国逐渐意识到不能因为意识形态领域的冲突影响网络空间治理,进而采取更加宽容和模糊的方式来处理在网络内容领域的分歧。2013 年 6 月,联合国发表了一份由 15 个国家代

---

① 《信息安全国际行为准则》(2011 年 9 月 12 日),外交部官网,https://www.mfa.gov.cn/web/ziliao_674904/tytj_674911/zcwj_674915/201109/t20110913_9869162.shtml,最后浏览时间:2022年 8 月 11 日。

② "London Conference on Cyberspace: Chair's Statement," November 2, 2011, https://www.gov.uk/government/news/london-conference-on-cyberspace-chairs-statement, accessed August 11, 2022.

③ "APC Statement on the Global Conference on Cyberspace (GCCS)," *The Hague*, April 16 – 17, 2015, https://www.apc.org/sites/default/files/APC% 20statement% 20on% 20the% 20Global% 20Conference%20on%20Cyberspace%20.pdf, accessed August 11, 2022.

表组成的专家组的报告,报告首次明确了"国家主权和源自主权的国际规范和原则适用于国家进行的通信技术活动,以及国家在其领土内对通信技术基础设施的管辖权",报告进一步认可了"《联合国宪章》在网络空间中的适用性"。① "各国在努力处理通信技术安全问题的同时,必须尊重《世界人权宣言》和其他国际文书所载的人权和基本自由。"② 与 2010 年的专家组报告相比,上述内容分别作为 2013 年报告的第 20 号和 21 号条款出现,这是一个巨大的进步,表明网络发达国家和网络发展中国家在网络空间治理的认知理念上更为包容。2015 年 7 月,联合国关于从国际安全的角度看信息和电信领域的发展政府专家组公布了第三份关于网络空间国家行为准则的报告,这份报告在保护网络空间关键基础设施、建立信任措施(Confidence Building Measures,CBMs)、国际合作等领域达成了原则性共识。

3. 大规模数据监控

在 2013 年"棱镜计划"揭示出美国大规模网络数据监控所导致的信息非法获取对其他国家安全造成的影响后,大规模数据监控成为国家间在网络空间治理领域博弈的新议题。利用互联网进行情报收集是政府出于维护国家安全目的开展情报互动的一种自然延伸,但是爱德华·斯诺登揭秘的"棱镜门事件"向国际社会展示了另一幅场景,颠覆了过去将网络作为一种情报收集的工具和来源的印象,网络已经演变为一个海量数据收集、加工和整理的宏大情报体系,国际社会称之为大规模网络监控。斯诺登在"棱镜门事件"中揭露了一个包括"棱镜"(Prism)、"X 关键分"(X-Keyscore)、"核心"(Main core)在内的近十个监控项目构成的监控体系,该体系由美国国家安全局、中央情报局、联邦调查局等多个情报机构参与,几乎覆盖了网络空间的社交网络、邮件、即时通信、网页、影片、照片等所有信息。美国政府不仅要求微软、谷歌、脸谱等九家主要的全球互联网企业向监控项目开放数据库,甚至在所有经过美国境内的洲际光纤上拦截数据。总之,"棱镜计划"是一个规模空前的情报收集项目,目的是要获取网络空间中的战略信息,以此来赢得对其他国家的战略竞争优势。

---

① UN, "Group of Governmental Experts on Developments in the Field of Information and Telecommunications in the Context of International Security," UN General Assembly Document A/68/98, 2013, https://documents-dds-ny. un. org/doc/UNDOC/GEN/N13/371/66/PDF/N1337166. pdf? OpenElement, accessed August 11, 2022.

② Ibid.

　　鉴于美国在网络领域强大的权力和能力,各方并没有形成强有力的国际规则和机制对其进行约束。在国际层面的主要治理措施是,成立反对美国大规模数据监控的国家间联盟,新兴国家在此事件后对全球网络空间治理的投入大幅增加。巴西在 2014 年 4 月召开了全球互联网峰会,计划讨论美国"棱镜计划"对网络空间秩序的负面影响,虽然在美国政府的强烈要求下,该峰会最终取消了相关议题,但在会场内外仍有许多参会者就"棱镜计划"向美国政府发出了强烈的批评。在时任巴西总统罗塞夫的倡议下,国际社会(主要是发展中国家)成立了 NET Mundial 来应对大规模数据监控的挑战。但由于美国的强烈反对和 NET Mundial 与已有的全球网络空间治理机制在功能上的重合,NET Mundial 的组织结构和自身效率远不如 ICANN 等机制。作为一个提出解决方案的机制,该机制在对各国行为改变上的影响力远不如联合国信息安全政府专家组,但该机制的成立有力地推动了巴西国内网络空间治理领域的研究。印度政府也积极举办网络安全大会,并在国际论坛上表明自己的立场,其国内观察者基金会、互联网与社会研究中心等机构也开始讨论政府在网络空间治理中的责任。俄罗斯同中国合作,两次向联合国大会提交了《信息安全国际行为准则》,并提出国际社会应当加强在政治和法律领域的合作,以应对大规模数据监控对国家安全造成的影响。

　　这些试图针对大规模数据监控领域建立国际规则的举措在美国政府的操纵下,并没有对美国在网络空间开展大规模监控产生实质性的改变。这反映了当前国际法和全球治理机制的失灵,即不能完全对互联网安全领域产生的新议题作出有效的回应。此外,在"棱镜门事件"后,美国及西方智库在学术领域将国内层面的研究重点聚焦于保护公民隐私,在国际层面则关注数据本地化和跨国数据流动等问题,这在一定程度上消解了各国在此事件后加强行使网络主权、数据主权、维护国家安全的趋势。

（三）发展

　　互联网已成为 21 世纪加速人类历史发展进程的重要因素,全球网络空间治理在发展领域的议题主要包括关键资源分配、网络建设和发展、跨境数据流动、知识产权保护和数字贸易。

　　1. 关键资源分配

　　关键资源分配包括根服务器系统管理、IP 地址分配和管理、域名资源分配和管理等。目前,全球域名资源和 IP 地址资源的分配和管理主要依据 ICANN 制定的域名和 IP 地址政策。区域性 IP 地址资源分配和管理规则依据各洲际 RIR 制定的区域 IP 地址分配和管理政策。ICANN 处于管理体系的最高点并占据主导地位,各国或地区的互联网行业管理部门仅对相应国家或地区顶级域(ccTLD)拥有管辖权,而涉及通用顶级域的规则制定,各国或地区的互联网行业管理部门需要通过 ICANN 的政府咨询委员会向 ICANN 董事会提出建议,是否采纳这些建议由 ICANN 董事会决定。根服务器系统管理规则由美国商务部制定,具体管理工作由美国商务部、ICANN 以及美国 VeriSign 公司共同负责。关键资源管理的规则主要通过多利益攸关方机制建立。美国对 ICANN 等平台具有独一无二的影响力,因而能够影响关键资源管理规则的制定。关键资源管理规则制定的参与方包括私营部门、民间团体、各国政府、国际组织,其中,西方国家的私营部门是主要力量。

2016 年 10 月,美国政府将互联网数字分配机构的监管权移交后,ICANN 从程序上彻底回归自下而上、共识驱动的多利益攸关方模式,改革后的权力分配向赋权社群加以倾斜,后者拥有监督和否决董事会决定、批准基本章程修改以及发起社群独立审核程序等多项重大权力。但新成立的机构仍是受美国加州法律管辖的非营利部门,美国的技术社群和 IT 企业仍是互联网关键资源规则的主要制定者和实施者,这种源于历史沿革、受实力差距影响的格局,短期内不会有太大改变。

2. 网络建设和发展

网络建设和发展议题涵盖了技术标准制定、网间互联互通和结算、宽带建设和发展、消除数字鸿沟、弱势群体接入等问题。其中,网络技术标准是这一部分规则的核心内容。在网络空间治理初期,各方针对域名、根服务器等互联网核心架构与基础设施进行了一系列标准化建设,也存在竞争博弈。在 20 世纪 80 年代末,有关网络技术标准的争斗已经结束。传输控制协议/网络协议(TCP/IP)成为主要的网络协议。同时,作为国际标准化组织标准通用标记语言(SGML)简化版本的新的互联网信息分享标准超文本标记语言(HTML)不断发展升级,互联网应用程序标准也不断迭代更新,上述网络空间标准化建设为日后互联网快速发展与普及铺平了道路。

目前,网络技术标准方面主要是 IETF 出台的一系列 RFC 文件。网络应用的技术标准多为全球万维网联盟制定的技术规范。在网络设备标准方面,ISO、IEC、IETF、IEEE 等标准组织均发挥作用。网络技术标准制定的参与方主要是私营部门和学术团体。网间互联互通和结算的主要规则是《国际电信规则》。关于推进网络建设、提升服务水平从而消除数字鸿沟方面,《日内瓦原则宣言》《日内瓦行动计划》《信息社会突尼斯议程》《突尼斯承诺》等信息社会世界峰会的成果文件是获得各方公认的原则,数字鸿沟问题也是诸多网络空间治理论坛讨论的重点议题。

3. 跨境数据流动

跨境数据流动是网络空间跨国性的直接体现,原本的跨境数据流动主要聚焦于公民隐私保护领域,并非网络空间治理中的重要议题,欧美之间达成的"数据安全港"是一个较为有效的规则机制。但"棱镜门事件"爆发后,一方面,美国政府对用户隐私的侵犯引起了欧洲网络用户的普遍不满;另一方面,欧洲各国政府也认为美国政府开展的大规模数据监控对其国家安全造成了危害。2015 年 10 月,欧洲法院裁定"2000/520 号欧盟决定"无效,欧美双方于 2000 年签署的、运行了 15 年的"数据港安全协议"被终止。与此同时,随着数字技术的发展,基于数据的数字经济日益成为各国经济增长的潜在来源,跨境数据流动也成了网络空间治理中的一项优先议题,引发了国际社会对于跨境数据传输国际规制的新一轮争论。

美国的数字技术水平最高,基于自身全球性数字企业对关键数据资源及价值链的掌握,美国更加偏好效益原则,主张以较低的数据保护水平保障跨境数据"自由"流动。美国强烈反对跨境数据治理的主权模式,强调禁止各国采取相关的政策或法律来阻碍数据的"自由"流动。2019 年,美国在 WTO 数字贸易谈判会议上提交了名为《电子商务倡议联合声明》(Joint Statement On Electronic Commerce Initiative)的草案,旗帜鲜明地提出数据跨境传输"不应设限"。欧盟在传统上就倾向于保护人权,并以之占领国际道德高地,欧盟自身也以个人信息高标准的人权保护为标榜。可以说从跨境数据议题伊始,隐私权利保护便是欧盟规制模式的底色,在政策上表现为以人权保护原则强调个人对数据的自治权、制定严苛的数据出境约束条件。2018 年,欧盟通过的标志性文件《通用数据保护条例》将个人数据保护视作一项基本人权,基于此,所有涉及处理欧盟境内个人数据的企业都得遵守 GDPR 的规定,否则,将面临最高达企业全球年营业收入的 4% 的罚款。

美国、欧洲基于自身利益提出了较为完整的跨境数据规制体系,从全球范围上看,还存在着众多单边规制体系。中国跨境数据规制的核心原则是尊重各国数据主权与管辖权,以《网络安全法》《数据安全法》和《个人信息保护法》为代表的国家层面的法律规制体系逐渐完善,并确立了网络主权原则和重要数据本地化存储原则。2022 年 2 月,《网络安全审查办法》正式实施,确立了重大数据活动的网络安全审查制度。2015 年,俄罗斯为保障自身的数字主权,颁布了《第 242-FZ 号联邦法》,实行了严格的数据本地化措施,要求所有公司将俄罗斯公民的个人信息存储在俄境内的服务器上。2019 年,印度版《个人数据保护法案》(The Personal Data Protection Bill) 明确规定,个人数据跨境必须在印度境内留存副本,且关键个人数据的处理活动仅能在印度境内的服务器中进行。

在当前的数据治理框架下,有关跨境数据流动的规则体系仍不完善,缺乏全球层面行之有效的数据治理机制。各主权国家对于数据治理的探索才刚刚起步,已有的碎片化、零散化的数据治理措施并不能完全回应现实中的治理难题,在众多具体的数据治理领域中仍然存在治理机制的缺失。同时,随着科技的发展,数据的规模、存储形式、传输方式等都日新月异,当前已有的数据治理机制难以对实践中新产生的数据治理议题进行及时、有效的规制,具有一定的滞后性。此外,从全球范围来看,数据治理机制在不同国家和地区间并未协调统一,不仅造成了数据跨境流动的治理难题,更为数据治理的执行带来了困难。

4. 知识产权保护

在知识产权保护方面,国际社会关注互联网版权保护,特别是网络盗版和假冒产品的立法和执法方面的问题。网络盗版和假冒商品的立法和执法问题,主要在世界知识产权保护组织(World Intellectual Property Organization,WIPO)以及像中美商贸联委会这样的双边或多边平台上进行讨论。网络空间治理领域的知识产权规则属于现实社会既有规则向网络的延伸,主要表现在 WIPO 相关规则在互联网的实践。由于商业利益,私营部门是推动知识产权保护规则向互联网延伸的主要力量,在产业界的影响下,各国政府为了保护本国企业在知识产权方面的权益也参与规则制定。

目前,全球性的知识产权国际保护多边机制主要包括两部分:一是由 WTO 管理的《与贸易有关的知识产权协定》(Agreement on Trade-related Aspects of Intellectual Property Rights,简称 TRIPS 协定)。TRIPS 协定是将知识产权保护与贸易挂钩并将知识产权保护纳入 WTO 体制的法律依据,该协定虽然主要体现了发达国家和地区的利益,但也在一定程度上照顾了发展中国家和地区的诉求;二是以 WIPO 为中心的知识产权国际保护多边机制,包括《保护工业产权巴黎公约》《商标法条约》和《专利合作条约》等主要的知识产权国际公约。除了既有规则向网络延伸外,互联网知识产权保护领域还有两个专属条约,即 1996 年 12 月签署的《世界知识产权组织版权条约》(World Intellectual Property Organization Copyright Treaty, WCT)和《世界知识产权组织表演和录音制品条约》(WIPO Performances and Phonograms Treaty, WPPT)。WCT 和 WPPT 关注在数字环境下对作者、表演者和录音制品作者的利益保护问题,弥补了之前的知识产权国际条约在互联网版权保护方面的不足。

　　目前的知识产权国际保护规则的发展呈现出"高标准自由贸易协定"的趋势。历史上,由西方发达国家主导制定的知识产权国际规则主要是西方标准的输出和反映,对广大发展中国家关注的发展权、传统文化、遗传资源等利益未给予充分尊重。随着权利意识的觉醒和对国际规则的日益熟悉,发展中国家和地区开始运用 TRIPS 等协定的弹性规则实现自身利益,发达国家目前已经不能完全主导或控制 WTO 或 WIPO 的谈判平台。因此,发达国家和地区开始寻求新的知识产权国际规则谈判场域。一方面,发达国家纷纷另起炉灶,创造新的谈判平台,例如,于 2010 年 11 月达成的《反假冒贸易协议》(Anti-Counterfeiting Trade Agreement, ACTA)便是由发达国家主导制定的知识产权国际公约,其在 TRIPS 协定等的基础上对网络知识产权执法和国际合作方面提出了更具体和更严格的要求;另一方面,以美国为首的发达国家利益集团试图通过签署自由贸易协定(Free Trade Agreement, FTA)来提高知识产权的全球保护水平。在发展中国家方面,主要由发展中国家参与和签署的《区域全面经济伙伴关系协定》(Regional Comphrehensive Economic Partnership, RCEP)也将知识产权议题作为重点关注议题,涉及知识产权保护、执法和缔约国合作等多项内容。

　　5. 数字贸易
　　数字贸易兴起的基础是数字经济,是全球数字化发展到一定程度而兴起的一种新型贸易模式。尽管数字贸易发展迅速,但国际社会对数字贸易的规则制定尚未达成共识。在 WTO 现行的规则体系下,没有专门针对数字贸易的规则,在数字贸易的初始阶段,与其相关的规则制定以电子商务的名义集中于 WTO 框架下的协定文本及其附件中,如《服务贸易总协定》

（The General Agreement on Trade in Service，GATS）、《与贸易有关的知识产权协定》、《信息技术协定》（Information Technology Agreement，ITA）等。2017 年，WTO 成员共同发布了《电子商务联合声明》，提出要确保数据在一定程度上的自由流动并反对数据本地化，但对于目前数字贸易过程中产生的关税问题、电子商务的定性和分类等问题都没有解决。

全球数字贸易快速发展产生了大量的规则需求，仅靠 WTO 的框架协议显然无法全部满足。为此，发达国家先后制定了包括《跨太平洋伙伴关系协定》（Trans-Pacific Partnership Agreement，TPP）、《跨大西洋贸易与投资伙伴协定》（Transatlantic Trade and Investment Partnership，TTIP）、《服务贸易协定》（TISA）在内的三个超大型自由贸易协定，为数字贸易制定了规则，其核心是追求自由开放的数字产品和服务贸易。TISA 自 2012 年启动，其主旨便是建立跨境数据流动、电子商务等新兴数字贸易领域的关键规则，目前其成果也主要局限于电子商务领域。TTIP 于 2013 年启动，其数字贸易部分的条款主要集中于电子认证服务和消费者隐私保护等方面。2018年，除美国以外的 11 个成员国签署了《全面与进步跨太平洋伙伴关系协定》（Comprehensive and Progressive Agreement for Trans-Pacific Partnership，CPTPP）并生效。这些贸易协定和规则对欧美经济乃至全球数字贸易格局都有重要影响。在发展中国家方面，2020 年 10 月，由中国、韩国、日本、澳大利亚和新西兰以及东盟十国签署的《区域全面经济伙伴关系协定》，是发展中国家参与数字贸易规则制定的重要成果，对于提高发展中国家在数字经济政策、跨境数据流动规则制定上的话语权有重要意义。

三、网络空间国际规则体系面临的挑战

2003 年 12 月 10 日，当全球网络空间治理问题第一次在信息社会世界峰会上被讨论时，与会的代表们很少有人意识到这一问题的复杂性和多面性。如今，互联网已经渗透社会生活的每个细节，影响国家的政治、经济、军事、外交等各个方面。网络空间治理已经成为全球治理领域的主要议题，有关网络空间国际规则体系建设的国际辩论不断拓展，折射出种种复杂性和冲突性，关乎万亿元级的数字经济规模，深刻影响国家的政治稳定。围绕网络空间建章立制的种种论坛、倡议、平台、机制,已成为国家间围绕规则制定莫衷一是的碎片化新疆域。

(一) 国际社会在网络空间国际规则领域的分歧

全球网络空间作为一种新生代的空间形式,在短时间内形成成熟的国际规则体系不太现实。在建立全球网络空间治理规则的过程中,各行为体和各国之间产生了激烈的竞争,具体体现在对规则体系安排提出的不同提案和见解上。[①] 围绕网络空间国际规则现状、规则制定主体、规则形式、规则延伸性、规则适用范围等问题,国际社会产生了诸多分歧。

1. 规则现状:是否维持或改革当前全球网络空间治理的权力布局现状的争论

"先到先得"原则是全球公域内获益的主要方式。[②] 目前,绝大多数国家(包括新兴市场国家)都只是既有网络空间规则和制度的接受者,而非制定者。这一事实导致了对国际规则体系现状的争论。美国和欧盟等国家主张网络空间治理可维持现状,认为目前的治理现状虽然也有一些现实挑战,但总体是有效的。而中国、印度、巴西等国则希望改变现状,因为当前的现状给予了美国在制定网络空间国际规则上的特殊霸权,不能体现国际关系的平等性。对此,美国的私营部门则认为美国根本没有兴趣对网络空间进行管制,因为美国最能得益于网络空间的丛林(jungle)状态、迷雾(fog)状态和混乱(chaos)状态[③],美国的网络攻击能力和穿透能力都是最强的,混乱状态的网络空间还可以给予美国推广民主的平台。

还有观点认为,之所以很多国家认为美国实质上掌握着互联网资源的控制权,是基于其他国家的政府和电信公司和网络公司之间的紧密联系,事实上,美国政府从来没有拥有或运营过电信公司。但是这些狡辩无法消除人们心头的 ICANN 和美国商务部之间的协议疑云。而"棱镜门风波"中披露的美国政府和几大网络公司的合作,更使这些狡辩难以立足。

---

① 下述前四个方面在此文中提及。蔡翠红:《国家-市场-社会互动中网络空间的全球治理》,《世界经济与政治》2013 年第 9 期。

② 曹亚斌:《论"全球公域"治理困境及中国的治理话语权建构》,《石河子大学学报》(哲学社会科学版)2015 年第 2 期。

③ NCAFP, "Cyberpower and National Security," *American Foreign Policy Interests*, 2013, 35(1).

2. 规则制定主体：多利益攸关方模式和联合国主导下的多边主义治理方案的争论

从 2003 年信息社会世界峰会开始，发达国家与发展中国家就多利益攸关方模式与主权国家主导的多边主义治理模式展开了交锋。美欧等国主张网络空间治理的多利益攸关方模式，中俄等国则主张联合国主导下的治理方式①，也有不少学者将中俄主张的治理方式总结为多边主义模式。按照多利益攸关方模式，国家和非国家行为体相互合作，对网络空间技术与运行进行管理，例如，对通信协议标准化、对域名地址进行管理等。多利益攸关方模式的支持方认为，ICANN 就是多利益攸关方模式的一个典型代表。他们认为，利用国际会议和国际组织将网络空间治理置于政府和政府间机构的控制之下的企图会对互联网的创新、商务、发展、民主和人权带来可怕的后果。因此，他们反对联合国（包括其分支机构如国际电信联盟）等国际组织对网络空间的监管。

俄罗斯、中国、印度等国家则希望网络空间更多地被纳入联合国的权力范围②，强调政府行为体在各利益相关方中的主导地位。也有学者从制度途径和方向的角度认为，美国所倡导的多利益攸关方模式是一种包括非国家行为体的从下至上的多中心治理方式，而中国主张自上而下的以国家为中心的治理方式。③ 同时，俄罗斯也曾呼吁各成员国应在管理互联网方面具有同等的权利。④ 两大阵营的意见分歧使信息社会世界峰会最终决定请联合国秘书长于 2004 年成立互联网治理工作组。2005 年，在联合国组织的信息社会世界高峰会议上，同样的分歧再次出现，因此成立了没有决策权的互联网治理论坛，以提供一个讨论网络空间治理问题的平台。

然而，随着网络的发展，许多国家发现这种多利益攸关方模式名实不一致，因为它给美国延续其对网络的控制及未来发展提供了更多机会。真正的多利益攸关方模式应该包括如下因素：不同的经济和社会视角的共存、

---

① See Jeremy Malcolm, *Multi-Stakeholder Governance and the Internet Governance Forum*, Terminus Press, 2008; Milton L. Mueller, *Networks and States: The Global Politics of Internet Governance*, *Information Revolution and Global Politics*, MIT Press, 2010.

② Leo Kelion, "US Resists Control of Internet Passing to UN Agency," *BBC News*, August 3, 2012, http://www.bbc.co.uk/news/technology-19106420, accessed August 11, 2022.

③ NCAFP, "Cyberpower and National Security," *American Foreign Policy Interests*, 2013, 35(1).

④ David P. Fidler, "Internet Governance and International Law: The Controversy Concerning Revision of the International Telecommunication Regulations," *Insights*, 2013, 17(6).

所有利益攸关方(包括社会团体)的有效代表[①]、全球参与(如发展中国家也应是决策过程中的重要参与者)和决策过程的透明性。[②] 美国表面上提倡多利益攸关方模式,但实际上不愿意改变当前的有利于自己的现状。因此,许多国家希望互联网的治理能够纳入政府间组织和国际法范畴中。2003年,在信息社会世界峰会上,中国就和其他发展中国家一起,提议成立一个国际性的互联网组织,并采纳新的互联网条约。[③]

3. 规则形式:契约与法规的争论

这种争论主要源于非国家行为体与国家行为体的出发点的不同。对于网络精英和在网络空间占有实际权力的网络公司而言,他们认为在经济领域的合同和契约(contract)的方式更适合于网络空间的自然生长,有利于网络空间的创新、自由和民主的推进。因此,全球网络空间治理应以互联网产业为基础的自我调控为主。[④] 对于国家行为体而言,其参与全球网络空间治理的方式则主要是强制性的法规(statute),而理由往往是对公共利益的保护。

相关学者认为,一般来说,契约或者合同形式在网络空间治理中更合适,因为它使数字环境的微观管理更加灵活。这也是目前网络空间治理的主要制度形式。但是现在在全球网络空间治理中似乎呈现出法规增加的趋势,例如,国内立法、国家间的条约(treaties)、协定(pacts)、公约(conventions)以及一些授权立法,如条例(ordinances)和法规(regulations)等。其特点是由国家政府或政府机构单独或一起正式制定的具有法律含义的规定,而其公民或成员并未事先同意,它所指向的是一种等级制的国家主导的权力结构。契约或者合同形式则需要事先征得各方同意才有约束力,它是网络空间治理的市场导向的体现,是一种扁平化的低强制性的权力结构。全球网络空间治理的法规形式具有许多制约因素,如意识形态的差异等。因此,尽管法规形式和契约形式往往在全球网络空间治理中共存,但是法规形式应处于

[①] 前两点被认为是多利益攸关方模式的必要条件。Joe Waz and Phil Weiser, "Internet Governance: The Role of Multistakeholder Organizations," *The Silicon Flatirons Roundtable Series on Entrepreneurship, Innovation, and Public Policy*, 2011.

[②] 关于目前多利益攸关方模式的问题,可见: Séverine Arsène, "The Impact of China on Global Internet Governance in an Era of Privatized Control," author manuscript published in "Chinese Internet Research Conference", Los Angeles, United States, 2012, p.5.

[③] Wolfgang Kleinwächter, "The History of Internet Governance," *Internet Governance*, October 20, 2009, http://www.intgov.net/papers/35, accessed August 11, 2022.

[④] Weber, Rolf H. and Romana Weber, *Internet of Things: Legal Perspectives*, Springer-Verlag, 2010, p.127.

候补位,应扮演"第二小提琴手"的角色。① 全球网络空间治理不可能出现超级权威,不仅是现在,将来也不会出现网络空间治理的"大规模正式条约"(large-scale formal treaties)。②

4. 规则延伸性:网络空间全新规则还是传统空间的规则延伸的争论

欧洲和美国希望利用自身在传统国际法领域积累的优势,热衷于讨论旧法在网络空间的适用性,制定不具有约束力的行为规范,认为整合阐释旧法就足以应对挑战。中国、俄罗斯等国并不反对讨论旧法的适用性,但对此深感质疑,更希望直接制定新法,签署具有普遍约束力的新条约。这些争论涉及诸多领域和范畴,例如,国际电信联盟大会讨论的新的电信条例是否可延展适用于网络空间,传统的税收政策、划界管制法是否可同样移到网络空间应用等。关于这一点,各不同行为体之间没有形成统一阵营,而是针对不同的制度规范有各自不同的看法。例如,美国认为国际电信联盟的电信条例不能延展到网络空间使用,因为这将使网络空间受制于政府和政府间机构的控制,使之失去创新性和民主性等。但是,针对《武装冲突法》,美国又认为其适用于网络空间。③ 中国则认为《武装冲突法》不能用于网络空间,这一领域需要全新的相关条约。俄罗斯认为,针对网络恐怖主义、网络犯罪以及更广意义上的可能引起社会不稳定的网络冲突,应制定全新的国际公约。但是美国则坚持认为没必要,因为现有国际条约和公约中都能找到相关内容。④

5. 规则适用范围:网络空间结构与内容的规制争论

网络空间国际规则的管辖范围是多方面的,如网络空间技术规范、垃圾邮件规范、网络黑客管理规范、网络犯罪规范、网络军控规范、网络攻击规范等。以美国为代表的西方发达国家认为,网络空间规范的重点应该针对网络空间的结构,并同时保障其中的信息自由流动,尽管美国实际上也高强度、大范围地对中国实施网络监控。中国认为,内容也应是网络空间规范的范围,各国的网络空间规范应该根据国情而定,因此,互联网的内容也是中

---

① Lee A. Bygrave, "Contract versus Statute in Internet Governance," in Ian Brown, ed., *Research Handbook on Governance of the Internet*, Edward Elgar, 2012, pp.1-25.

② Joseph S. Nye, "Power and National Security in Cyberspace," in *America's Cyber Future: Security and Prosperity in the Information Age*, Volume II, June, 2011, p.19. https://www.cnas.org/files/documents/publications/CNAS_Cyber_Volume%20II_2.pdf, accessed August 11, 2022.

③ See remarks of Harold Hongju Koh, the U.S. Department of State's Legal Advisor on "International Law in Cyberspace" at the USCYBERCOM Inter-Agency Legal Conference, Ft.Meade, MD, September 18, 2012, http://www.state.gov/s/l/releases/remarks/197924.htm, accessed August 11, 2022.

④ NCAFP, "Cyberpower and National Security," *American Foreign Policy Interests*, 2013, 35(1).

国网络空间规范的重点管制对象。另外,在网络安全制度管什么、怎么管等方面也存在不一致之处。以美国为代表的西方国家认为,国际规则的重点应该放在确保网络自由、人权、知识产权、打击网络犯罪等方面,强调各国应承担相应的责任,进行信息共享和司法互助。另一些国家(如俄罗斯)则主张国际规则重心应该放在"网络军控"方面,认为网络手段的军事化是当前国际网络安全的最大挑战,应在国际上达成协议,防止各国把网络空间军事化,阻止各国在网络空间上进行"军备竞赛"。[①]

6. 规则话语建构:基本概念和逻辑的争论

各国对网络安全的理解以及在网络安全事件的应对策略等方面存在深刻分歧。目前,美、英、日和欧盟等制定了网络安全战略,但对其逐一比较可以发现,一些网络术语的定义还没有统一,各国对网络空间、网络安全、网络主权、网络间谍、网络武器、网络战等的定义存在明显差别。[②] 国家间对这些基本定义和概念的不同理解,严重影响了网络安全国际合作,尤其是在网络战等基本安全内容的定义上,各国间的理解差别有可能导致严重的安全事件。何种网络攻击属于国际法所规定的可使用武力进行打击的范畴? 如何判断网络攻击是否侵犯国家主权? 什么情况下在受到外部网络攻击时可启用网络威慑手段和网络先发制人打击? 对于这些问题,国际社会莫衷一是。对网络安全的社会安全、政治安全等方面的内涵,各国的看法更是千差万别。例如,互联网审查(Internet censorship)、数据本地化(Data Localization)、国家是否有权强迫互联网企业提供储存在境外的私人数据、如何应对大规模数字监控、如何认定并遏止网络知识产权犯罪等,这些问题阻碍了打击网络犯罪与恐怖主义国际合作的推进。此外,任何网络安全国际制度的制定和执行,都绕不开一些矛盾关系,如人权与安全、经济发展和国家安全、基础设施现代化和关键基础设施安全防护、公权部门和私人部门、数据保护和信息共享、网络自由和政治稳定的关系等问题。由于意识形态、社会文化以及政治制度的不同,各国对上述问题的看法大相径庭。

(二) 网络空间国际规则的碎片化

碎片化原是国际法中的术语,联合国国际法委员会(International Law

---

① 蒋丽、张小兰、徐飞彪:《国际网络安全合作的困境与出路》,《现代国际关系》2013 年第 9 期。
② 同上。

Commission，ILC)2006 年的报告认为,不同的国际组织和国际争端解决机构对一般国际法原则存在着相互冲突的解释,几乎完全分散、各行其是,呈现出不成体系、互不连续的碎片化形态。① 之后,碎片化的概念被引入国际关系领域。安德里斯·奥夫(Andries Hof)等认为,碎片化机制是指强调同一问题的若干平行条约,不同成员分别参与其中,其具有低度参与(low participation)的特征;普遍性机制是指所有成员均需参与协商进程的单一性、全面性机制,具有深度参与(high participation)的特征。② 泽里(Fariborz Zelli)与阿塞尔特(Harrovan Asselt)认为,碎片化是指国际政治特定领域协调公私规范、条约和组织时不断出现的多样性与挑战。③ 弗兰克·比尔曼(Frank Biermann)则认为,碎片化指国际制度的混杂性,这种混杂性体现在制度特征(组织、体制和隐形规范)、支持者(公共和私人)、空间范围(双边到全球)以及主导的议题(具体的政策领域到普遍议题)等方面。④ 王明国将全球治理机制碎片化的特征总结为"机制密度增加、议题领域界限模糊以及相关行为体扩大"。⑤

　　通过建立全球性的标准或法律来进行规则治理是网络空间治理的重要内容,而当前规则的碎片化正是全球网络空间治理碎片化的重要特征。以全球网络空间治理的核心——网络安全治理为例,由于网络空间的无国界性和网络行为的即时性,传统的司法和战争法则很难在网络空间适用,许多国家都建立了自己的国家安全战略。早在 20 世纪 90 年代,美国就提出了网络战和网络中心战等概念,2008 年,时任美国总统小布什签署了第 54 号国家安全总统令(NSPD-54)和第 23 号国土安全总统令(HSPD-23),正式实施由美国政府所有安全部门(包括国土安全部和国家安全局等)参与的国家网络安全综合计划(Comprehensive National Cybersecurity Initiative,

---

① "International Law Commission, Fragmentation of International Law: Difficulties Arising from the Diversification and the Expansion of International Law," *Report of Study Group of International Law Commission*, A/4N.4/L.682, Geneva: ILC, 2006.

② Hof, A. F., Den Elzen M. G. J. and Van Vuuren D. P., "Environmental Effectiveness and Economic Consequences of Fragmented versus Universal Regimes: What Can We Learn from Model Studies?" *International Environmental Agreements: Politics, Law and Economics*, 2009, 9(1).

③ Zelli, F. and Van Asselt H., "Introduction: The Institutional Fragmentation of Global Environmental Governance: Causes, Consequences, and Responses," *Global Environmental Politics*, 2013, 13(3).

④ Biermann, F., Pattberg P., Van Asselt H. and Zelli F., "The Fragmentation of Global Governance Architectures: A Framework for Analysis," *Global Environmental Politics*, 2009, 9(4).

⑤ Wang Mingguo, "Regime Fragmentation and Its Influence on Global Governance," *Pacific Journal*, 2014, 22(1).

CNCI)。此后,历届美国政府均会制定网络安全计划。此外,美国已制定《国家网络安全战略》并成立了网络战司令部。美国对外推动其他国家在网络空间的门户开放,以网络自由为名,向其他国家施加压力,限制其他国家管控自身互联网的努力,从而推动自身网络霸权的扩张。美国的网络政策引发了世界各国的普遍反映。为此,世界各国对内纷纷加强网络立法,对外则组建网络部队,开启"网络军备竞赛"。英国于 2001 年秘密组建了一支黑客部队,并于 2009 年出台了国家安全战略。日本组建了网络战部队。韩国效仿美国组建了网络战司令部。法国、俄罗斯等国也纷纷加强自身在网络战方面的军事能力。然而,虽然许多国家已经制定了国家网络安全战略,但网络安全政策的国际标准化进程却鲜有进展。在国家网络安全战略中,国际层面应考虑的问题在很大程度上被忽视了。①

在打击全球网络犯罪的国际法规则制定方面,同样呈现出碎片化的特征。网络犯罪作为与核武器、化学武器等相类似的、公认的全球威胁,必须构建国际性的集中应对机制。在区域层面,当前除了欧洲委员会的《网络犯罪公约》以外,非洲联盟、阿拉伯国家联盟、上海合作组织等区域性组织也制定了涉及网络犯罪问题的国际法机制。在全球层面,在联合国和国际电信联盟等国际组织框架下,也有涉及网络犯罪问题的相关议定书。表面上看,打击网络犯罪的国际机制及其相关实践似乎已有长足发展,但实际上,这些机制大多只是各国从地缘政治或本国立场角度出发,在所在地区区域组织或立场相近的国家构成的小圈子框架下开展相关国际合作构建而成的,地域性和政治性明显。② 全球层面至今仍未形成各国可统一适用的打击网络犯罪的国际机制。

(三) 网络空间治理规则碎片化的成因及挑战

通过建立全球性的标准或法律来进行规则治理是网络空间治理的重要内容,然而,当前全球网络空间治理却呈现出明显的规则碎片化的特征。随

---

① Sabillon, R., Cavaller, V., Cano, J., "National Cyber Security Strategies: Global Trends in Cyberspace," *International Journal of Computer Science and Software Engineering*, 2016, 5(5).
② Hu Jiansheng and Huang Zhixiong, "The Problems and Prospects of the International Legal Regimes in Combating Cybercrimes: from the Perspective of Council of Europe's Convention on Cybercrime," *Chinese Review of International Law*, 2016(6).

着信息技术的进步、数字经济的发展以及全球地缘政治对网络空间的渗透，全球网络空间治理所要解决的问题与 20 年前已经大不相同，新的治理问题需要新的应对方案，而当前的全球网络空间治理体系已不能满足这些新的治理需求，这是导致全球网络空间治理碎片化产生的根本原因。新的治理需求对全球网络空间治理的冲击主要体现在三个方面：首先，网络空间治理主体之间的关系发生了变化，网络空间行为体格局的改变使得全球网络空间治理呈现出利益碎片化的特征；其次，由传统的规则和机构搭建而成的一套全球网络空间治理机制合法性和代表性不足的问题显露，不同的利益群体为此纷纷寻求建立符合自身利益的网络空间治理规则和机构；最后，随着网络空间治理问题领域的扩展，以传统观念为支撑的单一网络空间治理模式难以有效应对更加多层次、多元化的网络空间治理问题。

1. 现有的全球网络空间治理机制在民主合法性和代表性方面存在缺陷

全球网络空间治理的制度困境是导致当前网络空间治理碎片化出现的直接原因，当前的网络空间治理制度主要面临民主合法性和代表性不足的挑战。

历史上，各国在网络空间资源占有和技术分配上的不均衡导致了其在全球网络空间治理中地位的不平等。虽然数字技术的发展使得全球网络的互联性不断增强，但世界各地网络连接情况依然存在较大差异，国与国之间的数字鸿沟始终存在。截至 2021 年 7 月，有 48 亿人使用移动互联网，互联网连接了世界约 61% 的人口。[①] 但是，世界不同地区互联网使用和连接情况存在较大的结构性差异：高收入国家的互联网连接率和移动宽带网络覆盖范围明显高于中低收入和中等收入国家。不同的信息和通信技术水平决定了不同国家在参与全球网络空间治理时的出发点、诉求以及治理水平，这些不同的利益诉求和治理水平的差异应该在全球网络治理机制中得到体现。

然而，长期以来，由于发达国家拥有在网络核心技术、研发和创新上的垄断地位和全球网络空间关键数字基础设施的所有权[②]，得以根据本国的利益支配全球网络空间治理的规则制定，而发展中国家由于技术和基础设

[①] Joseph Johnson, "Global Digital Population as of January 2021," *Statista.com*, April 7, 2021, https://www.statista.com/statistics/617136/digital-population-worldwide/, accessed August 10, 2022.

[②] James N. Rosenau, "The Governance of Fragmegration: Neither a World Republic nor a Global Interstate System," *Studia Diplomatica*, 2000, 53(5).

施上的劣势往往成为网络攻击和破坏的对象,在全球网络空间治理中长期被边缘化。① 联合国任命的互联网治理工作组曾在报告中指出,美国政府单方面控制着如根区文件等在内的互联网关键资源。② 网络空间基础设施的国际联系和依赖性远远大于其他基础设施。③ 由于网络空间的全球性和开放性,网络空间"领土"的所有权和管辖权比较混乱,拥有领先网络信息技术和关键信息基础设施的国家具有很强的渗透他国网络空间的能力。④ 反之,一国网络空间能力越低,在信息和通信技术上就会越依赖他国,被他国干涉和面临网络安全的风险越高。发达国家对发展中国家采取的技术封锁也会造成网络碎片化,信息技术大国为维护自己的网络能力和在网络空间治理中的主导地位,努力扩大与其他国对信息、网络技术拥有程度、应用程度和创新能力的差距,同时借助技术和政治优势来干扰他国网络能力的安全和发展。这让在网络空间处于劣势的国家不得不通过制定法律法规加大对跨境数据的管控力度。以网络治理的主要内容之一——网络关键资源和域名系统分配为例,ICANN 是这一领域的核心机制,但其在网络域名系统领域却存在合法性赤字,这严重影响了其在网络空间的权威。西方国家凭借自身的技术优势长期在 ICANN 等组织中占据主导地位,而广大发展中国家被排斥在该机构的决策层之外。⑤ 进入 21 世纪以来,以中国为代表的一些发展中国家的网络科技力量不断提升,其所拥有的域名、用户等互联网资源已经超过了发达国家,但在全球网络空间治理中的代表性远远不足。

此外,当前网络空间治理制度的不平等还体现在信息发达国家对网络空间治理方向的主导权上。全球网络空间治理是通过各种形式的治理机制发挥作用,机制的构建取决于各行为体之间的谈判,谈判的筹码不仅取决于各行为体的权力大小,而且与各方在全球网络空间治理中的议程设置能力息息相关。⑥ 发达国家在通过选择性或者优先设置议程左右网络空间治理的机制构建上的优势明显。比如,在网络安全治理中,美国依靠其议程设置

① 沈逸:《全球网络空间治理原则之争与中国的战略选择》,《外交评论》(外交学院学报)2015 年第 2 期。
② Château de Bossey, "Report of the Working Group on Internet Governance," *WGIG*, 2005, http://www.wgig.org/docs/WGIGREPORT.pdf, accessed August 10, 2022.
③ William D. O'Neil, "Cyberspace and Infrastructure", in Franklin D. Kramer, Stuart H. Starr and Larry K. Wentz eds., *Cyberpower and National Security*, Potomac Books, 2009, p.142.
④ Daniel Lambach, "The Territorialization of Cyberspace," *International Studies Review*, 2020, 22(3).
⑤ 鲁传颖:《网络空间治理的力量博弈、理念演变与中国进路》,《国际展望》2016 年第 8 期。
⑥ Oran R. Young, *Governance in World Affairs*, Cornell University Press, 1999, p.39.

能力阻止国际社会将大规模数据监控列为治理议程,同时将其重点关切的网络经济窃密设置为优先议程。此外,信息发达国家在设置网络人权议程时,将重点置于自由领域,而民主(一国一票)、平等(大小国家拥有同等话语权)等同样重要的议题则被排除在议程之外。① 不仅如此,对于各国在"棱镜门事件"后要求加强行使网络主权的趋势,美国则提出数据本地化这一议程,以规避在全球治理机制中讨论网络主权。与发达国家相比,发展中国家在议程设置能力上还存在较大差距,缺乏主动设置议程的能力。

这些全球网络空间治理制度中存在的合法性和代表性问题,不仅是不平等的国际体系结构在网络空间的客观反映,而且对现实的国际政治空间也有重要的影响。② 当现有机制无法实现其诉求时,国家便寻求建立新的符合自身利益的规则或治理机构,从而推动了治理规则分歧的出现和扩大。

2. 网络空间治理主体间的关系变化使网络空间行为体格局发生改变

数字技术的发展、数字经济比重的上升以及网络问题对社会生活的渗透,推动了网络空间各个治理主体之间的力量博弈,引发了各治理主体之间权力关系的变化,并导致了网络空间治理的利益碎片化。网络空间治理的力量博弈主要体现在三个方面:一是信息发达国家与信息发展中国家在网络权归属、网络资源分配方面的博弈;二是非国家行为体与政府之间就互联网关键资源控制、网络安全与自由等问题的博弈;三是网络空间中的主导国家美国政府联合其境内的私营部门、社会团体与其他国家之间在互联网关键资源归属等问题上的博弈。③

首先,信息发达国家与信息发展中国家在网络权归属、网络资源分配上的权力关系发生了变化。根据各国政府在网络技术、网络能力和网络使用度等方面的情况,可以将其分为信息发达国家、信息发展中国家和信息不发达国家三类。④ 过去,这种排名基本上与传统的发达、发展中以及不发达国家的三分法相重叠。但随着数字技术的发展,出现了部分发展中国家的信息化水平快速上升,或部分发达国家的信息化水平相对落后的局面。在第四次工业革命飞速发展的"数字十年"中,美国以其先发优势牢牢占据互联

---

① 鲁传颖:《网络空间治理的力量博弈、理念演变与中国进路》,《国际展望》2016 年第 8 期。
② 王明国:《网络空间治理的制度困境与新兴国家的突破路径》,《国际展望》2015 年第 6 期。
③ 鲁传颖:《网络空间治理的力量博弈、理念演变与中国进路》,《国际展望》2016 年第 8 期。
④ 杨剑:《数字边疆的权力与财富》,上海人民出版社 2012 年版,第 158—159 页。

网价值链的顶端,中国则依靠后发优势培育了自己的互联网巨头并在部分数字领域掌握了一批尖端科技,以欧盟为代表的部分发达国家不仅同美国的差距越来越大,而且相对于中国等新兴经济体的优势也在逐渐缩小。随着数字空间重要性的上升,世界各国维护自身在数字空间的战略自主的呼声也日益高涨。欧盟诸国、日本、韩国、印度和新加坡等国具备掌握数字空间主导权的潜质,也都有着在下一个"数字十年"实现跨越式发展、掌握数字领域战略自主权的意图。在中美战略竞争的背景下,这些国家面临着在中美之间选边站的压力,因而也都存在维护网络空间战略自主权的需求。信息技术大国为维护自己的网络能力和在网络空间治理中的主导地位,不仅加强了政府对境内网络空间的管控力度,还努力扩大与其他国家对信息、网络技术拥有程度、应用程序和创新能力的差距,同时借助技术和政治优势来干扰他国网络能力的安全和发展。这让在网络空间处于劣势的国家不得不通过制定法律法规来加大对跨境数据的管控力度。

其次,非国家行为体和政府之间在互联网关键资源控制、网络安全和自由等问题上的权力关系发生了变化。一方面,全球非政府组织的爆炸性增长推动了权力的多元化和非中心化,网络空间权力正从国家向非国家行为体转移,这削弱了政府制定和执行政策的能力,激化了国家与非国家行为体在网络领域的权力争夺;另一方面,数字时代流动性的增加虽然推动了各国与世界的经济、政治与文化联系,但也削弱了各国政府的控制能力,例如,全球跨境数据流动对政府的数据治理能力提出了巨大挑战。[①] 以往放任自由的互联网监管方法和网络空间多利益攸关方的管理模式效率低下,已经无法满足国家维护网络空间安全和利益的需求,越来越多的国家开始担心主权受到威胁,因而纷纷加强了对网络的必要管控。

最后,作为网络空间主导国家的美国与其他国家在互联网关键资源归属问题上的权力关系发生变化,现实世界中,国际政治格局的多极化趋势日益扩展到网络虚拟世界。长期以来,美国政府与其境内的私营部门、社会团体形成结盟,将其在技术领域的优势作为维护其制定全球网络空间治理规则的主导权以及全球网络霸权地位的重要手段,积极维护其在网络空间治理中的话语权。这导致了两个后果:一方面,美国不断增强的网络军事能

[①] James N. Rosenau, "The Governance of Fragmentation: Neither a World Republic nor a Global Interstate System," *Studia Diplomatica*, 2000, 53(5).

力和不断强化的网络威慑战略加剧了网络空间的军备竞赛,不仅没有让其他国家的互联网变得更加开放和自由,相反,它让感受到美国强大网络空间军事力量威胁的国家加速将其网络空间纳入国家主权的管辖范围中[①];另一方面,随着网络技术的普及和应用,国家与国家在网络信息技术的差异在缩小,美国主导的全球网络空间格局正在被打破。随着美国不再是全球化世界的中心,它所主导的全球网络也开始以自己的方式走向多极化。[②] 传统大国与新兴国家围绕网络信息技术优势和争夺网络空间"领土"资源的竞争日趋激烈。为了维护其网络霸权,美国不断地向单边主义倒退并扩张其"长臂管辖"权。2020 年 8 月,特朗普政府发布了扩大美国"净网计划"的倡议,表面上看,美国的"净网计划"等措施是为了保护美国公民的隐私和个人自由,实际上是将中国的科技公司从美国的网络空间中清除出去,维护和巩固其在网络和通信技术中的霸权。有学者观察到,美国"净网行动"预示着美国网络自由度正在下降,美国政府根据自身政治需求无意中开始建设新的"数字柏林墙"(Digital Berlin Wall)。[③] 2018 年的"云法案"更是允许美国当局强迫位于美国的科技公司提供所要求的数据,无论这些数据是存储在美国境内还是境外。美国单边主义和"长臂管辖"权的扩张让许多国家甚至是其盟友的网络技术设施和数据资产都暴露在巨大的安全风险中,迫使这些国家政府加强了对网络治理的管控。

3. 网络空间治理问题的多元化使单一的多利益攸关方模式的有效性不足

在互联网发展的早期,美国凭借先发优势制定了一系列网络空间治理的技术标准和规范,形成了一套以互联网是全球公域为理论基础、以多利益攸关方为核心的网络空间治理模式,这一治理模式长期以来一直是全球网络空间治理中的政治正确。多利益攸关方的治理模式反对民族国家对网络空间的管控,认为民族国家追求网络主权的行为违背了全球网络互联互通的开放精神,会给数字贸易和经济带来负面影响。这类论断渲

---

① Milton Mueller, *Will the Internet Fragment? Sovereignty*, *Globalization and Cyberspace*, Polity Press, 2017, pp.112-114.

② See Scott Malcomson, *Splinternet: How geopolitics and commerce are fragmenting the World Wide Web*, OR Books, 2016.

③ Jane Li, "The US is Building a New Great Firewall," *Quartz*, August 6, 2020, https://qz.com/1889077/us-clean-network-campaign-shuts-out-chinese-apps-from-network/, accessed August 10, 2022.

染和夸大了网络主权倡议的负面影响,认为各国维护网络主权的努力会带来"互联网的终结"[①],抑或"引发一个充满矛盾的逆全球化"[②],通过夸大网络主权概念的风险来阻止政府对境内网络空间的管控,其目的或是维护高技术数字企业的垄断地位,或是维护现有全球网络空间治理模式中主导者的利益。

然而,随着互联网技术的发展和数字经济重要性的上升,全球网络空间治理的问题已不再是简单的技术问题或经济问题,而是扩展到政治、军事、环境、文化等领域。网络空间治理已经成为"包括网络空间基础设施、标准、法律、社会文化、经济、发展等多方面内容的一个范畴"。[③] 当互联网问题已经同一个国家的安全和发展息息相关时,单纯的多利益攸关方模式在处理互联网问题时的局限性便暴露出来。当前,几乎所有的以多利益攸关方模式为主导的治理机制,无论是传统的以西方为主导的 ICANN、子午线会议、事件响应及安全团队论坛、《网络犯罪公约》,还是东西方共同治理的互联网治理论坛,其有效性和履约能力都有待提高。机制的有效性问题随着技术的发展更加凸显。随着网络空间赋予传统国家体系之外的行为体更多权力,国家不再是网络安全威胁的唯一来源。[④] 这是由全球网络自由和互联互通的特质决定的,即网络的开放性必然带来网络的脆弱性。[⑤] 以ICANN 为代表的网络空间治理主体所推崇的采用自下而上、基于共识基础的决策过程并主张限制政府作用的治理模式[⑥],对于国家在应对网络战、大规模数据监控、窃密等高可持续性威胁、网络恐怖主义等问题而言,缺乏有效性和针对性,因而难以满足国家维护网络安全的需求。[⑦]

网络空间治理领域的扩展和问题的多元化,呼吁不同的治理观念、不同的治理模式相互补充。对外保护国家安全、对内维持社会稳定是国家最基

① Joseph S. Nye, "Internet or Splinternet?" *Al Jazeera*, August 12, 2016, https://www.aljazeera.com/opinions/2016/8/12/internet-or-splinternet/, accessed August 10, 2022.

② Eugene Kaspersky, "What Will Happen If Countries Carve Up the Internet?" *The Guardian*, December 17, 2013, https://www.theguardian.com/media-network/media-network-blog/2013/dec/17/internet-fragmentation-eugene-kaspersky, accessed August 10, 2022.

③ Panayotis A. Yannakogeorgos, "Internet Governance and National Security," *International Strategic Studies Quarterly*, 2012, 6(3).

④ Milton L. Mueller, "Against Sovereignty in Cyberspace," *International Studies Review*, 2020, 22(4).

⑤ 谢永江:《习近平总书记的网络安全观》,《中国信息安全》2016 年第 5 期。

⑥ Miles Kahler, ed., *Networked Politics: Agency, Structure and Power*, Cornell University Press, 2009, p.34.

⑦ 鲁传颖:《网络空间治理的力量博弈、理念演变与中国进路》,《国际展望》2016 年第 8 期。

本和最重要的职能①,确保网络空间的安全必然需要"国家的回归",不过不是回归到传统的威斯特伐利亚国家主权范式②,在打击网络犯罪和网络攻击方面,国家与非国家行为体都可以发挥重要作用。中国国家主席习近平在 2015 年世界互联网大会上呼吁"建立多边、民主、透明的全球网络空间治理体系",倡导多边主义治理方法来维护全球网络空间秩序。虽然中国学者强调这一模式的包容性③,但是按照一些西方学者的解析,这一"多边"参与的网络治理方法与美国主导的以技术团体、民间社会、私营企业以及政府参与的多利益攸关方治理模式相悖。④ 甚至有西方学者预言,中国以网络主权为原则倡导的全球网络治理模式,正在对美国在全球网络空间治理中的主导地位发起挑战,一旦网络空间治理方式得到重组,不仅会限制美国的优势,也可将目前流向美国的经济资源、情报和政治利益转移到中国。⑤ 需要明确的是,多边主义的治理模式将网络主权视为全球网络空间治理体系的重要基础,不排斥多方参与网络治理,不否定其他利益相关方的作用,同多利益攸关方的治理模式是相互补充的关系,而非相互对立和冲突的关系;另外,网络主权也不等同于政府严格控制国内网络,网络主权施行的规范与维护开放和统一的全球网络空间需要一致。判断政府加强网络空间管控的影响是积极还是消极,很大程度上取决于政策本身的性质和目的。虽然政府对境内网络严格的管控可能会限制网络的开放程度,但加强网络空间治理也可以降低互联网过度开放给民族国家带来的政治和安全风险,防止本国公民的数据被滥用。事实上,大多数民族国家政府在加强网络主权的同时不希望带来互联网的分裂,因为那样会威胁本国从开放的互联网中获

---

① Joseph S. Nye, "The Regime Complex for Managing Global Cyber Activities," in *Who Runs the Internet? The Global Multi-Stakeholder Model of Internet Governance*, Centre for International Governance Innovation, 2017, p.6.

② Ronald J. Deibert and Rafal Rohozinski, "Risking Security: Policies and Paradoxes of Cyberspace Security," *International Political Sociology*, 2010, 4(1).

③ 张春贵:《2017 世界互联网发展报告:全球网络空间治理进入多边、多方治理并行阶段》(2017 年 12 月 22 日),人民网, http://media.people.com.cn/n1/2017/1222/c14677-29724010.html, 最后浏览时间:2022 年 8 月 11 日。

④ Franz-Stefan Gady, "The Wuzhen Summit and the Battle over Internet Governance," *The Diplomat*, January 14, 2016, https://thediplomat. com/2016/01/the-wuzhen-summit-and-the-battle-over-internet-governance/, accessed August 10, 2022.

⑤ Adam Segal, "China's Vision for Cyber Sovereignty and the Global Governance of Cyberspace," in Nadège Rolland ed., *An Emerging China-Centric Order: China's Vision for a New World Order in Practice*, NBR Special Report, 2020(87).

得的巨大数字经济利益。[①]

当前,越来越多的民族国家为了维护自身的国家与社会安全,纷纷强化了政府在网络空间治理中的角色和地位。有些西方学者据此批评中国对网络空间主权的强调吸引了更多国家控制本国的网络基础设施和数字流,从而加剧了全球网络碎片化的趋势。不过,也有学者对上述观点持不同意见,他们认为越来越多的主权国家开始加强对本国网络的控制,不是因为中国以网络主权为原则的全球网络空间治理理念推广的结果[②],更多的是因为过度开放和自由的多利益攸关方参与网络治理方法,使越来越多的国家担心其国家安全和网络主权受到威胁,尤其是在网络传播中,个人隐私信息遭到非法收集和滥用,大型科技公司日益集中的经济和政治力量正在对国家数字主权发起挑战。网络空间治理理念的碎片化恰恰反映了在单一的多利益攸关方模式不能满足当前网络空间治理需求的情况下,不同治理模式之间的彼此竞争和相互补充,是网络空间权力转移与分散的客观结果。

思考题

一、介绍网络空间国际规则发展的四个阶段。

二、当前网络空间国际规则所涉及的主要议题有哪些?联系第二章全球网络空间治理阵营分化现状,思考为何有些议题的国际规则制定进展顺利,而部分议题争论不休?

三、试述网络空间国际规则体系所面临的挑战。

---

① Joseph S. Nye, "The Regime Complex for Managing Global Cyber Activities," in *Who Runs the Internet? The Global Multi-Stakeholder Model of Internet Governance*, Centre for International Governance Innovation, 2017, p.6.

② Adam Segal, "China's Vision for Cyber Sovereignty and the Global Governance of Cyberspace," *NBR Special Report*, 2020(87).

第四章　全球网络空间治理体系中的机制主体

全球网络空间治理体系的主体涵盖国家、市场及社会的诸多行为体。国家主体和市场主体相对明晰,但还有一类主体并不专属于某一类别,即本章将要讨论的机制主体。机制主体是指在全球网络空间治理体系中发挥作用和有一定影响力的各类机制,这些机制可能是国家间组织,也可能是综合了国家、市场和社会的多利益攸关方组织机制。本章将这些机制主体分为多利益攸关方为主导原则的治理机制、联合国框架下的治理机制、区域性政府间多边机制等几类网络空间治理机制,并对其中的代表性机制进行分析。

一、全球网络空间治理机制的演进与特点

互联网最早是作为政府项目开始的。冷战初期,美苏两国展开了激烈的太空竞赛,1957 年,苏联发射世界上第一颗人造地球卫星,震动了美国国防部。为应对苏联的威胁,60 年代,美国政府开始资助高级研究计划署网络(阿帕网),以促进数字信息在不同的电脑间分享。70 年代中期,传输控制协议、网际协议的发明,使得分布在不同区域的、使用不同技术规格的计算机交流成为可能,阿帕网进一步发展为互联网。此时,互联网的使用者多为政府官员以及学术部门,其管理者是为数不多的美国科技界的计算机专家,其治理原则表征为技术社群的技术治理,尤其是以波斯特尔为代表的技术权威。随着互联网规模的不断扩大,越来越多的行为体开始质疑互联网单一的技术属性,特别是域名注册所蕴含的巨大商业利益以及由此带来的

知识产权纠纷,技术治理模式已经不能适应这一新的变化。

在技术治理模式下,美国控制了全球互联网关键资源的分配,尤其是域名这一最重要的战略资源。从机构上看,域名的分配和根区文件的存储主要由互联网号码分配管理机构控制和管理。IANA 最初由波斯特尔博士创立,在波斯特尔成为美国政府的承包商之后,其实际控制权转移到美国商务部手中。另一项重要功能域名注册则是由网络解决方案公司负责,而 NSI 的授权来自美国国家科学基金会与之签订的协议。美国对关键互联网资源的控制几乎引起了除美国外所有国家的不满,其他国家纷纷要求改变全球互联网由美国单一控制的局面。[1]

1997 年,克林顿政府迫于国际压力,指示商务部部长将域名系统私有化,以增加竞争并促进国际社会参与其管理。1998 年 1 月 30 日,美国商务部下属的国家电信和信息管理局发布了《关于完善互联网名称和地址技术管理的建议》以征求意见。1998 年 2 月 20 日,《联邦公报》(Federal Register,或称"绿皮书")刊登了制定规则的建议,提出了一系列旨在将互联网名称和地址的管理私有化的行动,以允许发展强劲的竞争和促进全球参与互联网管理的方式。绿皮书建议讨论与 DNS 管理相关的各种问题,包括由私营部门创建一个新的非营利公司("新公司"),并由一个具有全球代表性的董事会管理。[2] 自此,围绕关键互联网资源的管理与控制,联合国、各国政府、政府间组织、非政府组织以及各种民间团体纷纷加入全球网络空间治理中来,由此形成包括多利益攸关方为主导原则的治理机制、联合国框架下的治理机制以及政府间多边机制等一系列的网络空间治理机制。正是这些机制在保障互联网平稳运行的同时,也决定了全球网络空间治理的演进方向。

(一) 全球网络空间治理机制的分类

全球网络空间治理机制有多种分类方法。当前,全球网络空间治理机

---

[1]　Klein H. , "ICANN and Internet Governance: Leveraging Technical Coordination to Realize Global Public Policy," *The Information Society* , 2002, 1(6).

[2]　"Statement of Policy on the Management of Internet Names and Addresses", *NTIA* , June 5, 1998, https://www.ntia.doc.gov/federal-register-notice/1998/statement-policy-management-internet-names-and-addresses, accessed August 10, 2022.

制可以分为有政府参与的治理机制与非政府组织间的治理机制以及全球性治理机制与区域性治理机制。[①] 政府间平台下的网络空间治理机制可分为联合国框架下的治理机制和区域性政府间治理机制。区域性政府间治理机制的构成主要包括欧盟、北约、经济合作发展组织、亚太经合组织、上海合作组织、东盟、亚太电信组织、七国集团等多边合作组织出台的网络空间治理措施或者规则。非政府间的网络空间治理机制架构也可以从全球性和区域性两方面进行讨论。全球性网络空间治理机制架构主要包括互联网治理论坛、国际互联网协会、互联网域名地址分配机构等。区域性非政府间网络空间治理机制平台如亚太互联网络信息中心（APNIC）、美国 Internet 号码注册中心（ARIN）、区域性的互联网治理论坛等。从目前来看，非政府间的网络空间治理架构主要针对互联网的基础架构和技术层面，争议相对较小。

全球性政府间治理机制是全球网络空间治理最需要的，也是当前最欠缺的，进一步可分为以网络空间治理论坛为代表的国际会议机制、以国际电信联盟和联合国为代表的国际组织机制、以欧洲《网络犯罪公约》为代表的国际条约和软法机制。这三种形式有交叉和重叠，并在一定程度上有递进关系。国际会议和国际组织一般是最初讨论机制的酝酿场所，国际条约机制则是最后目标。

国际会议是全球网络空间治理的重要治理机制之一，包括国际论坛和国际倡议。国际论坛虽然没有互联网国际组织所具有的实体和在互联网运营中所承担的实质性功能，但其在促进和发展有关网络空间治理的基本理念、推广有关治理的最佳实践等方面具有重要作用，是非常有效的国际治理平台。产生较大影响的互联网国际论坛主要包括联合国框架下的信息社会世界峰会进程、互联网治理论坛、信息安全政府专家组、网络犯罪问题政府间专家组、国际电信联盟全球网络安全议程（GCA）等。此外，网络空间治理的利益攸关方或科研机构发起的交流平台也受到很多关注，如"伦敦进程"（London Process）（包括伦敦会议、布达佩斯会议、首尔会议、海牙会议在内的一系列网络空间国际会议），国际互联网协会，世界互联网大会，国际网络反恐多边合作组织（IMPACT），巴西多利益攸关方倡议等。此外，美

[①] 林婧：《网络安全国际合作的障碍与中国作为》，《西安交通大学学报》（社会科学版）2017 年第 2 期。

国主导的全球反恐论坛（Gloloal Counterterrorism Forum，GCTF），英国大力支持的国际网络安全保护联盟（ICSPA），上海合作组织成立的国际信息安全专家组、亚非法协网络空间国际法问题工作组等也会定期召开合作研讨会。除了定期召开会议的互联网治理论坛、互联网治理工作组等互联网国际论坛外，还存在一系列更加松散的、不定期召开会议的国际网络空间治理的倡议网络，包括互联网治理联盟（Internet Governance Coalition，IGC）、全球网络倡议、日内瓦互联网平台（Geneva Internet Platform，GIP）、全球互联网治理学术网络（Global Internet Governance Academic Network，GigaNet）、数字机遇工作组（Digital Opportunities Task Force，DOTforce）、全球互联网自由工作组（Global Internet Freedom Task Force，GIFT）和互联网观察基金会（Internet Watch Foundation，IWF）等。

从国际组织机制看，关注网络空间治理的国际组织很多，如联合国、欧盟、欧洲安全与合作组织、经济合作与发展组织、上海合作组织等。国际电信联盟、信息社会世界峰会、联合国科技促进发展委员会、国际刑警组织等联合国框架下的国际合作机制发挥着重要的作用。其中，ITU 是最活跃的组织，它出台了众多有关互联网安全和发展的框架、体系、结构和标准。自2013 年开始，ITU 还在全球范围内推行《全球网络安全议程》（Global Cybersecurity Agenda），同时加强与国家政府的合作，为成员国提供全球网络安全指数（Global Cybersecurity Index）、《互联网安全威胁报告》（Internet Security Threat Report）等，提供重要数据信息，以保护成员国的信息安全。联合国还成立了信息安全政府专家组，专门讨论基于互联网的信息安全；联合国预防犯罪和刑事司法委员会设立了打击网络犯罪专家组；秘书长还任命了网络问题特别报告员，重点关注网络安全问题；联合国裁军研究所（UNIDIR）、联合国毒品和犯罪问题办公室（UNODC）等专家组和机构也密切关注网络安全、网络犯罪等问题。联合国开发计划署（UNDP）、联合国教科文组织（UNESCO）等机构则关注数字鸿沟、儿童在线保护等更广泛的议题。此外，欧盟委员会倡议设立的欧洲打击网络犯罪中心（European Cybercrime Center）于 2013 年正式成立。经济合作与发展组织提出了《信息安全指南》（Guidelines for the Security of Information Systems and Networks）。欧安组织建立了反恐行动单位（Action Against Terrorism Unit）。北约于2008 年建立了网络防御快速反应中心（Centre of Excellence on Cyber Defense），于 2013 年组建了网络安全快速反应小组（Cyber Rapid Reaction

Team)。亚太经贸合作组织、七国集团、二十国集团、上海合作组织等在其会议中也日益关注许多互联网方面的议题,政府间的电信部长会议也逐渐固定下来。这些国际组织为各国解决网络空间治理问题提供了组织保障和长效机制。

国际条约机制即具有法律约束力的国际文件,这是网络空间治理的理想办法。网络空间仍然缺少相关的国际法来约束和惩罚危害网络的行为。目前,网络安全领域一项重要的国际条约是《网络犯罪公约》,它在打击网络犯罪方面起到了重要作用。但是,《网络犯罪公约》更多的是反映发达国家的利益和诉求,而忽视了广大发展中国家的利益和诉求。目前,西方国家极力在全球范围内推行《网络犯罪公约》,发展中国家也相应地提出了《信息安全国际行为准则》。国际社会也在软法方面努力。软法并无法律拘束力,但它们通常是认真谈判的结果,并为主权国家所接受。学术界和非国家行为体起草国际协定的一个尝试是《保护免遭网络犯罪和恐怖主义的框架公约》(Proposal for an International Convention on Cyber Crime and Terrorism)。总体来看,网络空间目前还缺少一个受到全球公认的国际法。

(二)全球网络空间治理机制的碎片化

治理机构的碎片化是当前全球网络空间治理碎片化的一个重要表现。随着国际社会掀起新一轮治理浪潮,近年来,国际网络空间治理论坛纷纷涌现。2013 年 12 月,爱沙尼亚总统伊尔韦斯(Toomas Hendrik Ilves)领导成立了全球互联网合作与治理机制高层论坛(High-Level Panel on Global Internet Cooperation and Governance Mechanisms Convenes);2014 年 1 月,瑞典前外长卡尔·比尔特(Carl Bildt)领导成立了 全球互联网治理委员会(Global Commission on Internet Governance);2014 年 4 月,由巴西政府和 ICANN 共同举办的互联网治理的未来——全球多利益攸关方会议在巴西召开;2014 年 11 月,中国倡导并主办了世界互联网大会乌镇峰会……但是,越来越多的互联网治理论坛和机构并不意味着成果的叠加,从目前的状况来看,这些机构之间缺少必要的协调,对话平台虽多,却难以产生合力和行动力,尽管普遍冠以"全球互联网治理"的名号,但没有一个国际治理机构能够在互联网治理问题上真正发挥全球协调的作用。

在具体的治理问题上,各国由于立场不同而倾向于选择不同的国际组织或治理平台来进行谈判,围绕同一治理问题往往出现多个平台。以前文提到的网络犯罪国际法机制为例,各国基于不同立场形成了 UNGGE 和 OEWG 两大阵营的"对垒"。类似的,在数字贸易治理领域,由于主体间关注点与利益诉求有别,各方均希望推行利于本方的制度而不愿妥协,于是各国纷纷与利益相近的国家建立起区域性或双边的机制。然而,不同成员国组成的自由贸易协定在大量地相互抵触与排斥,一国如果长期执行双边或区域性的数字贸易治理规则,并据此进行国内政策和法律调整,很容易形成具有该区域制度特征的制度,进而难以与域外经济体谈判以建立全球多边数字贸易治理体系。碎片化的制度只能为特定国家或地区的数字治理提供保障,但对全球数字治理而言,反而会造成集团间的对立,削弱各国建立更广泛的全球性制度的意愿。

(三) 当前全球网络空间治理机制的趋势特点

一方面,不同的机制因各参与主体所发挥的作用各不相同;另一方面,各个机制的组建原则、架构理念、运行程序与治理目标各不相同,因而具备不同的特点。总体来看,表现为以下四个方面。

第一,互联网技术治理主要由私营部门主导,其工作是全球互联网稳定运行的基础。出于历史原因,关于互联网技术标准的规范和治理主要由科技界和一些技术团体构成,包括 ICANN、W3C 以及 ISOC 等治理机制。这些机制决定了互联网底层架构和技术演进方向,对全球互联网稳定运行和发展具有重大作用。一般来说,政府或政府间组织难以对其进行控制,各国对其看法和争议也相对较少。同时,这些机构的效率也能够满足网络空间治理的技术需求。

第二,联合国框架下以政府间模式为主导的治理机制停滞不前,正在演变为大国博弈的舞台。当美国垄断下的互联网技术治理模式难以为继的时候,联合国试图主导全球网络空间治理工作,由此联合国召开了信息社会世界峰会并成立了互联网治理论坛,两者最终演化为以多利益攸关方为主导的治理模式。然而事与愿违,WSIS 几乎没有取得任何实质性成果,IGF 除了给各方提供一个表达不同意见的平台之外,再无实质性产出,于是,联合国再次寻求建立政府间的对话框架。但是,联合国信息安全政府专家组与开放成员工作组的建立并没能弥合各方分歧,反而成为主要国家进行地缘竞争的工具,且有愈演愈烈之势。① 短期内,联合国框架下的治理机制仍不能满足全球网络空间治理需求。

第三,传统政府间机制正在迅速向网络安全领域拓展,网络空间军事化趋势进一步加强。以北约、G7为代表的传统政府间合作机制正在将传统安全治理架构向网络领域覆盖,尤其是北约已明确表明要将网络空间防御纳入北约核心任务当中,加剧了网络空间军事化的倾向。随着俄乌战争的爆发,俄罗斯与乌克兰和北约之间的网络攻防战以及伴随其产生的网络舆论战、认知战,进一步加剧了网络安全治理规则的碎片化。② 可以预见,未来网络安全领域的国际治理将进一步碎片化、阵营化。

第四,数字经济和数据安全议题正在成为全球网络空间治理的热点话题。原因有二:一方面,以5G、人工智能、大数据为代表的信息通信技术的发展,正在使主要国家的经济社会生活迅速数字化,数字经济成为各个国家未来增长的主要源泉;另一方面,随着数据资源的广泛开发与应用,个人数据安全问题日趋严峻,数据泄露对国家和社会安全的影响愈发深刻,数据保护问题刻不容缓。加之中美战略竞争的加剧,数字经济成为双方竞争的焦点③,围绕第四次工业革命在全球层面展开的战略博弈,极大地促进了数字经济议题的推广与数据安全议题的扩散。于是,OECD、G20 与 APEC(Asia-Pacific Economic Cooperation,亚太经济合作组织)等原先主要聚焦于经济的全球机制和组织迅速将相关议题纳入其中。

二、以多利益攸关方为主导原则的网络空间治理机制

网络空间治理中所涉及的利益方可归纳为政府、政府间组织、非政府组织、企业和社群五个主体,也有人将其归为政府、私营部门和民间社会三个部门。④

---

① 郎平:《大变局下网络空间治理的大国博弈》,《全球传媒学刊》2020 年第 1 期。
② 方兴东、钟祥铭:《算法认知战:俄乌冲突下舆论战的新范式》,《传媒观察》2022 年第 4 期。
③ 阎学通、徐舟:《数字时代初期的中美竞争》,《国际政治科学》2021 年第 6 期。
④ 互联网治理"多利益攸关方"框架研究课题组:《互联网治理"多利益攸关方"框架的实证分析》,《汕头大学学报》(人文社会科学版)2017 年第 9 期。

网络空间治理领域的多利益攸关方机制最早可追溯至联合国于 2003 年召开的信息社会世界峰会。WSIS 第一阶段日内瓦峰会颁布了《原则宣言》与《行动计划》两份文件,文件正式提及了利益攸关方这一概念,同时明确了政府、私营部门和民间社会在全球网络空间治理中的作用。[①] 日内瓦会议后成立的互联网治理工作组首次确定了多利益攸关方(Multi-Stakeholder)这一概念,并建议成立一个多利益攸关方论坛(后来的互联网治理论坛)来讨论相关公共政策问题,这是多利益攸关方治理原则首次应用于网络空间治理实践。

互联网的特性决定其是一个开放、多元、去中心化的空间,面向所有人开放则必然要求参与群体的多元化。首先,出于历史原因,网络空间治理中的标准、技术、架构以及相关知识产权大多由互联网技术社群执行和操作,这使得技术社群对早期网络空间治理有着不可忽视的影响。其次,与互联网相关的国际组织与大型科技公司的利益与互联网发展密切相关,这些主体自然不会放弃参与网络空间治理的权利。最后,基于技术与架构优势,网络空间治理中的政府主体(如美国、加拿大、英国等发达国家)明确反对网络空间治理的政府间模式和政府主导模式,坚持采用多利益攸关方模式。以上多种因素共同促使多利益攸关方模式的影响迅速扩大。

多利益攸关方模式由开放式创新、分散治理机构、开放和包容性的过程三个核心部分组成,看重私营部门、民间社会以及科技界与学术界在网络空间治理中的主导作用,尤其强调自下而上、协商合作、开放透明的治理原则。[②] 多利益攸关方模式强调共识决策,原则上,政府、私营部门和民间社团的权力是相同的,均可平等地参与制定网络空间治理相关政策。目前,以多利益攸关方为主导原则的全球网络空间治理机制主要有互联网名称与数字地址分配机构、互联网协会体系、万维网联盟、世界互联网大会、"伦敦进程"等。值得注意的是,涉及互联网技术标准制定的多利益攸关方机制多数能够高效运行,其决策更容易被政府行为体接受并形成国际统一标准。

---

① "Declaration of Principles Building the Information Society: a Global Challenge in the New Millennium," *World Summit on the Information Society*, December 12, 2003, https://www.itu.int/net/wsis/docs/geneva/official/dop.html, accessed August 10, 2022.

② "Internet Governance—Why the Multistakeholder Approach Works," *Internet Society*, April 26, 2016, https://www.internetsociety.org/resources/doc/2016/internet-governance-why-the-multistakeholder-approach-works/, accessed August 10, 2022.

但是,在涉及数据和隐私保护、网络行为规范等公共政策内容时,以私营部门主导的多利益攸关方模式的权威性不足,难以真正发挥作用,多数情况下沦为一个汇聚各方观点的空谈馆。

(一) 互联网名称与数字地址分配机构

互联网名称与数字地址分配机构是全球互联网架构的主要管理者。其主要职能包括:负责运行和协调 IP 地址空间和域名系统;管理顶级域名代码和国家代码;管理互联网根服务器系统(全球互联网共 13 台根服务器,其中,唯一 1 台主根服务器与 9 台辅根服务器在美国)。

从组织结构上看,董事会是 ICANN 的最高权力机构,拥有最高决策权力。ICANN 的政策职能主要由地址支持组织(ASO)、通用名称支持组织(GNSO)和国家代码域名支持组织(ccNSO)分掌。其中,ASO 负责处理 IP 地址的政策制定;GNSO 负责通用顶级域名(gTLDs)的政策制定;ccNSO 负责国家代码顶级域名(ccTLDs)的政策制定。除此之外,ICANN 的运行还依靠一些其他机制,如政府咨询委员会、一般会员咨询委员会(ALAC)、根服务器系统咨询委员会(RSSAC)、安全和稳定咨询委员会(SSAC)以及技术联络小组(TLG)等。[①] ICANN 的下属机构互联网数字分配机构负责监督全球 IP 地址分配、自治系统号码分配以及域名系统中的根区域管理。IANA 下设 RIPE、RIPE、ARIN 3 个分支机构,分别负责欧洲、亚太地区、美国与其他地区的 IP 地址资源分配与管理。IANA 与 ICANN 相互合作,共同管理和控制全球互联网关键资源(见图 4-1)。

由于 ICANN 是根据美国加利福尼亚州的《非营利性公共利益公司法》成立的,受美国司法管辖,同时在其构成中,美国籍人员和企业占据主导地位,使得美国政府对其仍然具有重大影响力。[②] 与之对应的是,ICANN 国际董事会长期面临代表性不足的问题,尤其体现在发展中国家能否在网络空间治理过程中实质性地获得对全球关键互联网资源的决策能力。

1998 年 9 月,ICANN 依据美国加州法律注册成为一家非营利组织。10 月,美国商务部授权 ICANN 管理域名和互联网相关技术问题,自此,ICANN

---

① https://www.icann.org/.
② 崔聪聪:《后棱镜时代的国际网络治理——从美国拟移交对 ICANN 的监管权谈起》,《河北法学》2014 年第 8 期。

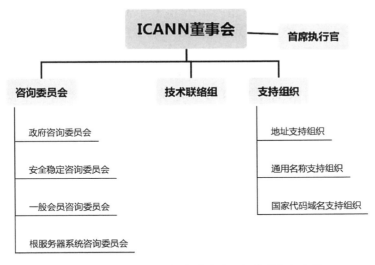

图 4-1　互联网名称与数字地址分配机构的组织架构

根据合同在美国商务部下属机构——美国国家电信与信息管理局的监督下对互联网域名系统进行管理,成为事实上的互联网最高管理机构。2006 年 9 月,ICANN 与美国商务部签订《联合项目协议》(Joint Project Agreement, JPA),美国政府保留了审视和批准 ICANN 关于根区文件任何变化的权力。① 理论上,美国政府拥有决定运行、增加乃至删除特定高级域名的潜在权力,从而使特定国家和组织沦为"网络孤岛"。因此,除美国以外的所有国家几乎都强烈要求对 ICANN 进行改革。

2009 年,ICANN 与美国商务部签订了"义务确认书",承诺在未来让 ICANN 成为一个更加独立的组织,但并未放弃商务部对 ICANN 的监督与控制权。② 2013 年,"棱镜计划"曝光之后,美国迫于国际压力,准备在 ICANN 管理权上让步。2014 年 3 月,NTIA 发表公开声明,将放弃对 ICANN 的主要管理权,相关权限将移交给多利益攸关方,并明确表示不会接受任何由政府

---

① "Announcement of Joint Project Agreement with ICANN on the Coordination of Internet Domain Name and Addressing System," *NTIA*, September 29, 2006, https://www.ntia.doc.gov/press-release/2006/announcement-joint-project-agreement-icann-coordination-internet-domain-name-and-, accessed August 10, 2022.

② Eileen Yu, "US Government Finally Lets ICANN Go," September 30,2009, https://www.zdnet.com/article/us-government-finally-lets-icann-go/, accessed August 10, 2022.

或政府间机构主导的解决方案。2016 年 3 月,ICANN 董事会向 NTIA 提交了管理权移转的最终决议;10 月,ICANN 和 NTIA 之间关于管理职能的合同结束,美国政府正式将职能移交给全球多利益攸关方社区。管理权移交之后,ICANN 可直接执行根区(root zone)变动操作,而无须经过 NTIA 的批准。2022 年 2 月,俄乌战争爆发之后,乌克兰政府曾请求 ICANN 撤销域名.ru、.рф 和.su,同时要求关闭莫斯科和圣彼得堡的根服务器,ICANN 拒绝了这一请求,并表示该操作不在 ICANN 的使命范围内。

(二)互联网协会体系

20 世纪 60 年代后期,美国开始研发 TCP/IP 协议。TCP/IP 协议是传输控制协议与网际协议的合称,在实际使用中泛指互联网协议群。TCP/IP 协议为连接到互联网的设备提供了信息交换的通用规则,在 TCP/IP 协议被采用之前,不同计算机网络之间无法实现信息交互,因此,TCP/IP 协议是最具基础性的网络标准。

1970 年代,ARPANET 项目研究人员温顿·瑟夫和大卫·克拉克等人创立互联网配置控制委员会,即互联网架构委员会的前身。1986 年,IAB 建立了互联网工程任务组作为自身的下属机构。IETF 是一个开放性组织,负责网际协议草案的开发。IETF 领域主管(AD)与 IETF 主席共同构成互联网工程指导小组(Internet Engineering Steering Group, IESG)。IESG 将标准草案提交 IAB 审核通过后,草案便成为互联网标准。除此之外,IAB 还授权互联网研究指导小组(Internet Research Steering Group, IRSG)就网际协议、架构和技术等对互联网发展具有重大意义的领域进行研究,具体工作由互联网研究任务组承担。由于 IETF 并非一个法律实体,互联网协会 ISOC 便从 IETF 独立出来,成为网际协议标准制定活动的责任组织(见图 4-2)。

1992 年 1 月,国际互联网协会正式成立。ISOC 是一个非政府、非营利的行业性国际组织,总部及秘书处设在美国弗吉尼亚州,并在美国华盛顿和瑞士日内瓦设有办事处。ISOC 同时还负责互联网架构委员会、互联网工程任务组等机构的组织与协调工作。

互联网架构委员会是 ISOC 的技术咨询机构,其职责包括监督 IETF 的活动、代表 IETF 与其他组织联络、管理 Internet 标准文档(RFC 系列)和协

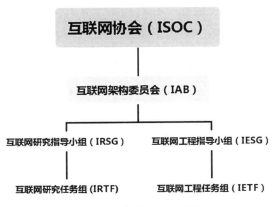

图 4-2　互联网协会体系的组织架构

议参数值分配以及为互联网协会提供建议和指导,同时,IAB 还可以确定 IETF 主席和 IESG 区域主任以及 IRTF 的主席。

互联网工程任务组于 1986 年 1 月正式成立。该组织最初是美国国防部高级研究计划局承包商的技术协调论坛,目前已经成长为一个包含网络设计者、专业技术人员、运营商、供应商以及研究人员的大型开放国际社区。IETF 的主要职能是促进互联网架构演进,研发和制定互联网相关技术规范,以保障互联网顺利运行,它是全球互联网领域最具权威性的技术标准化组织。当前,绝大多数互联网技术标准均出自 IETF。2018 年 8 月,互联网协会将 IETF 更正式地组织为 IETF 管理有限责任公司(IETF LLC),隶属于 ISOC。IETF LLC 继续与 ISOC 保持密切关系,并得到 ISOC 的大量资助。

（三）万维网联盟

因特网和万维网作为计算机术语,它们的含义并不相同,因特网是通过电信和光网络相互连接的全球计算机网络系统。相比之下,万维网是文档和其他资源的全球集合,一般通过超链接和 URIs 进行链接。在万维网上浏览网页,通常要先在浏览器中输入网页的 URL,或者通过超链接到该网页或资源,然后,Web 浏览器启动一系列后台通信来获取和显示所请求的页面。

万维网是由欧洲核子研究中心的英国计算机科学家蒂姆·伯纳斯-李(Tim Berners-Lee)于 1989 年发明的,最初的构想是将其作为一个文档管理系统。1990 年年底,蒂姆·伯纳斯-李与罗伯特·卡里奥(Robert Cailliau)共同创建了万维网系统。1994 年 5 月,罗伯特·卡里奥发起了第一届国际万维网大会(The International Conference of World Wide Web,简称 WWW 会议)。WWW 会议是互联网领域的顶级学术会议,参与者包括世界知名大学、研究机构、商业组织与技术团体,为国际互联网发展提供重要的技术标准,对全球互联网技术发展具有重要的推动作用。1994 年 8 月,罗伯特·卡里奥创立了国际万维网会议委员会(The International World Wide Web Conference Committee, IW3C2),此后,IW3C2 成为万维网大会的组织机构。1994 年 10 月,万维网联盟在麻省理工学院计算机科学实验室正式成立。

万维网联盟和国际万维网大会的主要工作是为互联网制定 Web 规范,目前已发布了包括超文本标记语言等 400 多项影响深远的 Web 技术标准及实施指南,是国际上最具权威性的技术标准化组织。作为一个非营利组织,万维网联盟由美国麻省理工学院、欧洲数学与信息学研究联盟(ERCIM)、日本庆应义塾大学(Keio University)和中国北京航空航天大学的四个全球总部(W3C Hosts)的全球团队联合运营。

（四）"伦敦进程"

随着互联网在经济社会生活中的大规模应用,网络安全问题层出不穷,而现存的全球网络空间治理机制难以应对各式各样的网络犯罪,于是,相关国家开始考虑搭建相应的平台来协调国际网络安全问题,"伦敦进程"(London Process)应运而生。该议程由英国外交大臣威廉·黑格(William Hague)在 2011 年 2 月的慕尼黑安全会议上提议,讨论内容包括网络空间的经济、社会、开放、安全等问题。会议的组织模式为多利益攸关方模式,各国政府、私营部门以及民间团体均可就网络空间务实合作、能力建设、行为规范等议题展开平等交流。[①]

2011 年 11 月,由英国外交部主办的全球网络空间治理大会在伦敦举行,正是第一次会议的地点启发了随后一系列会议的名称——"伦敦进

---

① 黄志雄:《2011 年"伦敦进程"与网络安全国际立法的未来走向》,《法学评论》2013 年第 4 期。

程"。在第一届会议上,共有超过 60 个国家的 700 余名代表参加会议,就经济增长与发展、社会福利、网络犯罪、安全可靠的网络接入、国际安全五大议题展开讨论,并最终制定了一套关于管理网络空间行为的原则。第二届GCCS 于 2012 年 10 月 4—5 日在布达佩斯举行。讨论的主题和重点是网络权利与网络安全的关系。在此次会议上,为了争取发展中国家的支持,英国等国提出了帮助发展中国家缩小数字鸿沟的行动方案,并在布达佩斯建立了全球网络安全能力建设中心。此次会议依旧没有取得实质性成果。

第三届会议于 2013 年 10 月 17—18 日在韩国首尔举行。此次会议有1 600 人参加,来自南方国家的代表人数相较于前两次会议有所增加。此次会议通过了《开放与安全网络空间首尔框架及承诺》(the Seoul Framework for and Commitment to Open and Secure Cyberspace),强调了互联网普遍接入的重要性以及国际法在网络空间的适用性。[①] 第四届 GCCS 于 2015 年 4 月16—17 日在海牙举行,由荷兰外交部主办。会上,荷兰政府与数十个政府、政府间组织以及公司一起启动了全球网络专家论坛(GFCE),旨在促进"安全、经济和人权齐头并进的愿景"下的网络能力建设并打击网络犯罪。2017 年 11 月 23—24 日,第五届会议围绕"安全和包容的网络空间促进可持续发展"主题在印度新德里举行,会议共有约 3 500 人参加。此次会议的目标是促进包容性的网络空间,重点关注包容性、可持续性、发展、安全、自由、技术和维护数字民主的政策和框架,最大限度地加强安全合作,倡导数字外交对话。[②]

"伦敦进程"是由英美等发达国家发起并主导的,会议议程一般与发达国家所持的互联网开放自由、人权保护等议题密切相关,强烈反对主权国家对网络空间的干预和监管政策,中国与俄罗斯等国在"伦敦进程"中处于劣势地位。

(五)世界互联网大会

世界互联网大会由中华人民共和国国家互联网信息办公室和浙江省人

① "Seoul Framework for the Commitment to Open and Secure Cyberspace," *UN*, https://www.un.org/disarmament/wp-content/uploads/2019/10/ENCLOSED-Seoul-Framework-for-and-Commitment-to-an-Open-and-Secure-Cyberspace.pdf, accessed August 10, 2022.

② https://www.internetsociety.org/events/gccs-2017/, accessed August 10, 2022.

民政府共同主办,旨在搭建网络空间治理的全球合作平台,是中国举办的规模最大、层次最高的互联网大会。2014 年 11 月,第一届世界互联网大会在浙江省乌镇举行,并将其确立为永久会址。

　　2015 年 12 月,习近平主席在第二届世界互联网大会上发表主旨演讲,提出了"尊重网络主权、维护和平安全、促进开放合作、构建良好秩序"的推进全球互联网体系变革的"四项原则",以及"加快全球网络基础设施建设,促进互联互通、打造网上文化交流共享平台,促进交流互鉴、推动网络经济创新发展,促进共同繁荣、保障网络安全,促进有序发展、构建网络空间治理体系,促进公平正义"的"五点主张"。作为全球网络空间治理的重要磋商平台,世界互联网大会致力于开辟一个包容互信、凝聚共识、深化合作、团结互助、交流共鉴的网络交流空间,共同构建开放包容、安全稳定、富有活力的网络空间命运共同体(见表 4-1)。

表 4-1　历届世界互联网大会的主题

届　别	年份	大　会　主　题
第一届	2014	互联互通·共享共治
第二届	2015	互联互通 共享共治——构建网络空间命运共同体
第三届	2016	创新驱动 造福人类——携手共建网络空间命运共同体
第四届	2017	发展数字经济 促进开放共享——携手共建网络空间命运共同体
第五届	2018	创造互信共治的数字世界——携手共建网络空间命运共同体
第六届	2019	智能互联 开放合作——携手共建网络空间命运共同体
第七届	2020	数字赋能 共创未来——携手构建网络空间命运共同体
第八届	2021	迈向数字文明新时代——携手构建网络空间命运共同体
第九届	2022	共建网络世界 共创数字未来——携手构建网络空间命运共同体

2022 年 7 月,世界互联网大会国际组织正式成立,其本质是一个由致力于推动全球互联网发展的相关企业、组织、机构和个人等自愿结成的国际性、行业性、非营利性社会组织,总部设在中国北京。世界互联网大会国际组织的宗旨是搭建全球互联网共商共建共享平台,推动国际社会顺应信息时代数字化、网络化、智能化的趋势,共迎安全挑战,共谋发展福祉,携手构建网络空间命运共同体。世界互联网大会组织机构包括会员大会、理事会和秘书处等。会员来自全球互联网领域的领军企业、权威机构、行业组织与知名专家学者以及相关国际机构。

三、联合国框架下的治理机制

联合国是处于全球发展领域核心地位的国际组织,也是最具代表性的政府间国际组织,广泛的合法性基础促使其在全球网络空间治理中发挥重大作用。20 世纪 90 年代以来,越来越多的国家不满足于美国主导的技术垄断治理模式,人们便寻求在全球范围内创建一个关于互联网的协调和决策框架,联合国成为各方探讨网络空间治理路径的主要平台。联合国介入之前,网络空间治理的主要对象是技术因素;联合国介入之后,全球网络空间治理议题逐渐拓展到政治、经济和国际公共政策领域。[①]目前,联合国架构下的网络空间治理机制主要由联合国信息安全政府专家组与开放成员工作组、国际电信联盟、信息社会世界峰会与互联网治理论坛等构成。

联合国是一个政府间组织,一直以来,联合国也在倡导政府间治理模式,但却没有取得实质性进展。在上述联合国框架下的治理机制中,UNGGE 与OEWG 具有浓厚的传统意义上的政府间治理模式气息,但后者由于引入了工业界、非政府组织和学术界等其他利益攸关方而增添了一抹多利益攸关方的色彩。ITU 虽是联合国的 15 个专门机构之一,但在法律上并不属于联合国附属机构,其决议和活动也无须联合国批准,相较于 UNGGE 与 OEWG,

---

[①]　王明国:《全球互联网治理的模式变迁、制度逻辑与重构路径》,《世界经济与政治》2015 年第3 期。

ITU 更加偏向多利益攸关方模式。WSIS 与 IGF 则是标准的多利益攸关方模式。

（一）信息社会世界峰会

为缩小发达国家与发展中国家的数字鸿沟,1998 年,突尼斯政府在明尼阿波利斯举行的国际电信联盟全权代表会议上提议举行一次关于信息社会的世界首脑会议。2001 年 12 月 21 日,联合国大会通过第 56/183 号决议,批准召开信息社会世界首脑会议,讨论信息社会的机遇和挑战。信息社会世界峰会试图摆脱建立在私营机构之上并由美国实质控制的 ICANN,建立主权国家关于网络空间治理的机制,也被视作联合国试图主导网络空间治理的开端。

2003 年 12 月,第一阶段峰会在瑞士日内瓦举行,与会代表分歧明显,大会并未取得实质性进展,仅通过了《日内瓦原则宣言》和《日内瓦行动计划》。2005 年 11 月,第二阶段峰会在突尼斯城举行,大会最后通过了《突尼斯承诺》和《突尼斯议程》。《突尼斯议程》公开宣布,包括美国政府在内的各国政府,在互联网政策监管方面享有平等的地位和责任。[①] 在两次峰会开幕之前,各方代表还就会议议题和筹备工作召开过若干次预备会议。此次峰会的主要争论议题是如何缩小数字鸿沟以及建立互联网国际管理机制。在缩小数字鸿沟方面,发展中国家领导人要求发达国家提供资金和技术,用于缩小数字鸿沟,并提议建立数字互助基金,对此发达国家态度冷淡、响应寥寥。在互联网国际管理问题的讨论中,中方代表要求将互联网名称和地址分配职能转移至联合国框架下的国际电信联盟,美方则不愿意将互联网交由联合国管理。除此之外,私营部门、民间团体以及科技界人士由于担心政府介入以及联合国低效的管理体系,也反对将管理权转移至联合国框架中。

首届 WSIS 第一阶段会议甚至未能在互联网治理这一概念上取得一致理解,其结果是该峰会未能达成任何实质性共识。因此,日内瓦会议的与会代表们要求时任联合国秘书长安南建立互联网治理工作小组,该小组将进

---

① "Tunis Agenda for the Information Society," *WSIS*, November 18, 2005, https://www.itu.int/net/wsis/docs2/tunis/off/6rev1.html, accessed August 10, 2022.

一步明确互联网治理的定义、互联网治理议题以及各参与方的责任和权利。WGIG 也是一个多利益攸关方的组织,其成员包含政府、企业和社会各界代表。互联网治理工作小组的实际运行表明,多利益攸关方模式取代私营部门领导和政府领导原则,成为国际互联网治理的主要指导原则。

除此之外,此次峰会决定成立 WSIS 论坛,主要负责追踪和实施 WSIS 后续行动。WSIS 论坛由国际电信联盟、联合国教科文组织、联合国开发计划署、联合国贸易和发展会议共同主办,每年邀请来自国际组织、政府机构、行业组织、私营企业等多方代表参会,共同研讨互联网发展议题。2022 年 3—5 月,WSIS 论坛以线上线下相结合的方式举行,主题是"为 ICT 促进福祉、包容性和复原力:WSIS 合作加快实现可持续发展目标的进展"。①在本次 WSIS 论坛上,中国互联网协会聚焦推进互联网适老化应用和服务建设,以线上方式主办了以"多渠道的互联网适老化应用助力包容性信息社会建设"为主题的分论坛研讨会,与各方一道,共同促进包容性信息社会建设。

(二)联合国互联网治理论坛

2003 年 12 月,信息社会世界首脑峰会第一阶段会议在瑞士日内瓦召开,会议授权时任联合国秘书长安南组建互联网治理工作小组,就会议相关议题开展研究。2005 年 11 月,信息社会世界首脑峰会第二阶段会议在突尼斯城召开。会议最终通过《突尼斯议程》,并按第 72 条授权时任联合国秘书长召集互联网治理论坛。该论坛的宗旨是将不同的人和利益相关者群体平等地聚集在一起,讨论与互联网治理关键要素相关的公共政策问题,以促进互联网的可持续性、稳健性、安全性。该论坛向所有利益相关者开放,以加快发展中国家互联网的可用性和可负担性。论坛的组织原则为多利益攸关方模式,各国政府、政府间组织、非政府组织、私营部门、技术社群以及各种民间团体均可平等参与。IGF 并不能通过决议或制定任何具有约束力的条约,其重要性在于促进政府、政府间组织、私营公司、技术社区和民间社会组织之间对话的能力,提供自下而上的解决方法,并借此影响互联网治理领域的发展方向和其他议程。2006 年 10 月,联合国 IGF 第一届会议在希

---

① https://www.itu.int/net4/wsis/forum/2022/Agenda, accessed August 10, 2022.

腊雅典召开。此后,IGF 全球会议在每年的最后一季度举办一届,截至 2022 年初已经举行过 16 届(见表 4-2)。

表 4-2　2017—2021 年互联网治理论坛的主题与议题

界　别	主　题	主　要　议　题
第 12 届	塑造数字化未来	数字经济;网络安全;人工智能;物联网以及区块链技术
第 13 届	互信的互联网	网络信任和安全与隐私;发展、创新和经济问题;数字包容和无障碍;新兴技术
第 14 届	一个世界・一个网络・一种愿景	数据治理;数字融合;安全稳定与弹性
第 15 届	致力于人类坚韧和团结的互联网	数据;环境;包容;信任;数字合作路线
第 16 届	互联网大联合	网络连接;网络安全;数据和消费者权利与保护;技术挑战

2018 年,第 13 届联合国互联网治理论坛在巴黎联合国教科文组织总部开幕,主题为"网络信任"。在此次会议上,法国总统马克龙正式推出《网络空间信任与安全巴黎倡议》(简称《巴黎倡议》)。《巴黎倡议》延续了发达国家关于全球互联网治理的一贯立场,坚持多利益攸关方治理模式,强调各国政府、私营部门以及社会团体在制定网络安全新标准、网络漏洞披露、数字合作等领域展开积极合作。《巴黎倡议》同时指出,国际法,包括《联合国宪章》的全部内容、国际人道法与习惯法,对各国使用信息通信技术的活动均适用。值得注意的是,《巴黎倡议》所声称的国际法,包含《联合国宪章》第 51 条所述关于自卫权的条款,该倡议隐含的承认国家自卫权适用于网络空间的原则与中俄以及大多数发展中国家所倡导的网络空间非军事化原则相冲突。此外,《巴黎倡议》的另一重点在于促进网络空间负责任国际行为规范的建立和实施,此项内容也是国际社会一直以来努力的方向。①

---

① 　https://pariscall.international/en/call, accessed August 10, 2022.

总的来说,《巴黎倡议》在内容上并未有过多创新,其主张在国际上其他场合都曾有过讨论。另外,与其说《巴黎倡议》是一份国际倡议,倒不如说其更多地代表了欧洲国家在全球网络空间治理中的立场,包括中国、美国、俄罗斯以及广大发展中国家并未加入该倡议。

2021 年 12 月,在波兰卡托维茨以线上线下相结合方式进行的第 16 届联合国互联网治理论坛。论坛的总主题是"互联网大联合"。会议主要讨论了经济和社会的包容性与人权、互联网普及与连接、新兴领域的监管、环境可持续性与气候变化、包容的互联网治理生态系统和数字合作,信任、安全与稳定六大议题。

第 17 届联合国互联网治理论坛由埃塞俄比亚政府主办,于 2022 年 11 月 28 日至 12 月 2 日以线上线下相结合的方式举办,论坛主题为"弹性互联网,共享、可持续和共同未来";第 18 届联合国互联网治理论坛于 2023 年 10 月 8 日至 12 日在日本京都国际会议中心举办,主题为"我们想要的互联网——赋能所有人"。

IGF 一直标榜是自下而上的多利益攸关方模式,政府乃至联合国的角色相对边缘化。随着中美之间竞争的加剧、数字经济发展、新冠肺炎疫情以及俄乌战争的影响,当前全球网络空间治理更面临着前所未有的挑战,政府正以一种强势的姿态回归网络空间治理舞台的中央。

（三）国际电信联盟

国际电信联盟是联合国机构中历史最长的国际组织,最早可上溯至 1865 年法、德、俄等欧洲国家签订的《国际电报公约》。联合国成立后,ITU 成为主管信息通信技术事务的联合国专门机构,总部设在瑞士日内瓦。作为联合国机构,其主要职能是:负责分配和管理全球无线电频谱与卫星轨道资源;制定全球电信标准。作为国际组织,ITU 是沟通各国政府和私营部门的纽带,致力于向发展中国家提供电信援助,促进全球电信发展。2003 年,ITU 成为信息社会世界峰会的主办机构。

从成员构成方面看,ITU 既有政府作为成员国加入,也有私营企业、国际组织、专门机构作为部门成员加入。其中,私营部门可选择加入 ITU 中的一个或多个,有权出席大会、全会和各类技术会议,并可以参与 ITU 的日常工作。从组织结构上看,全权代表大会是 ITU 的最高权力机构,每隔四年召开一次会议,负责制定 ITU 的发展政策,实现 ITU 的宗旨。大会闭幕期间,由 ITU 理事会代理行使大会职权,总秘书处负责主持日常工作,包括制定战略方针、管理各种资源、协调各部门活动等。[①]

目前,根据 ITU 不同的活动领域,共划分为电信标准化部(ITU-T)、无线电通信部(ITU-R)和电信发展部(ITU-D)三个部门。ITU-T 由原来的国际电报咨询委员会(CCIT)和国际无线电咨询委员会(CCIR)从事标准化工作的部门合并而成,下设 17 个研究委员会,目前在 ITU 中居核心位置,ITU-T 的主要职责是研究制定统一的电信网络标准,其中包括与无线电系统的接口标准,以促进并实现全球的电信标准化。ITU-R 的职责是确保所有无线电通信业务合理、公平、有效和经济地使用无线电频谱以及对地静止卫星轨道,制定有关无线电通信课题的建议。ITU-D 的主要职责是分享全球电信行业发展动向分析的权威性信息资源,并在电信领域内促进和提供对发展中国家的技术援助。三个部门分别负责召开世界电信标准化全会(WTSA)、世界无线电通信大会(WRC)以及世界电信发展大会(WTDC),进而制定本领域国际标准和相关发展议程(见图 4-3)。

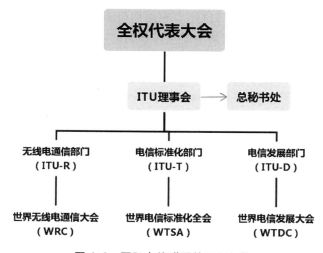

图 4-3　国际电信联盟的组织架构

---

① https://www.itu.int/zh/about/Pages/default.aspx, accessed August 10, 2022.

（四）联合国信息安全政府专家组与开放成员工作组

2004 年,联合国信息安全政府专家组依照联合国大会决议成立,其主要目的是在参与国之间讨论网络安全领域的国际规则并提交联合国大会审议。迄今为止,已经成立过 6 届信息安全政府专家组,并形成了 4 份(2010年、2013 年、2015 年和 2021 年)共识报告(联合国政府专家组与开放成员工作组工作历程及其结果见表 4-3)。这些报告提议了 11 项自愿的、负责任国家行为规范,重申了国际法特别是《联合国宪章》对于维持信息和通信技术环境中的和平、安全和稳定的适用性和必要性,并承诺将进一步制定有约束力的网络安全国家行为规范。

表 4-3　联合国政府专家组与开放成员工作组的工作历程及其结果

时　间	界　别	工　作　结　果
2004—2005	第 1 届 UNGGE	分歧严重,未能形成共识报告
2009—2010	第 2 届 UNGGE	开展国家间对话,以减少风险并保护关键信息基础设施;拟订与信息安全有关的通用术语和定义
2012—2013	第 3 届 UNGGE	国际法特别是《联合国宪章》适用于数字空间、国家主权适用于数字领域
2014—2015	第 4 届 UNGGE	国家主权原则、和平解决争端原则、不干别国内政原则适用于网络空间;同意联合国在制定国家行为规范上的主导作用
2016—2017	第 5 届 UNGGE	分歧严重,未能形成共识报告
2019—2021	第 6 届 UNGGE	重申了国际法特别是《联合国宪章》对信息和通信技术环境的适用性;拟定将来制定更具约束力的规范
	第 1 届 OEWG	提出促进开放、安全、稳定的信息和通信技术环境的具体行动和合作措施
2021—2025	第 2 届 OEWG	着重讨论其他利益相关者如何参与工作

注：历次会议及其报告,参见 https://dig.watch/tag/un-gge-oewg。

2017 年,由于以美国及其盟友为代表的发达国家和俄罗斯、古巴等发展中国家在网络自卫权、网络空间军事化等议题上的严重分歧,第 5 届政府专家组未能最终形成一致报告。为了继续推进网络空间安全规范建设,2018 年,中俄两国提案成立开放成员工作组,并要求考虑纳入工业界、非政府组织和学术团体等其他成员,美国则表示将延续原专家组。最终,经联合国大会第一委员会决议,政府专家组和开放成员工作组同时运行,成为网络空间治理领域的并行机制。

OEWG 的任务是:继续制定国家负责任行为的原则、规范和规则,并探讨实施途径;研究在联合国的主持下建立广泛参与的定期对话机制的可能性;研究对信息安全的现有和潜在威胁以及可能采取建立信任的措施和能力建设。它的组成是公开的,允许所有表达意愿的联合国成员国和其他利益团体参加。OEWG 分为 2019—2021 与 2021—2025 两个任务阶段。OEWG(2019—2021)共召开 3 次实质性会议,并向联合国大会提交了最终报告,提出一系列包括处理信息和通信技术威胁、促进开放、安全、稳定的信息和通信技术环境的具体行动和合作措施[①],但是其所提交的报告和建议并不具备约束性。

2021 年 6 月,OEWG 举行组织会议,开始了其第二任务周期(2021—2025),来自新加坡常驻联合国机构大使布尔汉·加福尔(Burhan Gafoor)当选为第二任期工作组主席。同年 12 月,OEWG 举行了第一次实质性会议,共同讨论了对信息安全的现有和潜在威胁,以及可能采取的建立信任的措施和能力建设。第二届实质性会议于 2022 年 3 月底举行,由于与会代表并未能就其他利益相关者如何参与会议达成共识,布尔汉·加福尔决定会议将以非正式方式讨论实质性问题。与会大多数国家确认,包括《联合国宪章》在内的国际法适用于信息通信技术领域,并呼吁制定更具约束性的法律文书,以规范国家在网络空间的行为。第三届实质性会议于 2022 年 7 月在纽约举行,各代表团协商一致通过了年度进展报告,这是一项妥协的结果,将作为进一步谈判的路线图。第四届实质性会议于 2023 年 3 月 6—10 日在纽约举行。

网络空间国家行为规范本质上仍是一个大国博弈的过程,UN GGE 是

---

① "UN GGE 2021 Report," *UN GGE*, May 28, 2021, https://dig.watch/resource/un-gge-2021-report, accessed August 10, 2022.

由美国主导的代表发达国家利益的行动机制,OEWG 则是由中俄主导、是代表发展中国家声音的舞台。当联合国大会决定 UNGGE 与 OEWG 双轨并行的时候,欧盟出于自身利益联合 40 多个国家推出了《促进网络空间负责任国家行为行动纲领》(Programme of Action for Advancing Responsible State Behaviour in Cyberspace,PoA)。PoA 侧重于落实 2015 年政府专家组报告中确立的负责任国家在网络空间的行为准则,目的是将联合国的网络安全谈判制度化。PoA 的主要目标是:跨过 2015 年达成并于 2021 年重新批准的 11 项自愿非约束性规范的讨论,进入实施阶段,推进网络安全,其中包括保护国家关键基础设施的规范、针对网络攻击的国家合作、保护供应链的完整性、对抗恶意网络工具和技术的努力,以及网络安全援助。[1] 未来,PoA 可能成为联合国网络行为规范的第三种路径,网络安全治理机制将进一步碎片化。

四、区域性政府间多边机制

一方面,随着互联网在全球经济活动中的广泛应用,互联网相关问题逐渐从技术和经济领域上升到政治和战略层面,成为一国的核心利益;另一方面,无论是多利益攸关方主导的治理模式还是联合国框架下的治理模式,均无法处理日渐复杂的网络治理问题。加之中国、俄罗斯等国在互联网技术和产业的发展与进步,网络空间治理的再主权化声音日渐高涨。

事实上,在涉及网络安全、网络空间行为规范、网络空间军事化等与传统安全密切相关的议题时,政府从来都是关键行为体。由于不同国家的互联网技术与产业发展水平相距甚远,网络发达国家与网络新兴国家在网络空间治理原则、立场和政策上往往难以达成妥协,甚至出现取向截然相反的情况,网络空间治理议题也随之出现阵营化的趋势。网络发达国家联合私营机构和社会团体,共同反对政府对网络空间治理的介入。实际上,发达国家利用既存的机制讨论网络安全和新兴关键互联网议题,在对网络空间秩

123

序稳定造成冲击的同时,还进一步加剧了网络空间治理规则的碎片化,如七国集团、北约等。与之对应的是,包含网络发达国家和网络新兴国家的区域性政府间多边机制,虽然能沟通不同国家的治理观点和理念,却始终难以达成统一的具有约束力的行动方案,反而陷入无限拉扯状态,难以对全球网络空间治理产生实质影响,如二十国集团。一些由发展中国家构成的区域性机制往往受限于自身科技水平和产业结构,难以真正影响全球网络空间治理进程,如非洲联盟(African Union,AU,简称非盟)、东南亚国家联盟等。下面介绍这些区域性政府间多边机制。

(一) 北约

北约成立于1949年4月,是美国联合欧洲盟友遏制苏联的政治军事同盟。东欧剧变、华约解体之后,北约开始转型之路。1990年,北约通过《伦敦宣言》,将自身从军事政治组织逐渐转型为政治军事组织。1999年之后,北约开始向原苏联地区拓展,目前已经囊括了大西洋两岸的32个国家,是目前世界上最大的军事组织,对全球安全有着举足轻重的影响。进入21世纪后,北约的防务范围逐渐从传统安全领域拓展到气候变化、恐怖主义、网络安全等非传统安全领域。

从组织结构上看,北大西洋理事会(北约理事会)是北约的最高决策机构,也是北约网络事务的最高决策和政治监督机构。北约理事会下设网络防御委员会(Cyber Defence Committee,CDC),负责具体防御政策的制定。北约合作网络防御卓越中心(Cooperative Cyber Defence Centre of Excellence,CCDCOE)是北约最重要的研究咨询机构,负责培训和增强成员国的网络防御能力,同时也是"锁定盾牌"(Locked Shields)网络安全演习的组织机构。北约其他负责网络安全的机构还有咨询、指挥和控制理事会(Consultation, Command and Control Board,C3B)、网络防御管理机构(Cyber Defence Management Board,CDMB)、北约通信与信息局(NATO Communications and Information Agency,NCIA)等。[①] 上述机构共同构成了北约的网络安全体系。

北约对网络安全问题的重视始于1999年北约对南联盟的轰炸。当时,

---

① 李享:《北约网络安全体系建设及其影响》,《信息安全与通信保密》2022年第6期。

为报复北约非法入侵行为,多国黑客对北约的相关网络设施进行破坏。此后,网络安全频繁成为北约的讨论议题。2002 年召开的北约布拉格峰会首次将网络安全纳入北约议程之中,该峰会还发起了一项名为网络防御计划(the Cyber Defense Program)的项目,旨在提高北约应对网络安全威胁的能力。2007 年,北约成员国爱沙尼亚总统和议会网站、政府各部门、各政党、各大新闻机构以及银行遭遇大规模网络袭击,北约却无力提供相关救助,极大地刺激了北约网络安全政策的调整,自此北约加快了自身网络防御体系的建设。2008 年 3 月,北约建立了网络防御管理机构(CDMA),借以组织协调成员国的网络安全行动,重点应对来自国家的网络威胁。同年 5 月,北约协作网络空间防御卓越中心在爱沙尼亚首都塔林成立,北约网络安全防御体系开始迈向机制化。2010 年,北约召开里斯本峰会,通过了新的战略概念文件《积极参与战略防御》,正式将网络安全防御纳入北约防务战略中,并且强调了成员国之间网络防御能力的协调。[①] 2012 年 3 月,北约成立快速反应小组(NATO Rapid Reaction Team),负责检测北约网络安全状态。

　　2013 年以来,北约开始寻求将集体防御原则应用在网络空间中。同年,一年一度由北约合作网络空间防御卓越中心举行的"锁定盾牌"演习正式拉开序幕,这是由北约总部牵头,北约联军部队、爱沙尼亚国防部、芬兰国防部以及思科等网络科技公司共同参与的号称全世界规模最大、强度最高、范围最广的网络实弹防御演习。2014 年,北约威尔士峰会将网络防御定为北约集体防御核心任务的一部分,此举表明美国以及北约试图在网络空间引入军事原则,网络空间军事化倾向进一步加剧。2018 年,北约宣布新建网络空间作战中心(Cyber Operations Centre, CYOC),与此同时,与会领导人同意北约可以利用成员国网络能力来执行相关任务。2021 年 6 月,北约召开布鲁塞尔峰会,通过了新版的《网络防御政策》(Cyber Defence Policy),该政策强调,北约将视网络攻击为武装攻击,并可依据《北约宪章》第五章集体安全条款进行防御。[②] 此举表明,网络空间已经正式成为北约集体防御的一部分。2022 年 6 月,北约通过了《北约战略概念》,强调要加快北约的数字化转型,强化北约的网络防御能力,增强北约在网络空间的有效行动能力,承认国际法在网络空间的适用性,提高网络能力的弹性。该概念要求

---

① "Active Engagement, Modern Defence," *NATO*, November 19, 2010, https://www.nato.int/cps/en/natohq/official_texts_68580.htm, accessed August 10, 2022.

② https://www.nato.int/cps/en/natohq/184620.htm, accessed August 10, 2022.

成员国进一步采取有力、综合和一致的行动来应对网络威胁。[①]

　　一方面,北约网络安全体系的建设主要聚焦于军事功能,在此指引下,北约网络安全体系的进攻性日趋加强,俄罗斯等国势必难以接受,网络军备竞赛有进一步强化的趋势,网络空间军事化进程愈演愈烈。[②] 另一方面,北约网络安全体系建设强化了地缘政治因素对全球网络空间治理的影响。从发展历程上看,北约网络安全能力建设实质上是将北约军事同盟延伸至网络空间,在实践上更多的是以俄罗斯为地缘政治对手,乃至直接用于遏制俄罗斯。不仅如此,北约网络安全架构已经延伸至亚太地区,直接服务于美国对华政策。2022 年 5 月,韩国作为正式会员加入北约合作网络防御卓越中心,是加入该机构的首个亚洲国家;同年 11 月,日本正式加入北约网络防御中心。此举预示,美国将更多地借助北约力量处理涉华网络安全问题,增大中国参与全球网络空间治理的外部压力。

(二) 七国集团

　　七国集团(Group of Seven, G7)由美国、英国、法国、德国、日本、意大利和加拿大七个发达国家组成,是发达国家讨论协调政策的论坛。七国集团议题广泛而多样,全球安全、气候变化、两性平等、经济增长及其相关议题都可纳入其中。G7 通常每年进行一次领导人会晤,称为七国集团首脑会议,还会举行多场部长级别的会议。一般情况下,会议结束后会发表联合声明或宣言,就全球重大议题阐明自身立场和看法。

　　七国集团作为发达国家的代表,在涉及网络安全问题上推广符合发达国家利益的网络空间治理模式。2017 年 4 月,七国集团部长会议发表《网络空间负责任国家行为规范宣言》,旨在维护网络空间的稳定与安全以及降低相关风险。该声明一共提到 12 个要点,要求 G7 成员国协同制定相关措施以提高信息通信技术的安全性与稳定性,共同维护国际和平与安全。[③]

---

① "NATO 2022 Strategic Concepts," *NATO*, June 29, 2022, https://www.nato.int/nato_static_fl2014/assets/pdf/2022/6/pdf/290622-strategic-concept.pdf, accessed August 10, 2022.

② 李享:《北约网络安全体系建设及其影响》,《信息安全与通信保密》2022 年第 6 期。

③ "G7 Declaration on Responsible States Behavior in Cyberspace," *G7*, April 11, 2017, http://www.g7.utoronto.ca/foreign/170411-cyberspace.html, accessed August 10, 2022.

2019 年 9 月,G7 成员与爱沙尼亚、新西兰等共计 27 个国家再次于《关于在网络空间促进负责任的国家行为的联合声明》(Joint Statement on Advancing Responsible State Behavior in Cyberspace)中确认了上述原则。此次《联合声明》带有明显的指向性,着重强调部分国家和非国家行为体在网络空间不负责任的行为对"全球基础设施、国际机制与组织、全球经济的公平竞争乃至民主"的破坏,要求以基于规则的国际秩序来指导国家在网络空间中的行为,同时呼吁更多的国家加入。[1]

2021 年,G7 的核心议程是数字政策,包括网络安全原则、互联网基础设施、通信技术与标准、软件基础设施的数字化以及数据流动规则。同年 4 月,七国集团数字和科技部长级会议就互联网安全工作原则、电子化可转移记录框架、数字市场联合监管、数据价值创造与数字技术标准协作达成五项共识,并宣布了《数据自由流动与信任合作路线图》(G7 Roadmap for Cooperation on Data Free Flow with Trust)。2021 年 9 月,英国信息专员伊丽莎白・德纳姆(Elizabeth Denham)主持举行了 G7 数据保护和隐私当局会议,会议讨论了隐私跨国监管合作、人工智能与国际层面的政府访问和数据流动等七个议题,并发表了《G7 国家数据保护和隐私会议公报》。2022 年 5 月,七国集团部长级会议签署联合声明,通过了《促进可信数据自由流动计划》(G7 Action Plan for Promoting Data Free Flow with Trust,简称《行动计划》),提出了可信的数据自由流动(Data Free Flow with Trust,DFFT)这一概念。在《行动计划》中,七国集团承诺将在未来就联合监管、加强 DFFT 的佐证基础、促进互操作性等领域展开行动。[2]

(三)经济合作与发展组织

经济合作与发展组织的前身是欧洲经济合作组织,1960 年,美国与欧洲经济合作组织成员签署《经济合作与发展组织公约》后于次年 9 月正式成立。目前,经合组织共有 38 个成员国,总部设在法国巴黎,已经成为国际

---

[1]　https://2017-2021. state. gov/joint-statement-on-advancing-responsible-state-behavior-in-cyberspace/index.html, accessed August 10, 2022.

[2]　"Communiqué: Promoting Data Free Flow with Trust and Knowledge Sharing about the Prospects for International Data Spaces," Office of the Privacy Commissioner of Canada, September 8, 2022, https://priv.gc.ca/en/opc-news/speeches/2022/communique-g7-220908/, accessed August 10, 2022.

上著名的政府间国际经济组织。理事会是经合组织最高决策机构,由各成员国和欧洲委员会各派一名代表组成。理事会每年召开一次部长级会议,确定组织的相关政策方向。经合组织拥有多个专业委员会,由成员国代表组成,可就具体政策展开审议与项目监督。经合组织常设秘书处,由秘书长(由理事会主席兼任)领导,下设 12 个司局,服务于数量众多的专业委员会。①

经合组织在互联网领域最突出的工作就是制定个人隐私保护相关的政策。OECD 是最早提出跨境数据传输的执行原则(限制收集、安全保障、个人参与公开等八项原则)的国际组织。1980 年,OECD 发布《隐私保护和个人数据跨境流动指南》(Guidelines Governing the Protection of Privacy and Trans-border Flows of Personal Data,简称《隐私指南》)。该指南将个人数据隐私视为公民的基本权利,倡议各国共同建立跨境数据传输的隐私保护框架,同时呼吁各国不得以个人数据隐私保护为由限制个人数据跨境传输。② 2010 年,OECD 对《隐私指南》进行了第一次审查,并于 2013 年 7 月通过了修订后的《隐私指南(2013)》,新指南引入了一些新概念,如隐私管理计划、安全漏洞通知、国家隐私战略以及全球互操作性,但其保护原则和执行工作并无实质性改变。2021 年 3 月,由詹妮弗·斯托达特(Jennifer Stoddart,加拿大前隐私专员)和格温达尔·勒格兰德(Gwendal Le Grand,法国信息自由委员会副秘书长)领导的咨询小组结束了对 OECD 隐私准则实施情况的第二次审查,该报告着重讨论了新冠肺炎疫情危机下数据和隐私保护所面临的问题,并呼吁对数据和隐私采取系统性保护。

除跨境数据隐私保护之外,近年来,OECD 聚焦于数字经济发展,致力于促进包容性的国际数字经济发展政策与行动,研究并发布了一系列与数字经济议题相关的展望报告。2019 年,OECD 报告的重点是税制改革,尤其是数字税征收问题。2020 年,OECD 发布的《数字经济展望》聚焦于数字安全、隐私和数据保护以及数字鸿沟等相关问题。③ 2021 年 12 月,OECD 发布《2021 年发展合作报告:塑造公正的数字化转型》(Development Co-

---

① https://www.oecd.org/about/, accessed August 10, 2022.
② "OECD Guidelines on the Protection of Privacy and Transborder Flows of Personal Data," *OECD*, September 23, 1980.
③ "OECD Digital Economy Outlook 2020," *OECD ilibrary*, November 27, 2020, https://www.oecd-ilibrary. org/science-and-technology/oecd-digital-economy-outlook-2020 _ bb167041-en, accessed August 10, 2022.

operation Report 2021：Shaping a Just Digital Transformation）。该报告认为，随着新型数字技术的广泛应用，全球经济和社会治理模式正在发生深刻变革。OECD 指出，目前全球数字治理日趋碎片化、数字基础设施发展极不平衡，国际社会应推动以人为本的公平公正、包容开放的数字化转型，并就全球发展与稳定问题提出了相应的政策建议。[1]

（四）二十国集团

二十国集团（Group of 20，G20）最早是由八国集团财长会议于 1999 年倡议成立的。2008 年，国际金融危机爆发之后，G20 升格为领导人峰会，是全球最重要的政府间非正式交流机制。2009 年，匹兹堡峰会将 G20 确定为国际经济合作的主要论坛。G20 成员包括原 G8 成员与其他 12 个重要经济体，覆盖了世界主要发达国家和新兴经济体，对国际发展议程和全球治理议题具有重要影响。G20 是一个开放性平台，除政府外，全球商界（B20）、科学界（S20）、非政府组织（C20）以及智库（T20）等团体都可以共同参与。另外，联合国、世界银行（World Bank）、国际货币基金组织（International Monetary Fund，IMF）、世界贸易组织等机构也可以参与，具有广泛的包容性和代表性。在组织结构上，G20 并无常设的秘书处，每届主办国可设立临时秘书处带领临时班子协调集团事务和会议安排，也可成立相应的任务组或工作组商讨具体事务。峰会主席采取轮换制，一般由前任、现任、后任三个主席国构成的"三驾马车"负责协调峰会安排。

2015 年 11 月，二十国集团领导人峰会在土耳其安塔利亚举行，与会领导人认识到互联网经济给全球经济带来的机遇与挑战。2016 年，二十国集团决定探讨利用数字机遇，促进数字经济发展并推动全球经济包容性增长的路径，并首次将数字经济列入 G20 的发展议程中。作为"数字经济"议题主席国，2016 年 3 月，中国组织二十国集团成员、嘉宾国以及相关国际组织成立了 G20 数字经济工作组（Digital Economy Task Force），共同商讨数字经济发展议题。同年 9 月，大会领导人最终签署了关于数字经济发展的政策性文件——《G20 数字经济发展与合作倡议》。该倡议确定了创新、协同、

---

[1]　"Development Co-operation Report 2021 Shaping a Just Digital Transformation," *OECD ilibrary*, December 21, 2021, https://read.oecd-ilibrary.org/development/development-co-operation-report-2021_ce08832f-en#page501, accessed August 10, 2022.

灵活、包容的数字经济发展与合作原则,提出在互联网接入、信息通信技术投资、电子商务以及企业数字化转型等关键领域的合作,并提供相应的政策性支持以进一步释放数字经济的潜力。

杭州峰会之后,数字经济成为 G20 讨论的核心经济议题。2017 年,二十国集团汉堡峰会在德国举行,该峰会首次发起了数字经济部长会议,并成立了数字经济任务组(DETF),峰会要求各参与方要在数字经济和新工业革命领域进一步加强合作。2018 年,G20 峰会在阿根廷布宜诺斯艾利斯举行,峰会重点讨论了数字政府、数字性别鸿沟、基础设施部署和数字经济衡量指标问题,并建立了 G20 数字政策知识库大会,最终发布了《衡量数字经济的工具箱》(Toolkit for Measuring the Digital Economy)。[①] 2019 年,二十国集团大阪峰会发布了《关于贸易和数字经济的部长声明》与《G20 人工智能原则》,提出了以人为本的数字经济发展以及可信赖的人工智能国家政策和国际合作。2020 年,二十国集团第十五次峰会在沙特利雅得举行,大会主要讨论了互联互通、数字技术在应对新冠肺炎疫情大流行和促进经济活动连续性方面的作用,同时,可信人工智能与跨境数据流动议题也成为峰会的重要议题。2021 年 10 月,二十国集团领导人第十六次峰会在意大利首都罗马以线上线下相结合的方式举行,大会通过了《二十国集团领导人罗马峰会宣言》,着重强调了数字化红利的广泛共享,致力于协调各方打造有利、包容、开放、公平、非歧视的数字经济。

(五)亚太经合组织

1989 年 11 月,亚太经济合作会议首届部长级会议召开,标志着亚太经济合作组织的成立;1993 年 6 月,正式改名为亚太经济合作组织。亚太经合组织起初是为了协调成员国之间的经济合作与贸易投资关系,随着网络技术的发展,网络空间治理议题逐渐被纳入其架构中。相较于注重技术标准的多利益攸关方机制与注重网络安全和行为规范的政府间机制,亚太经合组织关于网络空间治理的重点在经济方面,其中,以电子商务和数据保护为代表。

2003 年,APEC 建立数据隐私小组(Data Privacy Subgroup);2004 年,

---

① "G20 Toolkit for Measuring the Digital Economy," *Organization for Economic Cooperation and Development* (*OECD*), November 2018, https://search.oecd.org/g20/summits/buenos-aires/g20-detf-toolkit.pdf, accessed August 10, 2022.

APEC 部长代表签署了该小组制定的亚太地区第一份规范跨境数据流动的文件——《APEC 隐私框架协议》。在美国的主导下,《APEC 隐私框架协议》基本上继承了 OECD《隐私指南》的基本原则,强调各成员应采取有效措施,最大程度上消除数据跨境流动的障碍。同时,该协议也最大程度地贴合美国偏好,即隐私保护主要依靠行业自律,强调避免各国法律对跨境数据流动进行限制,致力于建立以消费者信任为导向的隐私保护和技术信任体系。2012年, APEC 正式启动跨境隐私规则(Cross-Border Privacy Rules,CBPR)体系建设,为保障 CBPR 的约束力,特意在规则中引入了面向实践的问责代理机制。2015 年,亚太经合组织重新修订了《APEC 隐私框架协议》,创建了跨境隐私规则体系,期望在亚太地区建立符合美国预期的数据自由流动规则。

2022 年 4 月,美国、加拿大、新加坡等国以及中国台湾地区共同签署了《全球跨境隐私规则声明》(Global Cross-Border Privacy Rules Declaration),并成立了全球跨境隐私规则论坛(CBPR 论坛)。美国商务部部长雷蒙多(Gina M. Raimondo)表示,CBPR 论坛的宗旨是建立 CBPR 体系和处理者隐私识别(Privacy Recognition for Processors,PRP)的国际认证体系,并在全球范围内推广 CBPR 体系和 PRP 机制,此举意味着 APEC 框架下的 CBPR 体系已经从亚太地区走向全球。①

作为亚太地区最重要的经济合作组织,近年来,互联网经济议题也成为 APEC 的热点讨论对象。2014 年 11 月,APEC 会议在北京召开,与会领导人共同发布了《促进互联网经济合作倡议》(APEC Initiative of Cooperation to Promote Internet Economy)。该倡议指示官员和代表进一步推动成员国之间在发展互联网经济方面的合作,这也是 APEC 会议首次论及互联网经济议题。② 2015 年,APEC 特设指导小组来指导有关互联网经济问题的讨论,组织制定跨 APEC 工作计划,供高级官员批准并由部长和领导人审议。2017 年,APEC 通过《互联网和数字经济路线图》(APEC Internet and Digital Economy Roadmap),该路线图承诺加强数字基础设施建设、增强数字经济的可及性以及数字经济成果的共享等 11 项重点领域工作。③

---

① https://www.commerce.gov/global-cross-border-privacy-rules-declaration, accessed August 10, 2022.

② http://mddb.apec.org/Documents/2014/MM/AMM/14_amm_jms_anxf.pdf, accessed August 10, 2022.

③ http://mddb.apec.org/Documents/2017/SOM/CSOM/17_csom_006.pdf, accessed August 10, 2022.

2020 年 11 月,APEC 工商领导人中国论坛在北京召开,论坛主题是数字生产力,主要讨论了新经济合作模式的开辟和亚太地区的数字化转型。同时,APEC 领导人非正式会议通过了《2040 年亚太经合组织布特拉加亚愿景》,各方承诺将进一步培育由市场等因素驱动、有数字经济和创新支持的有利环境,加强数字基础设施建设,加快数字转型,消弭数字鸿沟,促进数据流动,加强数字交易中的消费者和商业信任。① 2021 年,APEC 第二十八次领导人非正式会议通过了《APEC 领导人宣言》,再次重申加强亚太地区数字基础设施建设,增强数字互联互通和数字包容性,鼓励新技术运用,努力构建开放、公平、包容的数字营商环境。②

(六)东南亚国家联盟

东南亚国家联盟于 1967 年成立,秘书处设在印度尼西亚首都雅加达。截至目前,东盟共拥有文莱、柬埔寨、印度尼西亚、老挝、马来西亚、菲律宾、新加坡、泰国、缅甸、越南 10 个正式成员国。东盟的宗旨是以平等协作的精神,共同促进联盟经济增长、社会进步和文化发展。从组织架构上看,东盟峰会是东盟的最高决策机构,就东盟所有重大问题作出决策,主席国由各国轮流担任。2022 年 11 月 11 日,东盟国家领导人在第 40 届和第 41 届东盟峰会上,原则上接纳东帝汶为第 11 个成员国,东帝汶将有权按规程参与东盟会议,包括峰会全体会议。此次峰会的主题是:"东盟:共同应对挑战",主要围绕东盟安全共同体、经济共同体和社会文化共同体三大支柱展开,其中,网络安全和数字经济发展成为此次会议讨论的重点。

长期以来,东盟各成员国通过一种名为"东盟方式"(ASEAN Way)的模式来处理相互关系,各成员国以《联合国宪章》倡导的主权平等原则为交往准则,避免在涉及各国主权问题上陷入争执,强调通过磋商和对话等非正式方式来进行合作,因此,相较于欧盟而言,东盟的组织架构较为松散。在"东盟方式"的制约下,东盟难以建立高效的治理架构,缺乏集体行动的能力,这也使得东盟框架下的治理机制进展缓慢。③

---

① http://www.gov.cn/xinwen/2020-11/21/content_5563135.htm, accessed August 10, 2022.
② http://www.mofcom. gov. cn/article/bnjg/202111/20211103217500. shtml, accessed August 10, 2022.
③ 陈寒溪:《"东盟方式"与东盟地区一体化》,《当代亚太》2002 年第 12 期。

东盟面临着较为严重的网络犯罪问题,尤其是本地区民族、宗教矛盾复杂,网络恐怖主义、宗教极端势力以及地区分离主义利用互联网制造事端,严重影响地区和平与安全,因而亟须相关机制进行处理。东盟框架下的网络犯罪治理始于20世纪90年代,负责处理网络安全问题的机制主要有东盟电信和信息技术部长会议(TELMIN)、东盟打击跨国犯罪部长级会议(AMMTC)。早在1999年,第2届东盟打击跨国犯罪部长级会议(AMMTC2)就通过了《东盟打击跨国犯罪行动计划》。2002年,东盟跨国犯罪高官会议(SOMTC)通过了实施该计划的工作方案,网络犯罪被正式列入联合打击范围。2011年,TELMIN会议发布了《东盟信息通信技术总体规划2015》,在东盟层面提出实施数据分享、信息基础设施保护以及网络安全筛查等预防网络犯罪的措施。2014年,SOMTC决定成立一个关于打击网络犯罪合作的工作组,以协调成员国之间的应对网络安全能力建设。2016年,首次东盟网络安全部长级会议在新加坡举行,该会议正式推出"东盟网络能力计划",用以应对各式各样的网络威胁,并提升成员国的网络能力。2018年,第32届东盟领导人新加坡峰会通过了《东盟领导人关于网络安全合作的声明》,表示未来东盟将在国际网络安全政策方面统一行动,尽量用一个声音说话。

虽然AMMTC在处理东盟地区跨国网络犯罪上取得了一系列成果,但是受限于"东盟方式"不干涉主权原则,东盟的合作对成员国并没有法律约束力,部分合作仅限于讨论共识、技术交流和多边对话,面对日益猖獗的网络犯罪,东盟明显缺乏相应的集体应对能力。[①] 相较于安全领域的高政治属性与浓厚的主权色彩,以数字技术和数字产业为代表的经济领域,成为东盟近年来汇聚共识、凝聚力量、协调行动的重点合作领域。

2015年11月,东盟发布《东盟信息通信技术总体规划2020》(AIM 2020),旨在促进东盟地区的数字经济发展,并确定了2016—2020年东盟信息通信技术的发展计划。2018年,东盟发布了《东盟数字一体化框架》(ASEAN Digital Integration Framework,DIF),致力于实现东盟地区的数字互联互通。依据该框架,东盟电子商务协调委员会(ACCEC)负责协调各方行动,推动各成员国在数字贸易与创新、数字支付、数字人才等六大中期重

---

① 杨新民、曾范敬:《中国东盟网络犯罪治理国际合作研究》,《湖南警察学院学报》2021年第1期。

点领域展开合作。为全面落实框架内容,东盟于 2019 年制定了《〈东盟数字一体化框架〉行动计划 2019—2025》(DIFAP),规划了各项行动的预期成果、完成时间和实施机构。2021 年 1 月,东盟首次召开数字部长会议(前身为东盟电信部长会议),正式启动《东盟数据总体规划 2025》(ADM 2025),着力提升东盟境内固定宽带与移动宽带等数字基础设施建设,将东盟建设成一个"由安全和变革性的数字服务、技术和生态系统所驱动的领先数字社区和经济体"。[1] 该次会议还批准了《东盟数据治理框架》(ASEAN Data Management Framework, DMF)以及《东盟跨境数据流动示范合同条款》(ASEAN Model Contractual Clauses for Cross Border Data Flows, MCCs),议定了数据跨境传输过程中个人数据保护的具体规则。

(七)非洲联盟

非洲联盟的前身是 1963 年成立的非洲统一组织。1999 年,非洲统一组织第四次特别首脑会议决通过了《锡尔特宣言》,决定成立非洲联盟。2002 年非盟举行第一届首脑会议,非盟正式取代非统。非盟是一个集政治、经济、军事于一体的综合性政治实体,几乎囊括了所有非洲国家,目前共有 55 个成员国。根据《非盟宪章》,非盟的目标是维护非洲国家的团结和统一,维护成员国的主权、领土完整和独立,加快非洲政治、社会和经济的一体化,推动各领域的泛非合作,维护非洲的共同利益和立场。从组织结构上看,首脑会议(The Assembly of the Union)是非盟的最高权力机构,决定联盟的发展方向和重大决策。执行理事会(The Executive Council)由各成员国外长或指定部长组成,负责落实和监督首脑会议制定的政策。非盟的常设机构是非盟委员会(The Commission),负责处理非盟的日常事务。另有泛非议会(Pan-African Parliament)履行咨询、建议和预算监督职能。[2]

长期以来,非洲在网络空间治理和网络安全区域和全球论坛中的参与度相对较低,一方面,由于非洲缺乏相关互联网技术和产业,对互联网经济的认识有限;另一方面,在非洲国家和区域一级缺乏网络空间治理和网络安全进程的资源。不仅如此,各成员国对网络威胁的认识、理解以及应对能力

[1] http://dmxxg.gxzf.gov.cn/zwgk/ghjh/t10691726.shtml, accessed August 10, 2022.
[2] https://au.int/, accessed August 10, 2022.

千差万别。随着越来越多的非洲国家接入互联网,与网络安全和网络犯罪有关的问题正在出现,对国家、地区的和平与安全构成威胁。

基于此,2012年,非洲联盟通信和信息技术部长会议(CITMC-4)第四届常务会议要求成员国支持建立国家层面的 IGF,在所有利益攸关方之间就 ICT 问题开展对话,并促进各国积极参与区域、非洲以及全球的 IGF 进程。2013年1月,非盟首脑会议通过《2063年议程》,提出了未来五十年非盟建设的七大愿景。2014年,非盟第23届首脑会议通过了《网络安全和个人数据保护公约》(African Union Convention on Cyber Security and Personal Data Protection,即《马拉博公约》)。该公约旨在通过基本的安全规则,建立一个可靠的数字环境以应对伴随信息通信技术发展带来的网络安全问题,并促进非洲的数字转型。[①] 值得注意的是,非洲个人数据保护立法实践更多地吸取了欧洲的立法实践,不仅是部分非洲国家效法欧盟构建了本国个人数据保护法律制度,"非盟和非洲区域经济共同体的硬法和软法机制也在回应欧盟的法律框架"。[②]

除了网络安全领域的规划和立法,非盟还组建了相应的专家组,网络安全治理进一步机制化。2016年9月16日,非洲联盟信息通信技术专门技术委员会第一届特别会议在马里共和国的巴马科举行,大会向非盟立法机构提交了《非盟互联网治理宣言》(the AU Declaration on Internet Governance),呼吁成员国合作应对网络安全和网络犯罪问题。2018年1月,非盟执行理事会第32届常务会议通过了《关于互联网治理和非洲数字经济发展的宣言》,并建立了非洲联盟网络安全专家组(African Union Cybersecurity Expert Group, AUCSEG)。AUCSEG 于2019年12月在非盟总部召开了第一次会议,讨论非洲大陆面临的网络安全问题及其挑战。该专家组由代表非洲五个次区域的十个专家代表组成,专家组的主要任务是:在网络安全问题和政策方面为非洲联盟委员会(AUC)提供咨询;确定支持计算机应急响应组织建立和发展的方法;开发非盟成员国和利益相关方在网络安全方面密切合作的方法;提出建设信息通信技术安全和正确使用能力和技能的方法;支

---

① "African Union Convention on Cyber Security and Personal Data Protection," *AU*, June 27, 2014, https://au.int/sites/default/files/treaties/29560-treaty-0048_-_african_union_convention_on_cyber_security_and_personal_data_protection_e.pdf, accessed August 10, 2022.

② 刘鹏:《非洲个人数据保护立法稳步推进》(2022年8月19日),中国社会科学网,http://ex.cssn.cn/zx/bwyc/202208/t20220819_5471539.shtml,最后浏览日期:2023年8月22日。

持非盟建立非洲在网络安全相关国际进程中的地位等。①

除在安全问题上,数字经济议题也是非洲参与全球网络空间治理的重要组成部分。2015 年,非盟特别峰会制定了 2063 议程的第一个十年规划(2014—2023),特别列出了包括建设泛非电子网络的一系列"旗舰项目",期望借助信息通信技术革命促进非洲数字经济的发展。② 2020 年,非盟通过《非洲数字化转型战略 2020—2030》[The Digital Transformation Strategy for Africa(2020-2030)],该战略的总体目标是:利用数字技术和创新改造非洲社会和经济,以促进非洲一体化,实现包容性经济增长,刺激创造就业,打破数字鸿沟和消除贫困,促进非洲大陆的社会经济发展并确保非洲拥有现代数字管理工具,力争到 2030 年在非洲建立一个安全的数字单一市场(DSM)以及综合性和包容性共存的数字经济与社会。③ 作为重要的发展中经济体,近年来,中非在数字领域的合作愈发密切。2020 年 12 月,中国与非洲联盟签署了《中华人民共和国政府与非洲联盟关于共同推进"一带一路"建设的合作规划》,有效地推动共建"一带一路"倡议同非盟《2063 年议程》的深度对接,未来,双方将在大数据、云计算、人工智能以及数字经济领域展开进一步合作。

(八)上海合作组织

上海合作组织是由哈萨克斯坦、中华人民共和国、吉尔吉斯斯坦、俄罗斯联邦、塔吉克斯坦、乌兹别克斯坦等国于 2001 年在中国上海成立的永久性政府间国际组织。上海合作组织的前身是 1996 年建立的上海五国会晤机制,该机制最初的任务是商讨解决各成员国之间边界问题,目前,上合组织已经发展成包含政治、经济、安全、社会等各方面内容的综合性国际组织。2017 年,印度和巴基斯坦正式成为上合组织成员。2022年,上合组织元首理事会第二十二次会议签署《上海合作组织成员国元首

---

① https://au.int/en/pressreleases/20191212/african-union-cybersecurity-expert-group-holds-its-first-inaugural-meeting, accessed August 10, 2022.

② "Agenda 2063: The Africa We Want(Popular version)," *AU*, June 10, 2013, https://au.int/sites/default/files/documents/36204-doc-agenda2063_popular_version_en.pdf, accessed August 10, 2022.

③ "The Digital Transformation Strategy for Africa(2020—2030)," *AU*, May 18, 2020, https://au.int/sites/default/files/documents/38507-doc-dts-english.pdf, accessed August 10, 2022.

理事会撒马尔罕宣言》,同意伊朗加入上合组织的义务的备忘录,并正式启动接收白俄罗斯成为成员国的法定程序,上合组织的影响力和规模将进一步扩大。

上合组织成立之初主要是为了解决各成员国之间的边界争端,随着各成员国之间边界问题的彻底解决,上合组织的重点转向安全合作,尤其是共同打击恐怖主义、分裂主义和极端主义,从而维护地区和平、安全与稳定。随着世界政治经济形势的发展,非传统安全问题越来越成为上合组织的合作重点,尤其是信息与网络安全问题。2005 年,上合组织阿斯塔纳峰会提出要防范信息恐怖主义,由此开启了上合组织信息安全合作的历程。2006年,上合组织上海峰会发表《上海合作组织成员国元首关于国际信息安全的声明》,重申了信息通信技术对国际安全和国际体系稳定的重要性,决定建立上合组织成员国国际信息安全专家组,以制定国际信息安全行动计划,并明确在组织框架内全面解决国际信息安全问题的各种途径和方法。2009年,上合组织签署了《上合组织成员国保障国际信息安全政府间合作协定》,决定各方将在国际信息安全问题上进一步加深信任、加强合作,致力于遏制国际信息安全威胁,构建和平、合作、和谐的国际信息环境。此次会议还制定了国际信息安全领域的威胁种类及其根源和特征清单。[1]

上合组织在信息安全领域的合作始终以《联合国宪章》为宗旨,强调联合国在国际信息安全合作上的作用,遵循主权平等合作原则,坚持国家作为信息国际安全合作的主体地位以及国家管理互联网的主权权利。2011年 9 月,上合组织成员国向联合国秘书长提交了《信息安全国家行为准则》,强调各国不应利用包括网络在内的信息通信技术实施敌对行为、侵略行径及制造对国际和平与安全的威胁,呼吁建立多边、透明和民主的互联网国际管理机制。2013 年 9 月,上合组织第十三次元首比什凯克峰会明确提出,以尊重国家主权、不干涉内政为原则构建和平、安全、公正、开放的信息空间,反对将信息通信技术用于危害成员国政治、经济和公共安全的目的,主张制定统一的信息空间国家行为准则。[2] 2014 年,《上海合作组织成员国元首杜尚别宣言》进一步强调了所有国家平等管理互联网的权利,支持各国管理和保障各自互联网安全的主权权利。[3] 2020 年,上合组织莫斯

---

[1]　https://www.doj.gov.hk/sc/external/pdf/lawdoc/127.pdf, accessed August 10, 2022.

[2]　http://www.gov.cn/jrzg/2013-09/13/content_2488272.htm, accessed August 10, 2022.

[3]　http://www.xinhuanet.com/world/2014-09/13/c_126981562.htm, accessed August 10, 2022.

科峰会发表《上海合作组织成员国元首理事会关于保障国际信息安全领域合作的声明》,该声明重申联合国在应对国际信息安全威胁方面具有关键作用,支持联合国就制定信息空间负责任行为规则、准则和原则开展工作,呼吁国际社会在信息领域紧密协作,共同构建网络空间命运共同体。① 为积极落实以上元首峰会所达成的共识,自 2015 年起,上合组织开始定期举行网络反恐演习,强化成员国之间打击网络恐怖主义的合作能力。自此,上合组织的信息安全合作由理念正式转为具体行动,有效地维护了地区安全和稳定。

上合组织的合作并不仅仅局限在安全领域,随着大数据、人工智能等新技术的发展和全球经济社会数字化进程的加速,数字技术与数字经济发展成为上合组织合作的重要支撑领域。上合组织很早就认识到科技创新对全球经济增长和可持续发展的重要意义,并依据《上海合作组织宪章》原则持续加强科技创新领域的合作。2010 年 5 月,上合组织成员国科技合作常设工作组成立,该工作组隶属上合组织成员国科技部部长会议,其任务是就扩大本组织框架内多边科技合作提出建议,完善条约的法律基础。2013 年,上合组织发布《上合组织成员国政府间科学技术合作协定》,决定优先发展各成员国感兴趣的创新合作计划和项目,讨论制定上合组织科技伙伴计划。2018 年,上合组织成员国共同批准了《上合组织成员国 2019—2020 年科研机构合作务实措施计划(路线图)》,加强彼此间的科技和创新合作。2019 年 6 月,比什凯克会议通过的《上合组织成员国关于数字化和信息通信技术领域合作的构想》和 2020 年 11 月莫斯科会议通过的《上海合作组织成员国元首理事会关于数字经济领域合作的声明》,重申了数字化转型对经济发展的重要作用,着重强化成员国之间的数字互联互通,提升上合组织成员国的技术竞争力,增进经济和社会福祉。② 2022 年 9 月,上合组织在乌兹别克斯坦举行元首理事会会议并发表了《上海合作组织成员国元首理事会撒马尔罕宣言》,要求各成员国继续加强数字经济领域的合作,支持数字技术发展,强化各国主管部门在数字素养领域的合作,以消除数字鸿沟。③

---

① http://www.gov.cn/xinwen/2020-11/11/content_5560424.htm, accessed August 10, 2022.

② http://www.gov.cn/xinwen/2020-11/11/content_5560426.htm, accessed August 10, 2022.

③ https://www.mfa.gov.cn/web/ziliao_674904/1179_674909/202209/t20220917_10767328.shtml, accessed August 10, 2022.

（九）欧盟

欧洲在网络技术研发上跟随美国步伐。1967年,互联网的前身阿帕网在美国问世,五年后,法国推出了类似的网络系统CYCLADES。1981年,法国公司Telecom便在法全境部署了Minitle网络。20世纪七八十年代的互联网是一个封闭的网络,安全性并不是其面临的主要问题。随着互联网的应用范围和用户规模不断扩大,安全问题才成为网络空间治理议题中的重点,也成了欧盟框架下网络空间治理的主要内容。

从欧盟网络安全的整体架构上来看,欧盟委员会下的通信网络、内容和技术总司(CNECT),部长理事会下的交通、电信和能源理事会(TTE),欧洲议会下的工业、研究和能源委员会是欧盟网络安全的最高层级决策机构。欧盟"外交部"——欧洲对外行动署(EEAS)专职负责欧盟的安全与防务政策,包括欧盟的网络外交、网络安全事务与相关国际合作等。同时,欧洲网络与信息安全局(ENISA)、欧洲打击网络犯罪中心(SC3)与欧盟网络应急响应小组(EU-CERT)分掌欧洲网络安全的具体职能。除了欧盟层面的网络安全机制,欧盟成员国也有自身的网络安全治理机构,共同组成了欧洲的网络安全治理体系。

近年来,欧盟出台了多项关于网络领域的政策文件,主要议题涵盖网络安全、数据保护与数字经济发展。2017年,欧盟委员会制定了《大规模跨国网络安全事件协调应对计划》,建立了综合政策威胁响应机制(IPCR)、ARGUS机制、CSIRTs网络机制、欧盟对外行动署威胁响应机制以及国家应急响应机制五大机制,构建了自上而下的完备的网络应急响应体系。2019年,欧洲议会和欧盟理事会通过了《网络安全法案》,强化了欧盟网络安全顶层设计。此法案扩大了欧洲网络与信息安全局的权限,建立了完善的网络安全结构,增强了欧盟对数字技术的掌控和对网络安全风险的防控能力,并承诺在网络安全技术研发方面强化资金和政策支持力度。

欧盟网络空间治理的另一个重点是跨境数据领域。2018年,欧盟通过《通用数据保护条例》构建了一套最为严格的数据保护体系。该法案将数据视作基本人权,设立了数据保护官制度,并在一定程度上拓展了欧盟的域外管辖权。基于此,所有涉及处理欧盟境内个人数据的企业都得遵守GDPR的规定,否则,将面临最高达企业全球年营业收入4%的罚款。经济议题也是欧盟参与网络空间治理的重要组成部分。2020年,欧盟出台了《欧洲数据战略》,着力解决互联互通、数据处理等问题,同时,积极构建欧盟单一市场,增加数据和数字化产品的需求和应用,以提升欧盟在全球数字经济中的地位。2021年,欧委会发布《2030数字罗盘:欧洲数字十年之路》,致力于使欧盟摆脱对中美大型科技公司的依赖,实现数字主权,强调构建欧盟数字社会,增强欧洲的数字竞争力,努力将欧洲打造成数字经济的一极。

五、全球网络空间治理的其他机构

近年来,由"治理"一词产生的浪潮席卷了全球大多数议题和领域,在网络空间,越来越多的国际治理组织和治理论坛随之出现。相对于联合国框架下的治理机构或已存在的组织机制,这些边缘性的组织除了汇聚各方意见外,很难对全球网络空间治理进程产生实质性影响。特将其罗列在表4-4中。

表4-4　全球网络空间治理的其他机构

美国旧金山信息安全大会(RSA Conference)	1991年成立,大会旨在促进全球信息安全建设,专注于信息安全产业发展,被视为全球信息安全领域的风向标。会议以商业组织为主导,但历次会议美国政府官员都会出席
网络观察基金会	1996年成立,总部设在英国剑桥,负责监督互联网上的有害(尤其是针对儿童)信息并汇总
网络自由特别工作组	2006年由美国国务院倡导成立,是美国国务院互联网自由政策协调和外联机构。主要任务是通过在国际上传播政策、人权、民主化、商业、企业社会责任以及学科专业知识来处理互联网自由问题
全球互联网治理学术网络	该网络由从事WSIS、WGIG和IGF进程的学者于2006年建立,旨在将互联网治理确立为一个研究领域,支持互联网治理的多学科研究,参与并促进学者与互联网治理利益攸关方就政策问题和相关事项进行对话,成员多是来自不同学科和地区的研究人员

全球网络倡议	2008 年由跨国公司、非营利组织与相关大学联合发起,该组织的理念是"言论自由与隐私原则",宗旨是反对互联网审查与保护个人隐私
国际网络安全保护联盟	2011 年在英国政府支持下成立的非营利组织。该组织致力于整合国际商业团体、法律执行机构以及各国政府的力量,通过国际网络信息共享机制,提升打击网络犯罪的国际执法能力,保护企业和消费者免受网络犯罪活动侵害
NET mundial	2014 年 4 月在巴西圣保罗成立,是一场按照多利益攸关方原则组织的会议,并于 11 月启动 NET mundial Initiative,作为一个开源平台和共享公共资源,为任何非技术问题上的援助呼吁提供帮助
日内瓦互联网平台	由瑞士联邦外交部(FDFA)和联邦通信办公室(OFCOM)于 2014 年发起,旨在为数字政策辩论提供一个中立和包容的空间。日内瓦互联网平台同时致力于加强小国和发展中国家在日内瓦数字政策进程中的参与,并支持日内瓦机构的数字政策倡议
全球互联网治理联盟(GIGAC)	由 ICANN、巴西互联网指导委员会和世界经济论坛联合发起,2015 年,联盟委员会成员完成选举。该联盟是一个开放性的线上互联网治理解决方案讨论平台,旨在提供互联网问题解决方案
全球网络空间稳定委员会	2017 年 2 月在慕尼黑安全会议上首次出现,成员多由网络空间领袖人物组成,其主要资助人是荷兰政府,委员会秘书处设在荷兰海牙战略研究中心与美国东西方研究所。该委员会相对较封闭,其运行方式不对外开放
数字日内瓦公约倡议	2017 年 2 月,微软高级代表布拉德·史密斯(Brad Smith)在旧金山举行的 RSA 会议上呼吁制定"数字日内瓦公约"。与 1949 年达成的《日内瓦公约》致力于在战争时代保护平民的目的相似,"日内瓦数字公约"旨在保护互联网中的弱势群体
全球互联网反恐论坛(GIFCT)	该论坛是由 Facebook、微软、Twitter 和 YouTube 于 2017 年成立的非政府组织,旨在促进成员公司之间的技术合作,防止恐怖分子和暴力极端分子利用数字平台,推进相关研究,并与较小的平台分享知识

目前,以多利益攸关方为主导的全球网络空间治理机制的数量正在逐渐增加,各方团体围绕网络空间治理的理念、原则、规范和规则纷纷提出自身观点,虽然增加了全球网络空间治理的合法性和代表性,但也降低了全球网络空间治理的效率,从而导致绝大部分治理机制沦为各方发表意见的"空谈馆"。产生这种现象最根本的原因是,相较于国家行为体和大型企业,社会团体以及技术社团潜在的资源和实力难以与前者相抗衡,在国家主义回归的全球大背景下,后者很难改变国家的行为偏好,以至于并不具备实际的行动能力。从另一角度来说,治理机制数量的增加恰恰是其治理能力下降的体现。

此外,越来越多的既有机制,尤其是政府间多边机制正在逐步将网络空间治理内容,特别是网络安全与数字经济发展纳入自身议程中,既凸显了网络空间治理在目前国际政治经济环境中的重要性,也反映甚至加剧了全球网络空间治理规则的碎片化。与其将这些地区性的政府间多边治理机制看作互联网"全球"治理进程的组成部分,倒不如说这些网络空间治理的"区域实力派"正在逐步侵蚀网络空间治理的全球性内涵。理应作为全球网络空间治理的当然主体——联合国在这种侵蚀下几乎陷入停摆状态。在联合国架构中,各主要国家围绕网络空间治理中国家的地位、行为规范以及网络空间军事化问题分歧严重,已逐渐将联合国变成地缘斗争的舞台,短期内,围绕网络空间治理议题的大国博弈可能进一步加剧。

思考题

一、简述全球网络空间治理机制的演进历程及趋势。

二、分别介绍多利益攸关方、联合国、政府间多边组织这三种主要的全球网络空间治理机制中的代表性机制。

三、思考多利益攸关方、联合国、政府间多边组织这三种主要机制治理模式之间的差异。

第五章　全球网络空间治理体系中的国家行为体

　　全球网络空间治理中的国家作用的必要性来源于网络空间日益增长的国家利益,同时,是国家而非无政府社会为互联网的良好运作提供着必需的公共产品,互联网及相关公司的成功依赖于其所依托国家的内部稳定。虽然网络空间具有开放性、虚拟性、异质性、不确定性和无国界性的特征,但并不代表国家无法实施有效的治理。政府参与全球网络空间治理体系的形式有多种,除了直接利用公共政策制定等方式外,还可以委托代理。行动者网络理论把这种现象称为"政权代理"。在政府很难直接对一些网络事务进行干预的情况下,如进行网络监管、审查信息内容、阻止违法信息或者获取用户信息等,政府可以依赖于私营企业,委托搜索引擎公司移除违法有害网站的链接,要求互联网服务提供商依照法律条例或政治原因删除其用户个人信息等。网络空间治理的多方利益主体参与以及政府监管代理化并非意味着国家在网络空间治理中的力量日渐弱化。任何人类活动都必须接受国家管制,与互联网相关的活动自然也必须接受国家管制。

　　国家是全球网络空间治理体系中重要的行为体,深度参与互联网发展的各个阶段并在不同程度上起到引导、规制或监管作用。尤其是美国、欧盟、中国和俄罗斯这四个国家和地区,不仅是全球治理中的重要参与者,也是网络空间治理中不可忽视的重要行为体。因此,对中国、美国、俄罗斯与欧盟这4个重要行为体的网络治理理念、实践及其在全球治理体系中的角色进行分析,有利于进一步厘清各行为体之间的互动逻辑,以及各方参与全球网络空间治理体系的动因。为此,本章的主要内容由三部分组成:首先,对各主体的互联网发展阶段进行梳理,通过定位国家角色、战略目标与政策选择,来透视与归纳各方网络空间治理的理念特色;其次,列举各主体在网络空间治理中的重要实践并分析其治理模式;最后,由国内网络空间治理转向国际,剖析国家行为体参与全球网络空间治理的历史与现状,明确各主体在全球网络空间治理体系中的角色。

一、全球网络空间治理中的大国责任

(一)大国责任与大国界定

在无政府状态的国际社会,缺乏一个界定国际权利、责任和义务的统一权威机构。这种无政府状态和主权原则的结合,在很大程度上决定了国家对国际责任的自我界定。然而,不可否认的是,自威斯特伐利亚体系建立以来,大国始终是无政府国际社会的实际主宰者,大国责任也是维系国际秩序有效运转的原则和保障。

2005 年,时任美国副国务卿的佐利克(Robert Zoellick)提出了负责任的利益攸关方的概念。而后,立足于权力与责任视角的关于国家的国际责任的探讨愈发激烈,大国责任的理念遂逐渐被政界、学界、媒体等引入,尤其是中国的大国责任更成为各方关注的焦点。对于大国责任的理解,目前学界并没有统一的定义,它也不是一个具体、严谨的概念,而是国际社会对大国所提出的精神认同与道义诉求,或者说是一种社会建构。门洪华认为,大国是在某一区域内或世界范围内有较广泛的国外政治、经济和战略利益,拥有足够的综合国力来维护这些利益的国家。[1] 大国责任并不是随着国家实力的增长而逐渐积累的。大国责任如同其他许多国际现象那样,首先来自国际社会成员互动而形成的共有观念。大国责任强调的是国际社会的主要行为体在应对全球问题上的职责。由于国际行为体在长期互动中逐渐产生了相互依存、共同命运和同质性等认识,其身份和利益建构也正逐步摆脱敌对和对抗的困境,走向以朋友、利益攸关方为特征的新的身份,这些新的身份和利益反过来也建构着新的国际体系文化,因而带来了大国责任观念的逐渐形成。[2]

---

① 门洪华:《大国崛起与国际秩序》,《国际政治研究》2004 年第 2 期。
② 刘杨钺:《现实建构主义视野下的大国责任》,《国际论坛》2009 年第 5 期。

　　大国责任的内涵包括一个大国对国际社会所应负的政治、经济、安全、道义等方面的责任,它是指在力所能及的范围内,一个国家对国际社会所作的贡献。传统主权意义上的国家责任是对内的,责任对象是管辖范围内的社会成员。蕾娜特·梅恩茨(Renate Mayntz)认为,国家责任包括:管理特定的社会与其他社会之间的关系;管理社会内部个人与个人之间、集体与集体之间的关系;向政治—行政体系提供所需要的资源;为了满足公共需要而提供公共服务;引导社会发展以实现特定的目标。[①] 大国责任不同于传统政治理论中的国家责任,因为大国责任不仅是一种内向型的责任,更是一种外向型的责任,如处理自身社会与其他社会之间的关系,甚至处理其他社会之间的多方面关系。

　　在不同的历史时期,有不同的大国,因而也存在着不同的大国标准。传统意义上的大国土地辽阔,人口众多,资源丰富,与小国相比,具有生存能力强、战争潜力雄厚、回旋余地大等有利条件。乔治·莫德尔斯基(George Modelski)认为,大国"必须能够发动一场霸权战争"。[②] 兰克(Leopold von Ranke)认为,大国"有能力对付其他任何国家甚至是其他国家的联盟"。[③] 马丁·怀特(Martin Wight)认为,"大国是指具有普遍利益的国家,其利益范围等同于国家体系本身"。[④] 上述定义分别从军事实力、政治力量和国家利益去界定大国,勾勒出了大国的总体轮廓。一般来说,这是对大国的传统定义方式。

　　但是,这并不是大国的全部含义。大国身份是在国家互动中形成的角色认知。彼得·卡赞斯坦(Peter Katzenstein)认为,国家身份有两种基本形式,即固有身份(至少与既定的社会结构有关)和关系身份(由社会结构中的关系确定),也叫内在身份与相关身份。[⑤] 这与温特(Alexander Wendt)在其论文《集体身份的形成与国际国家》中区分的国家的团体身份和社会身份有所类似。团体身份是指构成国家行为体个性的内在品质,根源于国内政治,这种身份具有物质基础,对国家来说就是指国民与领土;社会身份是

① Renate Mayntz, *Sociologia Dell'amministrazione Pubblica*, Il Mulino, 1982, pp.62–63.
② 郭树勇:《大国成长的逻辑:西方大国崛起的国际政治社会学分析》,北京大学出版社 2006 年版,第 3 页。
③ 同上书,第 4 页。
④ 刘飞涛:《权力、责任和大国认同》,《太平洋学报》2004 年第 12 期。
⑤ Peter J. Katzenstein, ed., *The Culture of National Security: Norms and Identity in World Politics*, Columbia University Press, 1996, p.6.

指国家行为体在与他者互动过程中形成的一种相对于他者的社会角色认知,是由与其他行为体的关系决定的,它总是存在于互动的进程中,存在于国家互动中形成的某种共有观念之中。① 显然,大国地位是一种国家互动中的相关身份和社会身份。正如国内学者秦亚青所认为的,"国际身份指一个国家相对于国际社会的角色。具体而言,国际身份是一个现代意义上的主权国家与国际社会的认同程度"。②

换言之,大国地位并非仅仅来自自身的绝对权力,它还来自国际社会的认同,包括大国群体认同、大国自我认同和来自其他国家的外部认同。所谓大国群体认同,是指大国俱乐部成员之间依据权力和责任而进行的相互肯定,即互相承认或默认对方的大国身份和地位;所谓大国自我认同,是指一个大国的自我意识,即依据自身的权力和责任自我肯定大国的身份和地位;所谓来自其他国家的外部认同,指的是大国凭借其权力以及对待国际义务和国际责任的态度而赢得的其他国家的地位认同。③ 根据建构主义理论,在国际社会中,国际身份建构国家利益的方向和价值判断,进而建构了国际责任。因此,大国地位就决定了大国责任的同时存在。

大国资格通常由实力、利益存在范围、被承认的国际特殊权利、被承认的国际特殊身份构成,而不是仅由实力(或者加上利益存在范围)构成。英国学者赫德利·布尔(Hedley Bull)认为,由于国际社会中的各国在权力上不平等,大国在享有特权的同时也承担着维护国际秩序的管理性责任和义务。他认为,"大国是这样的国家:它们被其他国家承认为、并被它们本国的领导人和民众设想为具有某些特殊的权利和义务"。④ 我国学者郭树勇认为,大国根本上不在面积、经济实力之大,而是来自一个国家的国际威信、世界贡献与特殊责任。特殊责任主要是指一个大国超出一般国家利益与责任范围之外的国际义务。⑤

大国不一定是网络大国,网络大国也不一定是大国,虽然二者有诸多重

---

① [美]亚历山大·温特:《国际政治的社会理论》,秦亚青译,上海人民出版社 2000 年版,第282 页。

② 秦亚青:《国家身份、战略文化和安全利益——关于中国与国际社会关系的三个假设》,《世界经济与政治》2003 年第 1 期。

③ 刘飞涛:《权力、责任和大国认同》,《太平洋学报》2004 年第 12 期。

④ Hedley Bull, *The Anarchical Society: A Study of Order in World Politics*, Peking University Press, 2007, p.202.

⑤ 郭树勇:《论和平发展进程中的中国大国形象》,《毛泽东邓小平理论研究》2005 年第 11 期。

合。网络大国应该同时具备一定的网络市场和网民规模、网络行动能力（网络技术能力）以及在网络空间的国际影响力等因素。从这个意义上看，美国、中国、俄罗斯显然都是网络大国，也是传统意义上的大国。但也存在一些国家，虽然网络规模并不很大，却有着巨大的网络空间国际影响力。例如，爱沙尼亚不仅是第一场国家层次的网络战争的发生地，也是北约卓越合作网络防御中心的所在地，而且数十名法律专家为北约撰写的网络战手册也是以其首都命名，即《塔林手册》。当然，本章主要还是探讨传统大国在网络空间治理中的大国责任。

（二）网络空间治理作为大国责任的理由

客观地讲，网络空间的任何一个参与者都对其治理负有一份责任，因为网络空间是共享的，网络空间秩序是共建的，大家都有责任来维护网络空间的繁荣和秩序。但是，不同行为体的能力有大小，所能承担的责任是有区别的。"大国与小国不一样，小国没有足够的能力也不必坚持自己的独立自主性，大国必须担负特殊的国际义务。它是国际社会的轴心力量，必须具备指引性的、有定见的、能够挽大厦于将倾的力量。它必须具有战略意志以及将这些战略意志上升为国际意志的力量，再把国际意志作为整个国际化的核心原则，必须具有足够的自主性来保卫国际社会的核心原则。"[①]

迄今，网络空间还是一个全球共享的公共领域，其价值和意义主要在于其全球共享性。这就决定网络空间的治理超越了任何一个国家或主体可以操纵的能力范围。然而，大国也有必要在网络空间治理中发挥核心和主导作用。英国学者哈特（Herbert L. Hart）将责任划分为四类：地位责任、原因责任、义务责任和能力责任。[②] 无论从哪个角度看，有效的网络空间治理都离不开大国责任。

首先，从利益的角度来看，国家比其他行为体有网络空间治理的优先责任。虽然网络独立于政府管控外的网络空间自治论主宰了互联网诞生后的头 25 年，但随着网络技术的逐步成熟，其在社会各领域的重要性以及对国家的战略意义上升，网络空间必将不再是自由的乌托邦或者技术精英眼中

---

① 　郭树勇：《论和平发展进程中的中国大国形象》，《毛泽东邓小平理论研究》2005 年第 11 期。
② 　［英］H. L. A. 哈特：《惩罚与责任》，王勇、张志铭、方蕾译，华夏出版社 1989 年版，第 201—219 页。

纯粹的开放的公共空间,国家必将成为网络空间治理中最重要的利益攸关方。而对全球网络空间治理的参与乃至成为其中的主导者来说,网络空间则是实现国家利益的必然选择。

大国责任与国家利益是相辅相成的。履行更大的责任,是为了国家利益的最大化和长久化。美国学者把国家利益分为三个层次:一是国家的核心利益,即保卫其领土和人民;二是建立和维护有利于该国的世界秩序;三是向外输出该国的价值观念。① 网络空间的利益与这三个层次的国家利益都已密不可分。因此,阎学通教授在《中国国家利益分析》一书中认为,国家责任应包含在国家利益之中,提出了"对国际事务承担更多的责任,的确已成为中国的重要利益"的观点。② 中国提出的网络强国的目标说明,中国的国际身份正在由一个注重经济利益和传统安全利益的独善其身的发展中国家,成为一个注重发展物理空间和网络空间的兼济天下的负责任大国。

其次,从能力来看,大国比小国有网络空间治理的优先责任。自威斯特伐利亚体系建立以来,大国责任也是维系国际秩序有效运转的原则和保障。赫德利·布尔指出,在无政府状态的国际关系中,国家拥有权力,就要负相应的责任。大国之所以成为大国,就是因为他们承担了其负有的特殊国际责任,仅有硬实力的强大还不能称为真正意义上的大国,大国有义务去促进国际平等、维持均势和维护秩序等。

大国责任在网络空间治理中尤为重要。网络空间治理不仅仅依靠法规或者契约就可以达成,还需要坚实的信息技术作为后盾。信息技术的高固定成本与低边际收益,使得大国无论在技术、资金还是规范方面都远非小国能比,这也使得"搭便车"现象在网络空间表现得非常突出。这从当前拥有网络核心技术自主知识产权的国家数目寥寥无几可见一斑。

最后,从治理效果看,大国责任以及在大国责任意识下的大国合作和协调可以带来网络空间治理的最佳效果。由于大国不仅有各自主权的内在权威性和合法性,而且有着控制资源方面的巨大优势,大国合作与协调往往有着较为明显的成效,并最终有可能促成相关国际条约、协定的达成。由于网络空间已经成为任何一个大国的重要国家利益空间,因此,缺乏大国参与和合作的国际或全球网络空间治理都不可能达到成效。

---

① John T. Rourke, *International Politics on the World Stage: The Menu for Choice*, W. H. Freeman and Company, 1992, pp.87–188.
② 阎学通:《中国国家利益分析》,天津人民出版社 1997 年版,第 208 页。

大国责任与目前主导的网络空间治理的多利益攸关方模式并不矛盾。虽然这一模式强调民族国家、全球市场、全球社会多主体多层次参与网络空间的全球治理,它并未排斥大国在其中的特殊重要作用。多利益攸关方模式在理论上是美好的,但在实际操作中有困难。问题是:一群相互依存的行为体如何把自己组织起来进行自主性治理,并通过自主性努力以克服"搭便车"现象、回避责任或机会主义诱惑,以取得持久性共同利益的实现。同时,大国责任意识下的网络空间大国合作与协调并不排除多利益攸关方模式中其他行为体的作用和监督。网络空间的大国责任与其他领域的大国责任不同的是,在网络空间,大国责任可以随时接受网民和其他治理行为体的监督,同时,这些行为体也可以通过网络随时表达自己的利益需求,因此,网络空间的大国责任是一种结合了公民自治并和多利益攸关方相融的大国责任。

目前,网络空间治理模式的争论中还有两种观点。一种观点是以非政府组织为主体的治理模式。非政府组织的网络治理特征不仅具有很大的灵活性与伸缩性,还能很快地适应具体情况的变化而作出反应。但非政府组织的活动由于存在着组织上的分散性、网络内权威性的不足以及对资金、技术等因素有较大的依赖性等弊病,要承担更大的全球治理责任还有很长的一段路要走。[①] 另一种观点是有限领域治理模式,即以国际组织为主体的代表性治理模式,如联合国主导的网络空间治理机制建议。但是由于受其治理主体——国际组织自身条件的限制,有限领域治理模式在全球网络空间治理过程中的有效性同样受到很多局限。在资源方面,国际组织的主要资金收入来源受限于主权国家,而且没有坚实的技术支撑,这就使其在对主权国家进行网络空间协调、管理与制约时常存在资源危机。在管理方面,机构庞杂、制度混乱等问题造成国际组织的治理效率下降。此外,大量的决议、宣言等文件在具体执行时困难重重,一方面是没有强制力,另一方面是当触及主要成员国和大国的利益时,经常会遭到强烈反对。[②] 因此,在很大程度上,国际组织的有限领域治理存在一定的局限性,它也离不开大国合作与协调。换言之,缺乏大国责任的网络空间治理模式都不可能长久有效。

---

① 吕晓莉:《全球治理:模式比较与现实选择》,《现代国际关系》2005 年第 3 期。
② 同上。

（三）网络空间治理的大国责任的内涵

"大国责任"同"国际责任"一样,认定或定义可来源于三个方面,即国际法定义、自我定义及他方定义。来自这三个方面定义的"国际责任"在内容上有重叠之处,但也有很大的不同,甚至包含了完全对立的内容。一是国际法意义的"国际责任"。其内涵包括国际不法行为责任、履行国际公约责任、履行国际职权的国际责任以及基于国际道义、国际价值原则和国际共同利益的共同责任或集体责任。面对日益突出的网络空间矛盾与冲突,以及各国拥有越来越多的共同利益,国际社会有必要尝试更多的网络空间条约的制定,如网络战及网络武器等相关条约。二是自我定义的"国际责任"。责任是一种主观判断和认同,主要反映了国家、政府或领导人的国内外政策倾向、国际身份认同以及国家的战略选择和利益考虑。自我认定的"国际责任"可以通过不同形式和渠道表达,例如,通过官方文件、领导人讲话等形式向外界表述或宣示的国际责任,或是体现在国家战略及国内外政策中。三是他方定义的"国际责任"。被外界定义、期待或强加的国际责任,即一个国家被其他国家或其他人定义的国际责任。因为有不同利益、不同价值观和文化差异的存在,人们对国际责任的理解和解释往往不同,同时也会形成国际责任的期待、压力乃至采取强加于人的做法。[1] 正如西方对中国网络空间管制和网络自由的批判一样。

大国责任有多种划分方法。根据类别,大国责任可以分为法律责任、政治责任和道义责任。[2] 法律责任是指,"根据相关法律或规则进行抉择、决策和判断的责任或义务";政治责任是指,"依据对可能后果的周全估算以及对权利要求的公正估价,理性地、道义地行使自由决定权"的义务;道义责任则可以简单地概括为"对他者的需要或权利要求予以响应"的义务。[3]其中,法律责任具有利己性,道义责任具有利他性,而政治责任处在两者之间。事实上,由于大国权力和网络空间性质的特殊性,大国责任应是法律责任、政治责任和道义责任三者的结合,而且从目前的发展阶段看,网络空间

[1] 李东燕:《从国际责任的认定与特征看中国的国际责任》,《现代国际关系》2011年第8期。
[2] 刘飞涛:《权力、责任和大国认同》,《太平洋学报》2004年第12期。
[3] James Mayall, *The Community of States: A Study in International Political Theory*, George Allen & Unwin Ltd., 1982, pp.161-162.

的大国责任在三者之间的分野还不明朗。

根据范畴,有人认为,大国责任的顺序包括三个层次:本土责任、地区责任和全球责任。[①] 还有人以中国为案例,认为大国责任可以划分为国内责任和国际责任。国内责任就是构建和谐社会,国际责任就是构建和谐世界。国际责任又可区分为区域责任和世界责任,区域责任即构建区域范围的和谐秩序,世界责任即构建世界范围的和谐秩序。[②] 但是,网络空间全球联通的特性打破了以地理疆域为划分的责任层次。因此,本书认为,网络空间的大国责任更加适合用三个递进层次来进行分析,即基础责任、有限责任和领导责任。[③]

基础责任是在遵从当前国际规范的前提下,努力发展自身能力,从而为网络空间安全和繁荣作出相应贡献的责任。在中央网络安全和信息化领导小组第一次会议上,习近平总书记指出,建设网络强国,要有自己的过硬的技术;要有丰富全面的信息服务,繁荣发展的网络文化;要有良好的信息基础设施,形成实力雄厚的信息经济;要有高素质的网络安全和信息化人才队伍;要积极开展双边、多边的互联网国际交流合作。这些体现了中国致力于承担网络空间治理中大国责任的一个方面,即基础责任。

有限责任是维护当前网络空间规范和秩序并制止破坏的责任,其执行的意愿与各国在当前规则体系中的利益息息相关。任何国际规则的运转都需要成本。国际体系内利益攸关的国家需要分担这一成本并提供所谓的国际公共产品。有限责任还包括制止国际规范的破坏,即当挑战和危害国际秩序的事件出现之后,相关国家需要对破坏者进行惩戒,或对遭到破坏的秩序加以恢复。国家维持国际规则的意愿和能力是不同的。一般来说,国家的综合国力越强大,其维护国际规则的能力也就越强大;国家在国际规则中受益越大,其维护现有国际规则的意愿就越强。[④] 目前,网络空间的国际规范还处于朦胧的争议状态,因此,这一有限责任还显得非常有限。

领导责任则是创建和发展网络空间规范的责任,这是大国区别于小国的重要方面。这种改造的动力既源自现有网络空间规范的不完善、不合理或者不公平,也源自网络空间权力格局的变化。国际社会对大国责任

---

①　肖欢容:《中国的大国责任与地区主义战略》,《世界经济与政治》2003 年第 1 期。
②　钮菊生、吴凯:《和谐世界理念下的中国大国责任》,《学习论坛》2011 年第 27 期。
③　也有人称之为领袖责任。周鑫宇:《中国国际责任的层次分析》,《国际论坛》2011 年第 6 期。
④　周鑫宇:《中国国际责任的层次分析》,《国际论坛》2011 年第 6 期。

的呼唤,既反映了国际政治权力分配的现实,也来自国际规范与秩序的社会化进程。① 同样,网络空间治理中的大国责任也反映了网络空间权力结构的变化及其中网络规范的社会化要求。在网络空间的发展初期,美国有限的网络霸权为网络空间的标准化发展以及在全球的普及起到了重要的推动作用。然而,随着美国网络霸权力量的提升以及各国在网络空间力量的上升和利益的融合度增加,网络空间的一超独霸现象已经威胁网络空间的安全性和正义性,网络空间的大国责任开始逐渐显现。同时,网络空间的权力扩散使得原先可以由个别超级大国独立解决的问题,都需要各大国的通力合作来完成,这就赋予了各主要大国共同承担国际责任的使命。同时,网络空间的后发优势也使各大国和超级大国之间的网络空间能力差距逐步缩小。

大国除了维系大国间的均势外,还肩负着特殊的"正义"职责。因此,在网络空间治理中,大国除了对内发展网络技术、繁荣网络文化和维护网络安全外,还应努力参与网络空间价值观的建构、网络空间行为标准的制定以及网络空间国际议程的规划。目前,网络空间运行仍然遵循 30 多年前生成的技术标准,网络空间的资源分配权也一直被美国政府实质控制下的互联网名称与数字地址分配机构掌握,真正的全球网络空间治理还徒有虚名。随着网络空间生态的变化以及大数据时代的到来,大国有责任推动网络空间国际议程的改造,并为国际关系民主化以及全球共享的网络安全作出贡献。

所以,在谈及网络空间的大国责任的内涵时,应当区分不同的时代背景,其首要条件是具备承担大国责任的硬实力,即处理好本国自身安全和发展以及在此基础之上承担更多的国际义务和国际责任,承担维护、建设和改革国际体系方面的领导责任,并为国际社会多作贡献。大国责任不仅包含根据国际法条约义务延伸的国际义务和责任,不仅是对合理的国际体系和多边公约的积极维护,更是对不合理国际制度的改革和创新,以及对国际危机的有效应对和对全球事务的有效治理。这也是网络空间大国责任的建构方向,因为网络空间的繁荣和安全依赖于主要大国在科技交流、自我约束、领头作用等方面的努力。网络空间的大国责任也因此更多地被赋予全球治理的含义,即通过大国的合作来解决网络空间的全球性问题。

---

① 刘杨钺:《现实建构主义视野下的大国责任》,《国际论坛》2009 年第 5 期。

二、中国的网络空间治理及其在全球治理中的角色

随着信息全球化的全方位加深,数字经济进一步发展,作为全球网民规模最大的发展中国家,中国对于网络空间治理的诉求主要基于国内互联网发展与数字社会的现实情况;与此同时,作为全球治理体系中重要的行为体,参与全球网络空间治理也是题中应有之义。这就意味着中国需要在实现国家战略的同时,结合社会主义市场经济发展的规律和趋势,达成发展与安全的平衡。

(一)中国网络空间治理的理念

中国网络空间治理已经走向综合性战略布局阶段,以 2014 年 2 月 27 日中央网络安全和信息化领导小组的成立为标志,中国网络空间治理上升到国家战略层面,进入全面战略布局阶段。总体来说,中国的网络空间治理理念可以分为国际治理与国内治理两个层面:国际上积极提出中国方案;国内治理问题上注重生态治理。

在国际治理层面,中国正在以负责任的网络大国身份提出中国的治理方案。2014 年,中国提出推动全球互联网治理、构建网络空间命运共同体等主张。同年,习近平总书记在致首届世界互联网大会的贺词中指出,要建立多边、民主、透明的国际互联网治理体系。2015 年,习近平总书记提出推进全球互联网治理体系变革的"四项原则"和共同构建网络空间命运共同体的"五点主张"。[①] 2016 年,习近平总书记将人类命运共同体理念拓展至网络空间,强调要携手构建网络空间命运共同体。

在国内治理层面,中国将网络空间治理体系与能力建设上升到国家战

[①] "四项原则"即尊重网络主权、维护和平安全、促进开放合作、构建良好秩序。"五点主张"即加快全球网络基础设施建设,促进互联互通;打造网上文化交流共享平台,促进交流互鉴;推动网络经济创新发展,促进共同繁荣;保障网络安全,促进有序发展;构建互联网治理体系,促进公平正义。

略高度。2016 年 3 月,国民经济"十三五"规划提出实施网络强国战略。2017 年 10 月,党的十九大报告提出,要建设网络强国、数字中国、智慧社会。此外,中国提出加快推进互联网治理体系和治理能力现代化,并认为互联网治理体系是国家治理体系和治理能力现代化战略的重要组成部分。①

中国的网络空间治理上包括双重目标:一是积极发展互联网技术,推进现代化建设;二是避免互联网的不利影响,尤其是对政治制度和社会稳定的影响。本章将治理理念分解成指导视角、治理思路与治理逻辑三个方面来解读,具有实用主义、国家中心主义与先发制人三个特点。

1. 实用主义指导下的治理理念

具体来说,中国网络空间治理的实用主义体现在三个方面,即自由开放的国际合作态度、自适应的治理思路和问题导向的治理方式。

第一,实用主义指导了中国对于互联网基础设施建设与国际合作方面的态度,使中国政府对合作持有积极开放的态度。中国政府认识到互联网是一项国际先进技术,通过引进、学习和吸收国际先进技术来发展国民经济,这是走向现代化的必经之路。在中国政府看来,互联网不仅是前沿技术,更能为国民经济发展提供重要的技术支持,而后者才是中国政府发展互联网的原因所在。② 因此,中国在网络强国战略指引下大力发展"互联网+"、5G 通信等,对于互联网基础设施建设与国际合作方面并没有实行过多的管制。

第二,实用主义贯穿中国网络空间治理的适应与演化之中。20 多年来,中国有意识地遵循和利用互联网传播的规律,治理方式从单向管理逐步转向多维互动,从线下转向线上线下融合,从重事前控制到全景治理。网络空间治理体系也随着互联网的发展逐渐形成了战略布局,构建起了法律规范、行政监管、行业自律、技术保障、公众监督和社会教育相结合的网络空间治理体系。在我国的网络空间治理过程中,私营部门、社会组织、公民等主体的逐步参与和配合,与政府形成了更为复杂交错的合作协同关系。中国政府允许私营部门和社会团体大量参与互联网名称与数字资源分配机构、信息社会世界高峰会议和互联网治理论坛等机制,积极投入全球互联网技术治理进程。

第三,实用主义表现在基于问题导向的专项整治行动或"运动式治理"

---

① 刘双一:《我国互联网管理改革四十年历程及展望》,《中共乐山市委党校学报》2019 年第 4 期。
② 王梦瑶、胡泳:《中国互联网治理的历史演变》,《现代传播》(中国传媒大学学报)2016 年第 4 期。

手段的运用之中。互联网领域内某个问题持续积累，"引起国家重视和民意关注，接着政府部门和民意合流，初步形成要解决这一问题的共识，公共政策的'机会窗口'应声开放，最后政府成立专项小组，制定实施方案，专项治理行动展开"。① 从 2001 年第一次互联网专项治理行动至今，中国政府已经进行了多次大规模的专项整治活动，如"治网吧"专项行动、"清网站"专项行动、"肃网风"（"扫黄打非"）专项行动、"控网言"（打击网络谣言）专项行动、"惩犯罪"（打击电信网络违法犯罪）专项行动等。②

中国网络空间治理的实用主义态度有利有弊：一方面，它使得中国的互联网快速普及和发展，中国的网民规模迅速扩张，中国的网络空间实力快速增长。实用主义支撑下的自适应性也使得中国的网络空间治理主体之间的协调增强，治理效果增强；另一方面，面对中国巨大的互联网产业规模和网民数量，治理难度大幅上升，而政府有限的资源和手段难以应对互联网多端的变化和无穷的新情况，"运动式治理"的专项整治行动可以在最短的时间内达到最大的效果。然而，专项整治行动实际上是一种"强制权力的超常规运作"，其治理的有效性更多地依赖于治理机关的权威性。③ 因此，虽然达到预期目标，但这种专项治理只能充当"消防员"的角色，很难从源头上杜绝互联网乱象的根源，整体治理效果有限。

2. 国家中心主义的治理思路

中国的网络空间治理具有强烈的国家中心主义色彩，主要特点包括强调互联网主权以及国家政府在网络空间治理中的主体地位。

第一，国家中心主义对互联网主权的强调。坚持网络主权是中国参与互联网国际交流合作的根本主张，中国在国家战略文件以及各种国际活动场合都强调了政府在全球网络空间治理中的主导权，并支持联合国主导下的全球网络空间治理体系。因此，有人将中国的治理模式总结为"互联网主权模式"。④ 网络主权是国家主权在网络空间的自然延伸，是一国基于国

---

① 曹世虎：《中国网络的运动式治理——"专项整治"研究》，《二十一世纪》（香港）2013 年第 6 期。

② 岳爱武、苑芳江：《从权威管理到共同治理：中国互联网管理体制的演变及趋向——学习习近平关于互联网治理思想的重要论述》，《行政论坛》2017 年第 5 期。

③ 张志安、吴涛：《国家治理视角下的互联网治理》，《新疆师范大学学报》（哲学社会科学版）2015 年第 5 期。

④ Zhang Qiang, *China's Internet Governance: A New Conceptualization of the Cyber-Sovereignty Model*, Honors Thesis, Duke University, 2019, https://hdl.handle.net/10161/18308, accessed August 10, 2022.

家主权对本国网络主体、网络行为、网络设施、网络信息、网络治理等所享有的最高权和对外的独立权。① 汲取其他发展中国家忽视互联网主权导致严重政治后果的深刻教训,中国政府认识到网络空间管理是关乎政治稳定和社会和谐的重大问题。② 在"谷歌事件"的交涉中及对美国"网络自由"的回应中,中国政府多次声明对互联网进行依法监管是主权国家的权利和责任。

第二,中国的网络空间治理强调国家政府在治理中的主体地位。虽然协同治理下政府是与公民、企业、社会组织等其他主体地位平等的治理行为者,但这种平等是一种相对的平等,政府与其他主体之间仍然具有地位与功能上的差异,政府依然是互联网中参与运营的最重要主体,政府是在"掌舵"中积极吸收其他主体的实质性参与。中国在开展网络空间治理的过程中,依然注重政府部门的领导、协调和监督作用,接近九成的政策文本都涉及政府治理监管主体,在所有政策内容中占比最大。③ 以1994—2018年中央层面发布的194份互联网信息服务政策为数据样本的研究发现,尽管调节型和自愿型政策工具发挥的作用越来越大,但是管制型政策工具一直是网络空间治理的主要工具,且使用数量逐渐增长,同样显示了国家政府在网络空间治理中主体地位的强化。④

国家中心主义在中国的网络空间治理中优势与挑战并存。优势在于保持政治稳定方面,挑战则在于实践中政府和市场在法律、合规与实践层面中的进度不一,存在操作性矛盾。首先,政府对网络空间治理角色的适应相对滞后,尤其是在网络空间治理立法方面,政府对网络空间治理衍生问题应对不足,对于新技术、新业务的管理和立法不能及时跟进。⑤ 其次,国家中心主义导致过多的原则性规定,一些法规的条款之间重复,表达模糊而缺乏可操作性,没有明确的判断和执行标准。无论是机构还是网民在自我审查时,除了一些众所周知的"禁区"外,也很难把握好分寸。⑥ 最后,国家中心主义

---

① 中国现代国际关系研究院、上海社会科学院、武汉大学:《网络主权:理论与实践》,在2019年世界互联网大会上发布的文件。
② 阚道远:《互联网管理的"中国模式"及世界影响》,《学术探索》2012年第9期。
③ 徐敬宏、郭婧玉、游鑫洋:《2014—2018年中国网络空间治理的政策走向与内在逻辑》,《郑州大学学报》(哲学社会科学版)2019年第5期。
④ 李文娟、王国华、李慧芳:《互联网信息服务政策工具的变迁研究——基于1994—2018年的国家政策文本》,《电子政务》2019年第7期。
⑤ 于施洋、童楠楠、王建冬:《中国互联网治理"失序"的负面效应分析》,《电子政务》2016年第5期。
⑥ 李文洁:《论"翻墙"现象与中国的网络监管》,中国社会科学院研究生院硕士学位论文,2011年,第18页。

还导致了当前的一个特殊现象,即互联网企业在参与治理时受其"逐利"本质的限制对国家中心主义妥协。例如,在以"新浪删帖"为代表的管制外包策略中,服务商为避免承担监管不力的责任,同时又为了降低管理成本,可能会采取诸如过度严格地限制批评政府或公职人员的言论或采用廉价粗糙的关键词过滤系统等。[①] 这些都可能激化社会矛盾,不利于网络空间治理的生态发展。

3. 先发制人的治理手段

中国网络空间治理的一个基本思路:互联网本身存在威胁,所以应该预先加以控制,尤其是在政治相关议题上;中国在互联网经济相关议题上,治理思路是开放和包容的,这种思路贯穿于中国网络空间治理的始终。这种先发制人的特性,集中体现在许可监管与预先过滤技术的利用上。

第一,许可监管制度。中国对经营性的互联网信息服务活动采取的许可制,属于典型的先发制人手段。互联网的性质决定了许可监管制度难以真正实施。互联网企业数量众多和监管部门人力资源缺乏的矛盾、大量微型企业可能延迟或躲避事前审核带来大量的滞后矛盾、事后处罚对于大量的微型企业震慑力的缺乏、互联网企业边界的模糊性都为企业寻找宽松监管提供了"契机"。[②] 此外,严格的许可监管和市场准入管制制约了互联网的创新和发展。

第二,预先过滤技术的利用。中国的网络空间治理依赖于法律法规的制定,并以此为准绳采用网络过滤技术过滤网络信息,包括预先审查和事后封禁。首先,由监管者先行审查境外的网站或信息,通过防火墙等技术手段隔离不适合入境者;其次,针对已经在境内流动的信息,由存在于主干路由器上的过滤软硬件系统对其进行实时扫描,一旦发现不良内容,就将其瞬间阻断;最后,对于用户发布信息或意见的公开渠道采取敏感词的预防机制,尤其是论坛、新闻跟帖和博客,以阻止不良内容产生和传播。在上述措施的基础上,对已经发布或传播的内容,相关监管部门组织人员对其巡视抽查、处理或删除,将监管结果记录在案。[③]

[①] 于施洋、童楠楠、王建冬:《中国互联网治理"失序"的负面效应分析》,《电子政务》2016年第5期。

[②] 岳爱武、苑芳江:《从权威管理到共同治理:中国互联网管理体制的演变及趋向——学习习近平关于互联网治理思想的重要论述》,《行政论坛》2017年第5期。

[③] 李文洁:《论"翻墙"现象与中国的网络监管》,中国社会科学院研究生院硕士学位论文,2011年,第17页。

先发制人的网络空间治理方式,对于如此庞大、复杂的中国网络社会的稳定而言起到了很大作用。亨廷顿(Samuel Huntington)认为:"首要的问题不是自由,而是建立一个合法的公共秩序。人当然可以有秩序而不自由,但不能有自由而无秩序。"①中国正处于转型发展的关键时期,受转型多重性、复杂性等因素影响,很多事情都容易演化成为社会公共事件,可能导致许多网络事件的政治化。同时,先发制人的治理手段也是中国传统政治体制和文化的习惯做法,它一定程度上保障了中国社会的稳定运行。

预先过滤技术的确在某种程度上能起到控制淫秽色情、减少危害国家安全等不良信息的作用,从而减少网络给社会带来的不稳定因素。但它运作起来需要消耗大量的经济成本和行政成本,产生的效力也有局限性,难以达到理想的效果。多数时候,监管结果一锤定音,即使网站所有者或被处罚的个人有异议,也难以寻求复议与诉讼的途径。② 而且,面对"数字利维坦"(Digital Leviathan)的现实风险,即"国家依靠信息技术的全面装备,将公民置于彻底而富有成效的监控体系之下,而公民却难以有效地运用信息技术来维护其公民权利"时③,就容易遭到某些技术手段(如 VPN)的抵制和规避,增加政府干预的实施难度。④ 此外,长期实行技术控制不利于互联网技术的国际交流与创新,对国家形象也有一定的负面影响。

(二) 中国网络空间治理的实践

中国政府认识到互联网全球治理能力最终取决于国内发展与自身科技实力,因此,在具体实践中注重通过实力发展与国内治理来加强全球网络空间治理的能力。中国政府认为,美国之所以拥有全球互联网的独家控制权,很大程度上与它拥有最领先的技术和最广泛的应用场景有关。未来,全球互联网争夺的焦点是网络在国民经济和社会发展中的具体应用和技术创

---

① [美]塞缪尔·P.亨廷顿:《变化社会中的政治秩序》,王冠华、刘为等译,生活·读书·新知三联书店 1989 年版,第 7 页。
② 李永刚:《我们的防火墙:网络时代的表达与监管》,广西师范大学出版社 2009 年版,第 138 页。
③ 张志安、吴涛:《国家治理视角下的互联网治理》,《新疆师范大学学报》(哲学社会科学版) 2015 年第 5 期;肖滨:《信息技术在国家治理中的双面性与非均衡性》,《学术研究》2009 年第 11 期。
④ 王凤仙:《中国互联网信息治理若干基本问题的反思》,《中州学刊》2014 年第 9 期。

新。因此,中国特别强调以创新的业态引领互联网的发展方向,从而取得网络发展和治理的主导权,从根本上摆脱亦步亦趋的模式依赖,在更高层面上参与全球治理的进程。总的来说,中国的网络空间治理实践分为发展互联网技术实力、建设完善的互联网法律体系、提升互联网专业人才建设三大主题。

1. 发展互联网技术实力

中国通过发展、提高和应用各项互联网技术,来推动经济发展与社会治理能力。党的十九大报告提出,"加强应用基础研究,拓展实施国家重大科技项目,突出关键共性技术、前沿引领技术、现代工程技术、颠覆性技术创新"。同时,"互联网+"也在各行各业如火如荼地展开。"互联网+"计划的目的,在于推动移动互联网、云计算、大数据、物联网等与现代制造业结合,促进电子商务、工业互联网和互联网金融(ITFIN)健康发展,引导互联网企业拓展国际市场。腾讯研究院与京东、滴滴出行、携程等互联网企业代表共同发布的《中国"互联网+"指数 2017》报告表明,2016 年全国数字经济的总体量大约为 22.77 万亿元,占 2016 年全国 GDP 总量的 30.61%,已成为国民经济的重要组成部分。[①]

2. 建设完善的互联网法律体系

中国通过建设完善的互联网相关法律法规,推动行业规范与政府治理能力的提升。中国政府认识到把国内问题解决好就是中国对全球治理的最大贡献,也是中国最大的国家利益所在,因此,中国参与全球网络空间治理的重点依然在国内。近年来,中国更加重视从法律规则层面搭建中国国内网络空间治理的体系框架,推动国家治理体系和治理能力的现代化,深化地方政府改革,加快地方治理体系重塑。为此,中国推出了一系列法规,如《互联网信息服务管理办法》《互联网新闻信息服务管理规定》《互联网直播服务管理规定》《移动互联网应用程序信息服务管理规定》《互联网信息搜索服务管理规定》《互联网新闻信息服务单位约谈工作规定》等,对网络空间治理进行部署和规范。

3. 提升互联网专业人才建设

中国还注重提供与互联网相关的技术、法律、政策等人才的培训。中国这几年在网络方面增加了很多科研投入,网络安全还成为一级学科,不少高

[①] 《中国互联网+指数 2017 发布》(2017 年 4 月 20 日),腾讯研究院,http://www.tisi.org/4868,最后浏览时间: 2022 年 8 月 20 日。

校新开了网络安全学院和相关研究中心等。同时,中国还注意从各行各业选拔培养参与网络空间治理的国际化人才。缺乏高级网络空间治理人才,导致中国在互联网国际组织中的代表性严重不足,因此,中国鼓励互联网企业、行业组织和学术机构积极参与 ICANN、IETF、IAB 等机构的人才培养和输送,以此来提升在互联网国际组织中的代表性和发言权,并提高中国对网络空间治理的影响力。

(三)中国在全球网络空间治理体系中的角色

经过 20 多年的发展,中国经济飞速发展、综合国力明显提高、国际影响力稳步增强,已经成为事实上的网络大国,并且有意愿也有条件参与全球网络空间治理。从中国自身发展来看,中国参与全球网络空间治理的条件已经基本具备。从外部因素来看,伴生全球化而来的众多网络问题,如网络犯罪、网络恐怖主义等,都需要中国的参与及合作。

中国积极参与全球网络空间治理的转折点是“斯诺登事件”。“棱镜门”计划的曝光,使得中国对于全球网络空间的国家间威胁有了充分认识,也深刻认识到全面参与全球网络空间治理的必要性。因此,中国这几年从内容、形式、主体以及战略层面都加大了对全球网络空间治理的研究和参与。然而,随着参与度的提高,中国逐渐清晰的全球网络空间治理理念以及网络主权等话语在全球引起了一定的争议,也似乎成为全球网络空间治理国际争端的一部分。中国在网络空间的一举一动,例如,世界互联网大会的举办,都被西方解读成中国“攫取”全球网络空间治理权的工具,甚至是推广中国“威权式”网络空间治理模式的平台。[1] 更有媒体称,中国将借此争夺在网络空间中的全球主导权。[2]

1. 发展中国家的身份定位

中国是发展中国家,这不是我们自封的,而是世界银行、世界贸易组织等联合国相关机构认可的。世界贸易组织将发展中国家分为三大类:第一

---

[1] Franz-Stefan Gady, "The Wuzhen Summit and the Battle over Internet Governance," *the Diplomat*, January 14, 2016, https://thediplomat. com/2016/01/the-wuzhen-summit-and-the-battle-over-internet-governance/, accessed August 10, 2022.

[2] "China Seeks World Leadership Role in Internet Governance," *Associated Press*, March 5, 2017, https://businessmirror.com.ph/china-seeks-world-leadership-role-in-internet-governance/, accessed August 10, 2022.

大类是最不发达国家和地区;第二大类是年人均国内生产总值低于1 000美元的国家和地区;第三大类是其他发展中国家成员。中国属于第三大类。① 学者王缉思指出,在参与全球治理的过程中,一个至关重要的原则性问题是中国必须明确自己的身份定位,坚守自身发展中国家的属性,坚定地与广大发展中国家站在一起。这一点贯穿中国在所有领域的全球治理中的定位,也是在党的十九大报告中中国向国内外再次明确的身份。

2. 建设性参与者的角色定位

中国在全球网络空间治理中担任着重要的建设性参与者角色,既维护现有全球治理体系,也改进和完善现有国际制度和全球治理现状。

中国是现存国际秩序的得益者,就没有必要、也无动力对现存国际秩序进行革命性的变革,而是主张渐进式的改良。② 中国的网络空间国际合作战略进一步明确了这一定位,强调中国始终是网络空间的建设者、维护者和贡献者。也有学者将中国网络空间治理公共政策的价值取向总结为:先重秩序、后重创新、始终重视安全。③ 对秩序的优先考虑植根于中国的文化背景和国情之中,是中西文化的差异所在,也是中国在网络空间国内治理和全球治理中的核心考虑点。正因为此,中国特别强调对于互联网主权的维护和秩序建构。

3. 全球网络空间治理实践中的摸索者

总体来看,中国参与全球网络空间治理是边发展边治理的"打补丁式"路线,是在参与全球网络空间治理进程中不断摸索的过程。整体而言,中国参与全球网络空间治理的议题更加全面,网络空间治理国际政策的覆盖面更加广泛,参与全球网络空间治理机制的主体更加多元,参与全球网络空间治理的国家战略意图更加清晰。

第一,中国参与全球网络空间治理的议题更加全面。中国所参与的互联网国际政策不仅覆盖了国际技术标准合作、信息通信技术产业合作、全球互联网基础资源分配、打击网络犯罪、网络经济、数字鸿沟等多个领域,而且也逐步关注互联网与经济、政治、安全等各领域相结合的议题,如国家安全、政治安全、经济安全和社会安全等。

第二,中国的网络空间治理国际政策的覆盖面更加广泛。中国的网络空间治理国际政策覆盖了双边、地区、多边和国际等多个层级。在双边层面

---

① 王义桅:《中国为何坚持发展中国家定位》,《环球时报》2019年8月15日。
② 黄超:《中国参与全球治理的理论述评》,《国际关系研究》2013年第4期。
③ 孙宇、冯丽烁:《1994—2014年中国互联网治理政策的变迁逻辑》,《情报杂志》2017年第1期。

上,中国与韩国、英国、澳大利亚等国家建立了政府间对话合作机制,这些合作覆盖网络安全、数字经济和发展等领域,同时也是双边外交关系的重要内容和支撑。此外,中美、中俄之间在网络安全领域开展了不同程度的建立信任措施。在地区层面,中国与东盟、上合组织、"金砖国家"、欧盟和阿盟等地区组织和国家之间建立了多种形式的网络对话合作机制和网络犯罪国际合作机制。中国的公安机关还与 60 余个国家和地区建立了多边和双边执法合作机制,联合侦破跨国网络犯罪案件。在多边和国际层面,中国积极参与多个网络空间治理机制,包括联合国框架下的信息安全政府专家组、国际电信联盟、信息社会世界峰会、互联网治理论坛等;对于联合国框架之外的国际互联网行业组织和机制,如网络空间多利益攸关方会议、互联网名称与数字资源分配机构、亚太互联网信息中心、互联网协会、互联网架构委员会等,中国也深入参与其中。此外,中国还通过召开世界互联网大会来开展网络空间的主场外交。

第三,参与全球网络空间治理机制的主体更加多元。就职能部门而言,中国参与全球网络空间治理的主体从传统的外交部、工信部进一步扩展到公安部、商务部、财政部以及新成立的网信办,外交部专门设立了网络事务办公室来应对网络空间的外交事务。其中,外交部主要负责双边、地区、多边和国际层面的网络外交工作;网信办作为统筹、协调中国网络事务的机构,开展了多层级的国际网络安全与数字经济合作,还建立了世界互联网大会机制,在网络国际政策中的角色越发重要;公安部在打击网络安全犯罪、网络反恐,商务部在信息通信技术市场准入,财政部在网络基础设施对外援助等领域的工作,都是中国实现网络空间国际战略的坚实基础。就非国家行为体而言,中国政府允许私营部门和社会团体大量参与互联网名称与数字资源分配机构、信息社会世界高峰会议和互联网治理论坛,而且这种参与越来越多。例如,中国 2001 年自愿退出政府咨询委员会,直到 2009 年才重新加入。中国政府在这段缺席的时段内,私营部门、社会团体和私人参与者仍然持续参与互联网名称与数字资源分配机构的工作。[1]

第四,中国的全球网络空间治理战略意图更加清晰。政府更加注重顶层设计,逐步以法律文件、官方表态明确表明中国在网络空间治理方面的国

---

[1] [澳]特里斯坦·加洛韦、何包钢:《中国与全球互联网技术治理》,《汕头大学学报》(人文社科版)2016 年第 6 期。

际国内立场。为让更多国家理解中国关于国际网络空间治理体系的主张，中国不仅在各种国际场合宣传自己的立场，而且也更加注重与网络安全相关的立法工作，补充了早期通过领导人讲话以达成对外宣示性的途径，增强了实践指导和约束效力。2016 年是中国为网络安全建章立制的重要分水岭，以推出《网络安全法》和《国家网络空间安全战略》为主要标志，先后搭建了网络安全的"四梁八柱"。同年 11 月通过的《网络安全法》是中国第一部全面规范网络空间安全管理方面问题的基础性法律；12 月底发布的《国家网络空间安全战略》则是第一个关于网络空间安全的国家战略。此外，还有 7 月发布的《国家信息化发展战略纲要》。2017 年 3 月，中国再度推出《网络空间国际合作战略》，提出以和平、主权、共治、普惠四项基本原则推动网络空间国际合作。

三、美国参与全球网络空间治理的历史及其理念与实践

美国在全球网络空间治理中有着重要地位。首先，美国作为互联网的诞生地，在网络空间的最初技术设置、框架设定和应用推广等方面都是领先者，是互联网发展最初阶段的治理主体，时至今日，美国仍掌控着互联网标准制定和技术发展方面的绝对优势。其次，美国的互联网用户数接近 2.5 亿，位列全球互联网用户第三（继中国和印度之后），美国的互联网企业更是占据全球市场的重要和关键位置，其治理立场影响着整个网络空间的全球治理。基于前面两点，美国事实上主导着全球网络空间治理，在未来很多年之内，美国政府都将是主导全球网络空间治理的决定性力量。[①]

（一）美国参与全球网络空间治理的历史脉络

理解美国的网络空间治理理念与框架，首先要梳理美国各总统任期在

① 方兴东、卢卫:《当前全球网络治理格局演变趋势——基于特朗普政府战略转向的分析与研判》,《人民论坛·学术前沿》2017 年第 12 期。

全球网络空间治理中的政府行为。

克林顿政府时期(1993—2001年)是互联网迅速发展的时期,也是全球网络空间治理架构的确立时期。1993—1995年,互联网建设热潮席卷了全球绝大多数国家,全球互联网初具雏形。克林顿政府时期的网络空间治理立场是:既要促进一个开放互通的互联网空间,又要将互联网的主导权置于美国控制之下,确保美国主导权与信息自由流通的有机平衡。

在国内方面,克林顿政府希望从基础设施的角度以"全球信息基础设施"(GII)战略来主宰未来的信息资源。克林顿政府认为,美国国内信息基础结构要能满足国际和国内的需要,因为美国通信供应商在全球范围提供服务,向海外用户出口电信产品和提供服务,并排除由不兼容的外国标准所设置的贸易障碍。在国际方面,1997年7月,克林顿政府制定了《全球电子商务框架》的战略性文件,意在抢占全球电子商务的制高点,执全球电子商务之牛耳,率先获得规则制定权。克林顿政府希望从规则制定的角度以《全球电子商务框架》掌握全球电子商务发展。1998年10月,美国成立了一个民间性的非营利组织,即ICANN,开始参与管理Internet域名及地址资源的分配。创建ICANN的重要目标之一,就是减少美国在全球网络空间治理中面对的国际阻力。从国际层面看,这一框架也是美国信息自由流通原则向自由贸易原则思路转变的体现。

在小布什政府时期,美国参与全球网络空间治理的中心明显转向网络安全。从国内层面看,2003年2月,在美国联邦、州和地方政府、高等院校以及相关机构的共同努力下,以及向社会各界广泛征求意见的基础上,美国正式通过了《网络空间安全国家战略》(也有译为《确保网络空间安全国家战略》)(National Strategy to Secure Cyberspace)。[①] "9·11"之后,布什政府为了体现其对网络安全的重视,不仅宣布了新的网络空间安全国家计划,而且采取各种有效措施,全面加强网络与信息安全的防范工作,其中包括大规模增加反恐开支和用于信息安全的经费。"9·11"发生之后的几年,几乎所有有关网络政策或战略的法案都与网络安全而非网络发展相关。直至2005年,美国政府才又重新开始慎重考虑信息发展。

从国际层面看,美国参与全球网络空间治理的关注重点也转向网络犯罪等网络安全议题。在国际规则上,小布什政府推动制定网络犯罪领域的《布

---

① http://www.whitehouse.gov/pcipb/cyberspace_strategy.pdf, accessed August 10, 2022.

达佩斯公约》。"9·11"事件则促使美国在这一提议中发挥了重要的推动作用。美国的正式加入大大促进了《布达佩斯公约》的国际影响力。同时期,全球网络空间治理的国际争论开始白热化。2003 年 12 月,在日内瓦召开首届信息社会世界峰会第一阶段会议,在会议中,发展中国家建议把所有国际互联网域名和地址管理组织的业务,转交由一直在协作制订信息技术国际通用标准的国际电信联盟管理。① 但美、欧、日等发达国家仍称由政府机构管理互联网会妨碍信息的自由流通,官方主导互联网的管制有违互联网建立的初衷。2001 年上台的小布什政府所推行的单边主义外交政策更增强了互联网应当不受政府行为控制的普遍共识。双方就互联网究竟该如何治理发生激烈争论。鉴于此,会议授权当时的联合国秘书长安南成立了互联网治理工作组,对互联网治理有关的问题开展研究并提交行动建议。这是"互联网治理"一词首次正式出现在国际组织的官方文件中。② 在上述国际社会对互联网治理的激烈争论中,美国在设立 ICANN 时强调的逐步退出网络管理的承诺并未实现。2005 年 7 月 1 日,美国商务部发布公告宣称:基于日益增长的互联网安全威胁和全球通信与商务对互联网的依赖,美国商务部将无限期保留对 13 台域名根服务器的监控权③,美国也因此继续把控对 ICANN 的控制权。

　　奥巴马政府时期是美国出台网络安全政策指令、网络空间战略文件最多的时期,反映了美国政府对网络空间事务与全球网络空间治理的极度重视,战略与政策的重心也从国内转向内外平衡。④《网络空间国际战略》明确美国的全球网络空间治理理念。2011 年 5 月 16 日,美国白宫发布了首份《网络空间国际战略》,该纲要性文件表达了以下三个核心承诺:基本自由、个人隐私以及信息的自由流通。网络自由是奥巴马政府全球网络空间治理的重要旗杆,也是《网络空间国际战略》的重要组成部分。2015 年 2 月 25 日,时任美国总统奥巴马下令成立新的网络安全机构——网络威胁与情报整合中心(Cyber Threat Intelligence Integration Center, CTIIC)。该中心汇总整合联邦调查局(FBI)、中央情报局(CIA)及国家安全局(NSA)的情报,以提高联邦政府应对网络威胁的能力。⑤ 2015 年 4 月 23 日,美国国防部发

①　唐岚、李艳、高瞻:《信息社会世界峰会简况》,《国际资料信息》2004 年第 3 期。
②　张建川:《从 WSIS 到 CCWG:互联网治理的探讨及启示》,《互联网天地》2016 年第 3 期。
③　邹学强、杨海波:《从网络域名系统管理权看国家信息安全》,《信息网络安全》2005 年第 9 期。
④　任政:《美国政府网络空间政策:从奥巴马到特朗普》,《国际研究参考》2019 年第 1 期。
⑤　余定猛:《网络犯罪的立体化治理模式构想》,《公安学刊》(浙江警察学院学报)2017 年第 1 期。

布网络安全战略,重点分析了网络战,将其作为未来战争的战术选择。

在国际规则层面,奥巴马时期继续推进《布达佩斯公约》。《网络空间国际战略》专门指出两个相关方面:一是全面参与制定打击国际网络犯罪的政策,积极参与关于网络犯罪定罪的双边和多边讨论,推广《布达佩斯公约》机制的覆盖范围;二是通过推广《布达佩斯公约》协调国际网络犯罪法律。共同的法律有利于证据共享、引渡以及其他类型的协作。《布达佩斯公约》为各国提供了一个起草和更新网络犯罪法律的模型。美国政府会继续鼓励其他国家成为公约成员,并且将帮助非成员国使用公约作为他们自己法律的基础。英国、日本、韩国及欧洲发达国家与其配合,共推欧美版本的《布达佩斯公约》国际网络安全治理等模式。

奥巴马时期,美国终于完成了 ICANN 管理权的移交。由于 2013 年"斯诺登事件"的曝光和国际舆论的巨大压力,2014 年 3 月 14 日,美国商务部宣布放弃 ICANN 的控制权,但明确拒绝由联合国或其他政府间组织接管,只同意由 ICANN 董事会与全球多利益攸关方讨论接管问题。2014 年 3 月 14 日,代表美国政府的美国国家电信和信息管理局发表声明(简称"3·14 声明"),准备向全球互联网社群移交 IANA 监管权,并要求 ICANN 组织各利益相关方提出移交方案。美国决定放弃 IANA 监管权,意味着互联网关键基础设施治理的国际化迈出了重要一步。

特朗普政府时期,美国对于网络安全的重视继续加强,其网络安全战略调整与国会对网络安全的重视不谋而合,行政部门和立法部门在网络安全领域取得了共识,形成了一个全政府(government wide)参与的网络安全战略。

2017 年 5 月 11 日,特朗普政府颁布《增强联邦政府网络与关键性基础设施网络安全》行政令。该行政令主要从联邦政府网络安全、关键基础设施网络安全和国家网络安全三大领域进一步强化网络安全的政策举措。2017 年 12 月,特朗普政府发布《国家安全战略报告》,对特朗普政府网络安全战略定位进行了全方位的调整,将网络安全纳入国家安全战略的优先领域,并从国家安全角度对网络安全的影响和作用进行了重新评估。同时,特朗普政府对各部门进行整改,具体包括:提升国土安全部的职责、权威与能力;对国防部网络军事力量给予前所未有的政策、法律和资源的支持;重组网络外交部门,与国防部一道推动网络对外事务向武力化(armed diplomacy)转型。

在全球网络空间治理层面,商人出身的特朗普将大量商业规则沿袭至网络治理中,明显显示出"重双边轻多边"倾向。① 一方面,特朗普政府认为,联合国、WTO 等多边组织的网络治理规制已难以发挥作用,而更应该通过双边关系来达成新的网络安全合作协议,重新制定网络空间国际规则。特朗普政府对于国际机制、国际合作明显缺乏兴趣,先后退出了巴黎气候变化协议、跨大西洋贸易与投资伙伴协议、跨太平洋伙伴关系协定,并重新谈判了北美自由贸易协议。这一趋势也影响了美国在全球网络空间治理机制进程中的立场,特别是网络安全所具有的战略性和敏感性,使得特朗普政府更加不愿意接受普遍规则的约束和提供公共产品,并全面地从全球网络空间治理进程中后撤。另一方面,特朗普政府更加重视网络空间领域的双边合作,甚至通过立法意图加强此类合作。

"美国优先"既是特朗普政府的竞选承诺,也是其内外政策调整的准则,全球网络空间治理也不例外。主要体现在两个方面:一是弱化意识形态在全球网络空间治理中的重要性。特朗普政府不再在国际舞台上大肆宣扬网络自由,而是将国家安全和主权放在首位。尽管在国土安全部发布的《国家网络战略》中继续高呼网络自由,将互联网自由原则与国家安全关联起来,把保护和促进互联网自由作为推进美国影响力的优先行动;② 二是强调解决自身网络安全治理是全球网络空间治理的基础;特朗普政府宣示从美国人的切身利益出发解决网络安全问题,因此偏向优先处理国内的现实问题,如发展数字经济、完善网络基础设施;三是强调自身实力是参与全球网络空间治理的基础,信奉实力政治。

拜登政府的网络空间政策框架建立在特朗普政府时期的政策框架和总体愿景上,但突出了新兴技术和国际规则两大要素在战略框架中的地位。

在网络空间国际秩序方面,拜登政府以维护网络空间的民主秩序为名,借此稳固西方价值观和意识形态在网络空间中的主导地位,进而维持美国在国际秩序中的霸权。为此,拜登政府不断强化对外政策中的价值观因素,试图以较低的成本来动员国际社会及其盟友加入所谓的"民主秩序"中。2022 年 4 月,拜登政府联合 60 多个国家共同签署了《互联网未来宣言》(A Declaration for the Future of the Internet)。尽管该宣言不

---

① 桂畅旎:《特朗普网络安全治理回顾、特点与展望》,《中国信息安全》2018 年第 1 期。
② 任政:《美国政府网络空间政策:从奥巴马到特朗普》,《国际研究参考》2019 年第 1 期。

具备约束力,并且刻意回避了"五眼联盟"的大规模监听和平台垄断等关键议题①,却始终强调所谓"数字威权主义"对民主、自由、开放的互联网秩序的威胁。加之中美关系转向全面竞争,美国国内对"中国挑战"的认知愈加极化,认为中国正对美国主导下以民主、自由为核心的国际秩序发起挑战,并通过积极参与多边行动、扰乱国际法律制度、塑造国际规范、增选国际组织、创建新的国际机构,以及构建以中国为中心的国际合作平台来削弱美国的主导地位。② 尤其是新冠肺炎疫情暴发后,美国对华战略竞争态势愈演愈烈,"数字威权主义""中国的数字威权模式"等话语甚嚣尘上。③ 尽管拜登政府维护网络空间秩序的理念与奥巴马政府时期的互联网自由有所不同,但实质上是殊途同归,都试图打造以美西方为主导的网络空间秩序。

在网络安全领域,拜登政府通过突出所谓的地缘政治对手的网络安全威胁,将地缘政治竞争与网络安全威胁两大要素进行糅合,在提升网络威慑能力的同时,加强与盟友在网络安全议题上的政策协调。2021 年1 月,微软被网络安全公司 DEVCORE 告知其 Exchange 邮件服务器中存在"零日漏洞"(Zero Day)。在随后的两个月中,有黑客组织通过这些漏洞攻击了全球约 25 万台服务器,其中包括位于美国的约 3 万台服务器。④ 微软与美国网络安全机构声称,上述黑客组织是"由中国政府资助并在中国境外运营的组织"⑤,将矛头直指中国。2021 年 5 月 12 日,拜登总统签署了《关于改善国家网络安全》的行政令(Executive Order on Improving the Nation's Cybersecurity),提出建立网络安全审查委员会(Cyber Safety

① "Empty promises? Declaration for Future of the Internet is Nice on Paper," *Access Now*, April 28, 2022, https://www.accessnow.org/declaration-for-future-internet/, accessed July 11, 2022.

② Melanie Hart, and Blaine Johnson, "Mapping China's Global Governance Ambition," Center for American Progress, February 28, 2019.

③ Keng-Chi Chang, William R. Hobbs, Margaret E. Robert, and Zachary C. Steinert-Threlkeld, "COVID-19 Increased Censorship Circumvention and Access to Sensitive Topics In China," *The Proceedings of the National Academy of Sciences*, 2022, 119(4); "The New Big Brother—China and Digital Authoritarianism," United States Senate Committee on Foreign Relations, July 21, 2020; Lydia Khalil, "Digital Authoritarianism, China and COVID," Lowy Institute, November 2, 2020.

④ "Here's What We Know So Far about The Massive Microsoft Exchange Hack," *Cable News Network* (*CNN*), March 10, 2021, https://edition.cnn.com/2021/03/10/tech/microsoft-exchange-hafnium-hack-explainer/index.html, accessed August 14, 2022.

⑤ "Thousands of Microsoft Customers May Have Been Victims of Hack Tied to China," *New York Times*, August 26, 2021, https://www.nytimes.com/2021/03/06/technology/microsoft-hack-china.html, accessed August 14, 2022.

Review Board），以及加强软件供应链安全和事后调查、补救能力等一系列措施①，以此回应国内对网络安全和保护联邦网络系统的诉求。2021年7月，美国联手欧盟、北约、"五眼联盟"成员国和日本共同发表联合声明，借"微软邮件门"指责"中国的恶意网络行为"，将所谓的外部威胁与联邦网络安全事务紧密勾连。这不仅夯实了美国国内对加强网络安全防御能力的正向认知，也加强了与盟友的集体网络弹性与安全合作②，而由特定国家造成的所谓网络安全威胁则成为美国加强其外交政策协调的抓手。

在以新兴技术为代表的高科技领域，拜登政府通过对内提高科研投资、加码出口管制，对外加速国际规则制定的方式来维持美国的领先优势。在科技民族主义思潮的影响下，美国在高科技领域的政策日渐保守，对高科技领域的竞争者更是抱有极强的防范心理。对于拜登政府而言，在信息通信技术领域的竞争力是美国经济、军事和国家安全优势的基础③，而中国又是美国在经济、外交、军事和科技领域的唯一"复合型对手"。在此背景下，拜登总统上台后不断通过各种内政和外交手段来打压中国在信息通信技术领域的发展，借此塑造和巩固其在高科技领域的主导地位。在国内政策方面，拜登政府为了对中国这一"复合型对手"进行全方位的打压，推行从技术、设备到服务的全行业"去中国化"进程。2022年1月，美国联邦通信委员会（FCC）宣布以"国家安全"为由撤销中国联通美洲公司在美国提供电信服务的授权④，自此中国电信业三大巨头都被迫退出美国市场。与此同时，拜登政府不断增加对科技领域的投入，2023财年预算中用于科技发展的资金

---

① "Executive Order on Improving The Nation's Cybersecurity," *Cybersecurity & Infrastructure Security Agency（CISA）*, May 12, 2021, https://www.cisa.gov/executive-order-improving-nations-cybersecurity, accessed August 14, 2022.

② "The United States, Joined by Allies and Partners, Attributes Malicious Cyber Activity and Irresponsible State Behavior to the People's Republic of China," *the White House*, July 19, 2021, https://www.whitehouse.gov/briefing-room/statements-releases/2021/07/19/the-united-states-joined-by-allies-and-partners-attributes-malicious-cyber-activity-and-irresponsible-state-behavior-to-the-peoples-republic-of-china/, accessed July 20, 2022.

③ Antony Blinken, "Secretary Antony J. Blinken at the National Security Commission on Artificial Intelligence's (NSCAI) Global Emerging Technology Summit," *U.S. Department of State*, July 13, 2021, https://www.state.gov/secretary-antony-j-blinken-at-the-national-security-commission-on-artificial-intelligences-nscai-global-emerging-technology-summit/, accessed August 14, 2022.

④ "FCC Revokes China Unicom Americas' Telecom Services Authority," *the White House*, Janauary 27, 2022, https://www.fcc.gov/document/fcc-revokes-china-unicom-americas-telecom-services-authority, accessed August 14, 2022.

高达 2 000 亿美元①,其中的大部分资金投向了以信息通信技术为代表的新兴技术领域。在网络空间国际政策领域,拜登政府聚焦技术标准的制定和规范建立,以此维护美国在以信息通信技术为代表的新兴技术领域的制度优势,这从美国-欧盟贸易和技术委员会(TTC),以及四方关键和新兴技术工作小组(The Quad Critical and Emerging Technology Working Group)的议程中就可窥得一斑。

在网络外交方面,恢复美国在网络空间国际治理中的主导权,建立以美国为首的网络空间国际联盟是拜登政府施政的重要方向。网络空间日光浴委员会在给拜登政府的政策建议中强调,要重拾美国在国际网络空间中的领导权,并通过加强民主国家联盟与联合"志同道合"的国家来对"不负责任的行为体"施加惩戒。② 拜登政府上台后,确实将建立以美国为首的网络空间国家联盟作为其战略优先事项之一,就如国务卿布林肯在全球新兴技术峰会(Global Emerging Technology Summit)上指出的,美国要将合作精神带入科技外交议程,借助"志同道合"的伙伴来实现新兴技术发展和网络空间治理的一系列目标和愿景。③ 例如,拜登政府试图打造的印太地区数字贸易规则就是为了维护美国在该地区的经济和战略利益,并通过扩大与地区盟友之间的数字贸易规模来遏制中国数字经济的发展态势。④ 此外,拜登政府还在双边领域积极缔结网络安全协议,乌克兰、沙特阿拉伯以及新加坡等国家都成为美国网络安全领域的重要伙伴。就重回多边主义的拜登政府而言,在网络空间国际战略中大力推行联盟战略和国际主义原则是题中应有之义,此举一方面在于巩固和修复美国在全球网络空间治理中的话语权、领导权,另一方面则是借助网络议题来弥补前任政府遗留下的外交信任问题。

---

① "The Biden-Harris Administration FY 2023 Budget Makes Historic Investments in Science and Technology," *the White House*, April 5, 2022, https://www.whitehouse.gov/ostp/news-updates/2022/04/05/the-biden-harris-administration-fy-2023-budget-makes-historic-investments-in-science-and-technology/, accessed August 11, 2022.

② "Transition Book for the Incoming Biden Administration," U.S. Cyberspace Solarium Commission, January 2021.

③ Antony Blinken, "Secretary Antony J. Blinken at the National Security Commission on Artificial Intelligence's (NSCAI) Global Emerging Technology Summit," U.S. Department of State, July 13, 2021.

④ David Feith, "The Strategic Importance of a U.S. Digital Trade Agreement in the Indo-Pacific," Center for a New American Security, January 19, 2022.

（二）美国的网络空间治理体系

作为互联网的诞生地,美国的网络空间治理体系可以说是全球最为成熟的,以下就从治理目标、治理主体和治理方式三个方面对美国的网络空间治理体系进行剖析。

1. 治理目标：权力、自由与安全兼顾

在全球网络空间治理目标上,美国一直秉承的是权力和利益至上,自由与安全兼顾。在权力方面,确保美国在全球网络空间治理中占据优势地位一直是美国各届政府的目标。2018 年 3 月份,美国网络司令部发布了一份题为《获取并维持网络空间优势——美国网络司令部的指挥愿景》(Achieve and Maintain Cyberspace Superiority：A Command Vision for US Cyber Command)的指挥战略指南。这份指南显示了美国网络司令部自 2009 年成立以来在网络行动和战略思想方面的重大变化。2018 年 9 月 20 日,美国国防部发布《国家网络战略》,再次强调塑造美国在网络空间的全球领导地位。该战略全篇都是围绕维持美国在网络空间的优势而展开,包括维持美国在新兴技术领域的领导地位、引导建立网络空间负责任国家行为框架等,特别是特朗普在卷首语中强调,美国发明了互联网,因此在界定、塑造和监管网络空间方面必须保持主导地位,凸显了美国将全面引领网络空间的决心。但是,美国并不认为自己在维护网络霸权,因为在外界看来不平等的网络空间治理体系,在美国人看来是合理的。美国人认为当前治理格局是技术发展的自然结果,是公平竞争的结果,而互联网是美国的发明、实验室的创新、技术专家的智慧结晶,由美国、技术专家、非政府组织来主导网络空间治理是应有之义。[①] 也就是说,美国参与全球网络空间治理的目的和态度反映了其对世界秩序的看法。

在意识形态层面,美国的自由主义传统一直在其全球网络空间治理立场中发挥着重要作用,尽管特朗普相比前两届总统在这方面有所收缩。美国的网络治理在确保网络信息安全的前提下,较为强调互联网自由。美国联邦通讯委员会曾于 1997 年出台《网络与电讯传播政策》报告,将美国网络治理的基本原则概括为"政府应避免对网络传播行为进行不必要的管

---

① 　应琛：《从文化视角看美国在互联网治理中的立场与行动》,《当代世界》2016 年第 9 期。

制;政府鼓励网络行业的自律"等,强调政府管制权力和公民自由权利的平衡。美国这一治理目标是掩护并维护其他目标。美国提出的"全球信息基础设施"中有这样一段话:"高速发展的'全球信息基础设施'将促进民主的原则,限制极权主义的政权形式的蔓延;世界上的公民,通过'全球信息基础设施',将有机会获得同样的信息和同样的准则,从而使世界具有更大意义上的共同性。"可见,美国不仅要使自己的经济和科技在新世纪站在世界前沿,而且要利用互联网使自己的价值观成为全球的标准,维护其政治、经济、军事和信息霸权利益。①

　　当然,确保国家和社会的网络安全一直是美国参与全球网络空间治理的直接目的。美国是西方国家中第一个制定网络安全战略的国家,并将其作为国家安全战略的一部分。"9·11"事件发生后,美国政府加强了对网络信息的监控和管制,对网络安全的重视程度前所未有,先后通过《爱国者法案》和《国土安全法》等涉及国家安全和网络管制的法律和制度,赋予美国国土安全部、联邦调查局、中央情报局等机构监控和查阅网络私密信息的权力。2003年,美国出台了首份《网络空间安全国家战略》。2011年,奥巴马政府发布了首份《网络空间国际战略》,阐述了美国在网络连接日益紧密的现实世界中如何增进其安全防护和开放繁荣。特朗普政府对于网络安全的重视继续加强,如前所述,形成了一个全政府参与的网络安全战略。

　　2. 治理主体:国家、市场与社会组成的多利益攸关方

　　多利益攸关方是美国等西方国家倡导的全球网络空间治理的模式,该模式主要强调政府、私营部门和社会团体等不同利益攸关方在全球网络空间治理中的共同作用。多元主体治理模式是美国参与全球网络空间治理的重要特征。② 美国在全球网络空间治理中的霸权并非独归美国政府,它是分散的,技术团体和企业占据着非常重要的份额,公民团体也发挥了重要作用。国家(政府、国会、法院)、私营部门(互联网企业、行业协会)和社会团体(网民、国际组织)构成了美国网络空间治理的主体,主体之间各司其职、相互制衡,在各自的权力范围内发挥自身网络空间治理的能力。在三者关系中,国家与私营部门是合作的关系。在一般性的网络安全和信息保护议题上,私营部门发挥着主要作用。在政府与社会的关系中,社会高于政府,

① 倪健民:《信息化发展与我国信息安全》,《清华大学学报》(哲学社会科学版)2000年第4期。
② 缪锌:《美国互联网治理的特色与启示》,《传媒》2017年第19期。

政府被认为是企业和公民的"看门人"。但在涉及国家安全的领域,则由政府主导防控。具体而言如下。

在网络空间治理中,国家无疑发挥了最重要的战略引导和规则制定作用。美国实行三权分立的政治结构,立法、司法和行政分别由国会、法院和政府掌握,三者之间既独立行使相应的权力,又相互制约。在网络空间治理过程中,政府作为执行者,主要负责互联网基础设施的建设和维护、公共政策的制定和依法对互联网进行行政管理,同时,在国际社会倡导美国的治理立场,维护美国的国家利益。许多网络相关的战略和行政命令也是由政府发布。行政机构是互联网决策的执行机构,承担管理互联网的具体事务工作。行政管理和预算局、国家安全局、国家电信及信息管理局、国家标准与技术研究院等部门是其中的典型代表。① 国会具有仲裁者和监督者的双重身份,主要负责主持互联网立法工作,审查互联网法律法规和公共政策的合法性。立法作为美国网络空间治理的重要手段,其内容涉及数据安全、消费者权益保护、互联网基础资源保护等网络空间治理的方方面面。法院作为仲裁者,主要负责处理互联网纠纷,维护互联网法治的公正性。执行者、监督者和仲裁者三者的权力分配,保障了美国网络空间治理的均衡性。

代表市场的私营部门也是美国参与全球网络空间治理的重要主体。技术手段是私营部门最常采取的网络空间治理手段。互联网企业和行业组织作为私营部门的代表,互联网企业承担着革新互联网技术,提供网络服务的重任。行业组织则承担着协调、维护行业规则的任务。美国的网络安全治理目标主要是靠私营部门来落实的。在国际上,美国私营企业的技术能力和市场占有率决定了其在全球网络空间治理中的霸权地位。然而,私营部门很多时候也不得不听命于政府,尽管美国政府对企业的控制力是有限的。企业与政府之间本质上是一种合作关系,企业与政府间保持良好合作关系的前提是合作于企业也有利。合作时,美国政府可以借助技术团体力量达成霸权,但它并不能单向地对技术团体和私营部门发出强制性指令。

社会团体也是美国参与全球网络空间治理的主体之一。在美国的互联网治理中,国家重视网民的力量。在国内层面,网民深入参与互联网之中,享受互联网的福利,同时对国家出台的网络空间治理的法律法规、行政政策和具体网络行为实行监督。在国际层面,非政府组织作为社会团体必不可

---

① 参见谢烨凤:《互联网治理模式研究》,首都经济贸易大学硕士学位论文,2018 年。

少的部分,在帮助美国获得网络空间治理方面的国际话语权提供了巨大的支撑和帮助。一个重要的案例就是,很多参与过阿帕网项目或者获得高级研究计划局赞助的互联网专家,不仅构建了全球最初的互联网的架构和标准,而且后来很多都成为国际非政府组织的主要领导人和重要参与者,负责全球互联网资源的分配和协调。美国在 ICANN、IETF 等国际非政府组织间具备压倒性的成员比例,以及国际非政府组织大多以美国为总部,受到当地美国政府的直接管理。美国文化最根本的特质是个人主义,因此,社会团体的参与也使自由始终是美国参与全球网络空间治理的重要旗帜,国家、私营部门和社会团体共同保障了美国的全球网络空间治理的霸权地位。

3. 治理方式:竞争主义、理想主义与实用主义逻辑

美国在全球网络空间治理中的治理方式可以认为是竞争主义、理想主义与实用主义的叠加逻辑,可以分别对应权力、自由与安全的不同治理目标。

竞争主义文化决定美国仍将长期以零和博弈思维看待国际政治领域的权力消长,其很难接受合作共赢的理念。[1] 竞争主义决定了美国在全球网络空间治理中始终会争取主导地位,尽管特朗普政府当时采取了"美国优先"的孤立主义理念。因此,在 2018 年 9 月美国国防部发布的《国家网络战略》中,不仅强调要维持美国在网络空间的优势,而且强调作为互联网的发明者,美国在界定、塑造和监管网络空间方面必须保持主导地位。竞争主义决定了在中国崛起的过程中,中美之间必然会产生一定的冲突,比如,中美在网络间谍中的相互指责、中美在治理模式方面的争论等。竞争主义与"例外论"相结合,还决定了美国会继续以其他国家的不安全换取自己的安全。美国的网络间谍行为和双重标准就是其竞争主义逻辑在国际事务中的表现。

理想主义主要体现为对网络自由的推崇。美国政府倡导网络自由并非只是对外口号。网络自由既是个人主义价值观在网络空间的体现,也是网络技术史的价值观念遗留,其在西方世界仍具有强大的价值正当性,是美国主导全球网络空间治理的重要旗杆和开路神器。追求一个技术中立的、开放而自由的网络,是美国政府必须坚持的姿态。美国政府的全球网络空间治理方针不可能脱离这一语境。美国必须在国际场合宣称其外交是为了实现自由主义的价值观,否则难以获得国内民众的认同,也很难获得同盟国的

---

① 应琛:《从文化视角看美国在互联网治理中的立场与行动》,《当代世界》2016 年第 9 期。

支持,尽管对美国政府来说,在国际场合宣扬自由、平等理念常有出于现实利益选择的虚伪之嫌。反过来说,网络需要主权政府介入管理才是晚近的认知。中、俄、巴西等国较早在意识形态、国家安全领域受到网络冲击,意识到虚拟的网络影响着现实的政治稳定,因此,这些国家较早地提出网络主权的概念。发达国家则长期倡导互联网自由。"斯诺登事件"之后,欧洲开始重视网络主权,但其重心放在公民隐私保护上,实质上是为了更好地支持个人的互联网自由。相当数量的互联网专家至今坚持网络空间的纯粹自由与开放。美国政府早已从恐怖主义、网络攻击等问题上意识到网络治理的必要性,但要改变民众的固有观念很难。美国政府对国内网络空间执行的实际管制已经招致民众的质疑与反对。在国际舞台上,美国依然需要高举这一面大旗,可以说,这已经是一种路径锁定。因为源于《联合国宪章》的主权、和平、互助等国际关系准则,构成了全球网络空间治理的基本原则,也是全球网络空间治理必须遵守的基本框架。

　　实用主义是美国在全球网络空间治理中的重要原则,既体现为利用一切力量提高自身实力,维护其实质优势;也体现为对网络空间合作的开放态度。实用主义还体现为美国在全球网络空间治理中的单边主义立场,如垄断互联网的关键资源、推行美版网络技术标准以牵制他国、奉行单边网络自由战略以干涉他国内政、组建网络部队以威慑进攻他国等。美国的实用主义文化还决定了它对网络空间合作保持开放态度。[1] 美国当然有维护其网络空间优势地位的意图,但其也早已意识到单凭自己的力量难以保障网络安全,具有与国际社会合作的意愿。就中美网络合作来说,美国一方面将中国与俄罗斯、伊朗、朝鲜一起列为网络空间安全的潜在敌人,指责中国官方支持、组织对美网络攻击和信息窃取,担忧中国不断增强的网络技术能力不利于美军;另一方面仍然将"加强中美网络对话,增强战略稳定性"作为其加强国际合作的战略目标之一。美国防部在 2015 年的《网络空间战略》中称,将"保持与中国的交流讨论,以便双方了解对方在网络空间的军事理论、政策、角色和任务,提高透明度,以降低误解和误判的风险,防止矛盾升级和不稳定"。美国对美俄网络合作也持开放态度。美国政府批准 ICANN改革方案这一事件表明,美国能审时度势地对其立场作出调整,避免陷入与全球治理大势相悖的格局。

---

① 应琛:《从文化视角看美国在互联网治理中的立场与行动》,《当代世界》2016 年第 9 期。

（三）美国的全球网络空间治理实践

在全球网络空间治理领域，美国重点从理念、资源、安全、规则等领域入手，试图掌握全球互联网及其治理的话语权和主导权。

1. 推动治理理念

美国很清楚理念在全球治理中的重要性。因此，推动能够为美国利益服务的治理理念一直是美国各界参与全球网络空间治理的重要行动。美国推动的全球网络空间治理理念主要包括网络自由和多利益攸关方模式。

美国通过各种途径树立自己网络自由旗手的形象。行为者主要包括政府组织（如白宫、国会、国务院、国防部、美国情报界、新闻署、国际开发署等联邦政府及部门）、非政府组织（包括智库和基金会）以及媒体等，这些主体互相呼应，各有分工配合。① 其中，主导者是美国政府，国务院是最重要的主体。美国国务院的国际信息局（Bureau of International Information Programs）就是负责向全世界传播美国的重要部门。② 网络自由成了核心理念。"当网络世界面临威胁和入侵时，美国高度重视以下原则：言论和结社自由、珍视个人隐私和信息的自由流动"，"美国的国际网络空间政策反映了美国的基本原则，即对基本自由、个人隐私和信息自由流动的核心承诺"；"美国鼓励全世界人民通过数字媒体表达观点、分享信息、监督选举、揭露腐败、组织政治和社会运动"，"美国将继续确保网络的全球属性带来的益处，反对任何试图将网络分裂为一个个剥夺个体接触外部世界的国家内部网络的努力"。③ 即使是主张美国优先的特朗普政府，国土安全部发布的《国家网络战略》也继续高呼网络自由，将互联网自由原则与国家安全关联起来，把保护和促进互联网自由作为推进美国影响力的优先行动。此外，美国也通过"伦敦进程"、布达佩斯会议等平台不断倡导在网络空间推行民主自由价值观。

同时，美国借助各种国际场合推进其所主张的多利益攸关方治理模式。

---

① 董德、侯惠勤：《911 以来美国对华意识形态输出战略浅论》，《南京社会科学》2012 年第 10 期。

② "Bureau of International Information Programs", *State Department*, http://www.state.gov/r/iip/, accessed August 14, 2022.

③ 阚道远：《美国"网络自由"战略评析》，《现代国际关系》2011 年第 8 期。也可见 The White House, *The International Strategy for Cyberspace*, p.24, http://www.whitehouse.gov/sites/international_strategy_for_cyberspace.pdf, accessed August 14, 2022.

这些国际场合既包括各种国际会议、多边论坛,也包括各种国际组织平台。目前,在全球网络空间治理中主要存在两种模式的争论:美欧等国主张网络空间治理的多利益攸关方模式,中俄等国则主张联合国主导下的治理方式。① 按照多利益攸关方模式,国家和非国家行为体相互合作,对网络空间技术与运行进行管理,如对通信协议标准化、对域名地址进行管理等。多利益攸关方模式的支持方认为,ICANN 就是多利益攸关方模式的一个典型代表,因为其中不仅有国家代表,更有各种私营部门和非营利组织的代表。它们认为,利用国际会议和国际组织将网络空间治理置于政府和政府间机构的控制之下的企图,将对互联网的创新、商务、发展、民主和人权带来可怕的后果。② 因此,它们反对联合国及其分支机构(如国际电信联盟等国际组织)对网络空间的监管。然而,随着网络的发展,许多国家发现这种多利益攸关方模式名不副实,因为它给美国延续其对网络的控制及未来发展提供了更多机会。美国表面上提倡多利益攸关方模式,但实际上不愿意改变有利于自己的现状,因此,在世界信息峰会、"伦敦进程"、布达佩斯会议、互联网治理论坛、世界电信联盟等各种国际场合强调多利益攸关方模式对于全球网络空间治理的意义。例如,主导"伦敦进程"的仍然是以美国、欧盟为代表的西方国家,其主流的声音是倡导网络空间的自由、开放和人权保护,反对国家对互联网的监管和干预。此外,学界对多利益攸关方的关注也推动了这一理念的扩散。

2. 控制核心资源

美国对于全球网络空间治理中的权力的追求并非止于一般的实力和普通权力,而是希望能够保持其在网络空间的主导权和控制权,维持对网络空间关键资源的事实上的垄断控制,确保网络空间的运行规则能够符合美国的国家利益。在关键资源方面,最有代表性的案例是负责管理互联网地址分配、根服务器运行的互联网名称与数字地址分配机构的运作。该机构名义上是一个非政府和非营利的组织,但其管理权限在 2016 年以前一直来自美国商务部的授权。互联网起源于美国,由于历史原因,这些关键资源的分

---

① See Jeremy Malcolm, *Multi-Stakeholder Governance and the Internet Governance Forum*, Terminus Press, 2008; Milton L. Mueller, *Networks and States: The Global Politics of Internet Governance*, *Information Revolution and Global Politics*, The MIT Press, 2010.

② David P. Fidler, "Internet Governance and International Law: The Controversy Concerning Revision of the International Telecommunication Regulations," *Insights*, 2013, 17(6).

配管理职能由 IANA 承担,美国商务部通过协议授权 ICANN 承担 IANA 的日常运行。任何顶级域名,包括一国的国家顶级域名服务器地址的修改,均需要得到美国商务部的核准。这一安排实际上赋予了美国政府单方面控制整个互联网基础设施的权力。虽然 2016 年 10 月美国国家电信和信息管理局宣布将关键互联网域名职能移交至 ICANN,但美国同时强调这一职能不能由政府间国际组织接管,同时,ICANN 作为一家注册在加州并接受美国法律管辖的非营利机构,美国的主导权依然一目了然。在网络空间运行规则方面,由于目前的互联网仍然是基于最初的阿帕网的雏形,所有的标准和规则可以说都是在美国主导下形成的。虽然很多国家都在尝试发展本土化的互联网技术,甚至有开发自己的局域网的想法,但是毫无疑问,在当前互联网发展已经相当成熟且社会经济已经对互联网形成严重依赖的情况下,另起炉灶的难度非常之大,因此,也只能接受已经约定俗成的运行规则。

然而,移交互联网域名管理权并非证明美国真心放弃互联网控制权。即便其放弃了对 ICANN 的管理,它仍能凭借技术等层面的制衡措施在幕后巧加干预。美国对这次的"移交"并没有那么主动,是以退为进的新策略,只是缓解各方压力和稳定当前全球互联网发展秩序的一种应对策略。表面上看,美国政府移交互联网域名管理权是一次极其"慷慨"的举措。将管理权下放给赋权社群,破除美国在监管互联网关键性资源"唯一标识符"的垄断地位,让更多的互联网社群参与全球网络空间治理。也就是说,移交是有条件的,多利益攸关方模式是移交的基本原则。移交方案设置了四个基本条件,其中,排斥政府主导参与的多利益攸关方模式是四个基本条件围绕的中心。美国商务部明确提出,要将对关键性资源的管理权移交到利益相关方的互联网社群手中,防止政府主导参与监管。ICANN 的最高决策权归属于由少数专业人士组成的指导委员会(Board of Directors)。主权国家的代表被纳入政府建议委员会(Government Advisory Committee),但仅具有建议权。虽然主权国家有了政府建议委员会这一参与渠道,但在决策层面,各个主权国家还是处于监管权的外围,无法直接参与对 ICANN 的监管,决策权力被赋予互联网领域的专业人士手里。在 ICANN 的新章程中,美国虽然没有明确这些专业人士具体是谁,但也给这一群体划分了范围。[①] 鉴于互联网起源于美国,不论是在关键性技术发展还是在网络空间治理研究上,美国

---

① 张心志、刘迪慧:《IANA 移交的实质及影响》,《信息安全与通信保密》2018 年第 10 期。

都处在发展的最前沿,因此,在选举专业人士担任 ICANN 董事的时候,美国专家无疑具有极大的优势。

3. 维护网络安全

美国深知全球网络空间治理的最重要目标是网络安全,前提是首先保障自身的网络安全。这可以从两方面加以理解和考察,即一方面从防御的角度加强联邦政府和关键基础设施网络安全,另一方面从进攻的角度加强网络空间的威慑能力。

网络空间防御能力的全面提升是美国参与网络空间治理的重要基础。这种防御能力集中体现为美国对于加强联邦政府和关键基础设施网络安全的重视。美国联邦政府在《2018 财年预算》中提出,投入 15 亿美元用于国土安全部保护联邦网络和关键基础设施免受攻击。① 特朗普于 2017 年 5 月发布的 13800 号《增强联邦政府网络与关键基础设施网络安全》行政令中,突出了保护联邦政府网络、关键基础设施网络和国家整体网络安全三大重点。② 对于联邦政府和关键基础设施网络安全的重视是特朗普政府的工作重点。专家普遍认为该行政令基本上沿袭了奥巴马政府的网络安全战略与政策要点,例如,加快联邦政府网络设施升级和强化关键基础设施保护。③ 该行政令明确要求落实奥巴马政府第 21 号总统行政令中界定的 16 个关键基础设施领域保护要求,并提出了具体的落实要求,例如,建立由军方、执法机构、私营部门组成的网络审查小组,加强政府的主导作用,强调重点行业关键基础设施防护及重视联邦政府关键基础设施安全等。此外,美国还采取各种措施严防国外信息安全相关产品威胁,例如,强制政府机构卸载国外可疑软件和阻挠外资并购本国信息安全企业。2017 年 9 月,国土安全部代理部长发布《约束操作指令》,要求联邦机构在指定期限内全面梳理其信息系统内使用的卡巴斯基产品,制定详细的清除与停用计划。④

① *National Defense Authorization Act for Fiscal Year 2018*, https://www.govtrack.us/congress/bills/115/hr2810, accessed August 10, 2022.
② "Presidential Executive Order on Strengthening the Cybersecurity of Federal Networks and Critical Infrastructure," *the White House*, May 11, 2017, https://www.whitehouse.gov/presidential-actions/presidential-executive-order-strengthening-cybersecurity-federal-networks-critical-infrastructure/, accessed August 10, 2022.
③ 桂畅旎:《特朗普网络安全治理回顾、特点与展望》,《中国信息安全》2018 年第 1 期。
④ The Guardian, "US Government Bans Agencies from Using Kaspersky Software over Spying Fears," *the Guardian*, September 12, 2017, https://www.theguardian.com/technology/2017/sep/13/us-government-bans-kaspersky-lab-russian-spying, accessed August 10, 2022.

保持网络空间的综合实力优势不仅是网络安全防御能力,而且是超强的网络空间进攻能力和威慑能力,以及支撑这些能力的技术基础。① 特朗普政府强调要重点培养进攻性的网络能力,建立先进的网络进攻系统,形成强有力的且不容置疑的网络反击能力。② 除了强调进攻性的网络威慑战略,特朗普政府还从调整网络作战机构和扩充网络作战部队规模方面提高美国网络空间的威慑能力。原先隶属于美军战略司令部的网络司令部被升级为美军第十个联合作战司令部(2018 年 5 月已完成升级),与美国中央司令部等作战司令部平级,以增强国家网络安全防御能力,对敌人形成威慑。③ 美国还特别注重从人才培养和新技术角度加强网络空间综合实力优势。13800 号总统行政令中专门强调了建立国家网络安全综合能力不仅包括网络威慑,还包括人才培养和技术开发。④ 美国不仅拥有硬件制造、软件设计和应用开发等核心领域的技术优势,近年来又加大了对云计算、大数据、人工智能等网络发展的未来重点领域的投资。美国《2018 财年国防授权法案》显示,美国国防部将重点开展区块链的相关技术与应用研究计划。⑤

4. 打造合作伙伴

美国全球网络空间治理中的主导地位不仅依赖于自身能力,更需要国际合作和支持,而这种国际合作主要基于其盟友关系,但是也不限于盟友。同时,美国也不忘借助产业界的力量打造私营部门之间、政府和私营部门之间的合作关系。

美国一直致力于在国际上打造联盟和伙伴关系,并将其整合入网络空间合作,从而提高自己的国际行动能力和网络空间主导能力。除联合同盟

---

① 刘权:《特朗普安全主张及其启示》,《网络安全和信息化》2017 年第 6 期。
② 王超:《特朗普政府执政初期美国网络安全政策新趋势和启示》,《网络空间安全》2017 年第 8 期。
③ "Cyber Command Elevated to Combatant Command," *Military. com*, May 4, 2018, https://www. military. com/defensetech/2018/05/04/cyber-command-elevated-combatant-command. html, accessed August 10, 2022.
④ "Presidential Executive Order on Strengthening the Cybersecurity of Federal Networks and Critical Infrastructure," *the White House*, May 11, 2017, https://www.whitehouse.gov/presidential-actions/presidential-executive-order-strengthening-cybersecurity-federal-networks-critical-infrastructure/, accessed August 10, 2022.
⑤ "Presidential Executive Order on Strengthening the Cybersecurity of Federal Networks and Critical Infrastructure," *the White House*, May 11, 2017, https://www.whitehouse.gov/presidential-actions/presidential-executive-order-strengthening-cybersecurity-federal-networks-critical-infrastructure/, accessed August 10, 2022.

国家进行大规模的"网络风暴"演习外,美国格外注重加强与同盟国家的双边关系。在欧洲,美国则与北约联合对抗俄罗斯,将网络战纳入北约作战体系,并共同签署同意将网络空间等同于海陆空的行动领域加以保护。① 在亚太地区,美国将网络问题纳入美日同盟、美韩同盟、美澳同盟②,美国与亚太盟友的网络安全合作领域广泛,通过共享网络情报与信息、加强攻防一体的网络空间军事化协作等合作手段,共同应对网络攻击、打击网络犯罪、保护关键信息基础设施并打造亚太网络同盟。③ 在南亚,美国强化与印度的网络关系,尤其是推进美印网络合作。美印双方于2015年8月发布联合公告称,美印双方拟打造网络安全方面的合作伙伴关系,并就能力建设、技术研发、打击网络犯罪及网络治理等方面展开具体合作。④ 通过这些双边和多边联盟,美国不仅希望能够形成合力,形成网络安全共同防御体系,以抗衡战略竞争对手,而且希望借此推动制定符合美国利益的网络空间国际规则,从而继续主导网络空间发展。

除了传统的安全盟友关系,美国也尽力打造新的网络安全伙伴,例如,制定《2017年美国-以色列网络安全提升法案》(United States-Israel Cybersecurity Cooperation Enhancement Act of 2017),应对伊朗和俄罗斯在网络安全领域的挑战;制定《2017年乌克兰网络安全合作法案》(Ukraine Cybersecurity Cooperation Act of 2017),要求美国和乌克兰情报执法机构之间加强网络安全政策方面的合作,并改进美国对网络罪犯的引渡程序。此外,基于其实用主义的治理方式,美国与许多其他非盟友国家(包括中俄等国)也积极讨论网络空间合作,如共同打击网络恐怖主义与网络犯罪。为了防止网络空间出现不可接受的行为,美国通过与国际合作或伙伴的情报共享或交换,密切关注、打击和反击网络空间犯罪;同时,运用政治和外交手段全面反击"网络不良行为",如剥夺恐怖分子和其他罪犯利用互联网进行计划、筹措资金和发动攻击的能力。

---

① In July 2016, Allies reaffirmed NATO's defensive mandate and recognised cyberspace as a domain of operations in which NATO must defend itself as effectively as it does in the air, on land and at sea. http://www.nato.int/cps/en/natohq/topics_78170.htm, accessed August 10, 2022.
② 蔡翠红:《网络地缘政治:中美关系分析的新视角》,《国际政治研究》2018年第1期。
③ 蔡翠红、李娟:《美国亚太同盟体系中的网络安全合作》,《世界经济与政治》2018年第6期。
④ White House, "Joint Statement: 2015 United States-India Cyber Dialogue," the White House, August 14, 2015, https://www.whitehouse.gov/the-press-office/2015/08/14/joint-statement-2015-united-states-india-cyber-dialogue, accessed August 10, 2022.

5. 主导治理规则

参与全球网络空间治理最有效的方式是提供国际制度和治理规则。一旦被国际社会接受,治理规则就成为一种公共产品而内化到国际社会。治理规则包括两个方面:一是网络空间运行的技术规则;二是网络空间中行为体的行为规则。

由于互联网诞生于美国,技术规则主要采用美国标准。目前,承担互联网技术标准的研发和制定任务的是1985年年底成立的互联网工程任务组,其两个监督和管理机构——互联网工程指导委员会和互联网架构委员会共同归属于互联网协会管辖。总部位于美国弗吉尼亚的互联网协会成立于1992年,是一个独立的非政府、非营利性的行业性国际组织,它的建立标志着互联网开始真正向商用过渡。互联网的控制权虽然归属于独立的非政府组织,但根本上仍是"美国制造",很大程度上被美国政府所控制。[1]

在网络空间的行为规则方面,全球网络空间治理规则的制定仍然处于初始阶段。在网络空间,全球规则的倡导者主要是各国政府,制度平台包括联合国、北约、欧盟等国际和地区组织以及各种专业互联网组织。国际互联网协会是领导国际互联网络的科技和经济发展并指导国际互联网络政策制定的非营利、非政府性组织。它发布了多利益攸关方原则下的网络空间治理框架。值得注意的是,其框架与美国的多利益攸关方网络空间治理体系如出一辙。主要是以技术层、标准层、传输层、应用层、组织层和用户层构成,不同程度地强调企业与产业的先导优势和自治性约定,虽然兼顾了一些公共服务与政府机构环节,但是整体上通过非政府行为主体方式进行治理。[2]虽然不能完全排除政府管理的作用,但从权限配比、组织成员所属国来源等方式,限制其他国家以政府组织为代表、追求显性治理的平等权利。美国也恰恰通过国际组织协调等方式,实施功能性、隐蔽性的国家治理模式。

目前,国际社会关于保障网络安全和全球网络空间治理的国际公约几乎都发挥着举足轻重的作用。正因为此,美国表示将全面参与制定打击国际网络犯罪的政策。例如,针对《布达佩斯公约》,美国表示将致力于推广《布达佩斯公约》的覆盖范围,通过推广《布达佩斯公约》协调国际网络犯罪法律。美国还表示会继续鼓励其他国家成为公约成员,并且将帮助非成员

---

① 郎平:《全球网络空间规则制定的合作与博弈》,《国际展望》2014年第6期。
② 侯欣洁、王灿发:《网络空间四大治理体系的理念与共识解析》,《新闻爱好者》2016年第12期。

国使用公约作为他们自己法律的基础,以在短期内减轻双边合作的困难,在长期则使他们成为公约成员成为可能。美国还借助其能力建设和培训程序,在国际上帮助立法和执法部门开发有效的法律框架和专门知识,从而使相关的国际规则内化为国内法律规范。

(四) 美国对互联网全球治理的影响

美国对全球网络空间治理的影响具有正反两方面。从积极面来看,其一,美国作为互联网的创始者,为全球网络空间治理的早期规范作出了贡献,从而保障了互联网的平稳运行以及在全球的推广。尤其是互联网的技术架构和技术标准的全球统一,是网络空间能够真正成为全球网络空间的重要前提,也是网络空间到目前为止仍然能够为各国经济社会发展所用的基础。其二,基于美国的体制和传统,美国推动了多利益攸关方中非政府行为体的地位和作用。互联网的高技术特性使得私营企业的重要性必须得到承认,同时,网络空间人人参与的性质也使得社会团体的意见应该被予以重视。美国所推崇的多利益攸关方模式给予了非政府行为体以一定的地位和作用。2016 年,ICANN 的职能管理权从美国政府手中移交出来,某种程度上体现了美国对于全球网络空间治理的积极态度。纵观美国各届政府对于全球网络空间治理的参与态度和政策措施,美国为全球网络空间治理带来了一些新的趋势和特点,美国在全球网络空间治理中担任了一些重要角色,也为全球网络空间治理带来了一定的挑战,这些挑战主要表现在以下 6 个方面。

1. 利用网络自由危害他国的网络空间主权

网络自由一直是美国各届政府高举的网络空间治理大旗。这是美国能够引领西方世界的重要手段,也是获取其国内民众支持的重要工具。然而,在全球网络空间治理中,对网络自由的过分强调却弱化了网络主权的治理需求。

事实证明,多利益攸关方各方中的非政府行为体很重要,但是政府行为体同样重要,甚至在许多涉及国家安全的网络议题中不可替代。因此,以新兴大国为代表的发展中国家主张在尊重各国独立主权的基础上,发挥联合国等全球性机构不可替代的地位和作用,促进全球共治。2012 年,在第 66 届联合国大会上,中国和俄罗斯联合上合组织成员国向联大提交的《信息安全国际行为准则》遭到了以美国为首的西方国家的强烈抵制。同年,在迪拜国际电信联盟大会上,在将"成员国拥有接入国际电信业务的权利和国家对于信息内容的管理权"条款写入《国际电信规则》的问题上出现对立,由于 55 个信息发达国家联合抵制,该条约没有生效。[1] 这些全球网络空间治理中的重要里程碑事件未得以顺利进行,一个重要原因就是美国作为西方国家的重要代表在其中并未起到积极作用。

事实上,美国在网络自由和网络主权的平衡与矛盾中存在两面性和一定程度的虚伪性,这在不同政府任期的认知变化中可见一斑。例如,奥巴马政府在第一任期内认为,全球网络空间与物理空间不同,不受任何单一国家管辖支配,在一个没有国界的网络空间讨论网络主权没有意义,典型代表是其 2009 年推出的《美国国家安全战略》。但是,奥巴马政府在第二任期内,由美国主导的北约合作网络防御卓越中心发布的《塔林手册:网络战适用的国际法》,明确提出国家对网络基础设施享有主权,尽管该手册描述的主权范围限于基础设施,但通过虚拟网络空间对基础设施进行破坏的技术已经出现,美国等西方国家政府开始考量网络主权的覆盖和适用范围。[2] 尽管《塔林手册》并不是一个具有约束力的官方法律文件,它是由独立的国际专家组在个人能力上制定的著述,但是它依然代表了各签约国家专家的意见。特朗普政府时期则在事实行动层面默认了网络空间主权。特朗普竞选和上台后持续发酵的"通俄门"事件和网络空间的舆论乱象,使特朗普政府认识到社交媒体监管的重要性,同时,特朗普上台后"美国优先"的政治纲领也将国家安全和主权放在首位。

2. "棱镜门事件"导致网络空间的"巴尔干化"风险加剧

网络空间的"巴尔干化"体现为两个方面:一是如上述案例中的基础设施中的设备和技术的本土化,各国尤其是具备实力的国家都在尽力开发自己的软件系统,试图在其基础设施中降低进口设备和技术的比例,从而提高本土化的比例;二是近几年呈现出的数据本地化趋势。

在"美国优先"的理念下,特朗普不仅在经贸领域扛起保护主义的大旗,也将其投射至网络空间。具体体现为:重国内,轻国际;重现实利益,轻长远考虑;重问题反映,轻规则引领。特朗普上台后,其网络安全议题主要是围绕美国当前面临的最棘手的问题,如联邦政府 IT 技术落伍、选举系统

---

① 网络安全课题组:《网络空间安全国际对话机制与对策研究》,《电子政务》2014 年第 7 期。
② 任政:《美国政府网络空间政策:从奥巴马到特朗普》,《国际研究参考》2019 年第 1 期。

存在漏洞、关键基础设施保护责任分散、风险评估不足、僵尸网盛行等,出台的技术指令也是以上述议题为主,少有对国际网络空间机制建设的长远考虑。[①] 各个国家之间不同程度的网络安全审查制度、数字贸易的市场准入以及各种贸易壁垒,都可能成为潜在的引爆点。这种保护主义加剧了网络空间的"巴尔干化"。数据本地化成为近几年各国网络空间治理的新趋势。数字经济正在成为全球经济转型的新范式,构建数字经济规则是国际社会面临的共同的任务。网络安全与数字经济发展之间存在着辩证的关系,数字经济的发展离不开网络安全的保障,但过度追求独自网络安全也会使得自身陷入封闭的数字经济体系。"棱镜门事件"说明,美国开展大规模网络监听,无论是美国的互联网企业还是途经美国的光缆,都成为美国获取他国信息的渠道,这迫使其他国家不得不采取更加严格的数据本地化措施,从而进一步加剧了全球网络空间"巴尔干化"的风险。

3. 使全球讨论转向双多边协议趋势的诱导者

特朗普政府明显地对联合国、WTO 等多边组织的网络治理规制没有兴趣,而希望通过双边关系来达成新的网络安全合作协议,甚至通过国内立法来加强此类合作,如《2017 年美国-以色列网络安全提升法案》《2017 年乌克兰网络安全合作法案》。奥巴马政府对于网络空间军事化有很大顾虑,极少对外开展网络军事合作。特朗普政府则把盟友体系视为遏制竞争对手的有力工具,不仅在北约框架下多次开展针对俄罗斯的网络攻击演习,还在《美日安保条约》中把网络安全纳入共同协防的范畴。可以预期,美国将会越来越重视与盟友在网络军事领域的合作,并将这视为美国网络战略的重要支柱。

作为网络空间举足轻重的一员,美国的态度和做法诱发了网络空间治理从全球讨论转向双边协议和诸边安排的趋势。过去几年,双边协议和诸边安排迅速增长,如二十国集团成员国同意不对对方进行经济网络间谍活动。双边网络协议的逐年上升,说明了从全球层面对网络空间进行治理的信心和意愿的下降,这无疑是全球网络空间治理发展的负面信号。

4. 冷战思维导致泛网络安全化思维

全球网络空间治理的对象是多维的,不仅仅包括网络安全问题,数据鸿沟、网络发展等带来的新问题都应该是全球网络空间治理的对象。根深蒂

---

① 桂畅旎:《特朗普网络安全治理回顾、特点与展望》,《中国信息安全》2018 年第 1 期。

固的冷战思维,使美国在看待一切网络空间问题时都会和网络安全或国家安全挂钩,尤其是在中美关系的处理中。奥巴马政府强调自由竞争的市场环境,认为美国企业在全球市场上的份额和贸易活动的增加符合美国的国家利益。特朗普政府则用一种片面的、极端化的逻辑来理解网络技术、经济、外交和人文与美国国家安全的关系,认为对手在网络技术上超越了美国或是影响了美国的领导权就是对国家安全的危害,并且假定竞争对手(特别是不同政治制度的国家)一定会利用先进的网络技术来危害美国的国家安全。泛网络安全化思维对于全球网络空间治理中的网络发展和创新尤其有害。

美国用泛网络安全思维来审视经济和贸易活动,只要是和信息通信技术相关的经贸活动都会受到相应的监管。特朗普政府意图限制和围堵中国,特别是在一些可能挑战美国优势的新技术领域,并采取了一系列措施:一是加强对技术出口的监管。美国国会制定了《出口管制改革法》,商务部工业安全署(Bureau of Industry and Security,BIS)根据法案授权出台了一份针对关键技术和相关产品的出口管制框架,其中规定的 14 个类别限制中美合作的领域大多与网络科技相关,如人工智能、先进计算、脑机接口等技术禁止向中国出口;二是禁止外来投资,防止外国通过投资来曲线获取美国的网络技术。2017 年以来,中国在美的一系列投资被叫停,包括蚂蚁金服收购速汇金、峡谷桥基金收购莱迪思半导体、TCL 收购诺华达无线通信等;三是限制外国企业进入美国市场。例如,在《国防授权法案》中,仅仅因为存在可能性就无端指责华为、中兴为中国政府提供情报收集服务,就以此为由不允许华为进入美国市场,包括手机这样的消费品市场。此外,美国还以网络安全来审视市场、教育、人文领域的合作。正常的中美科技交流也被限制,如通过拒发签证等各种手段限制科学技术领域的合作和人员交往。要求美国高校和研究机构不得接受华为的资助,尽管这些资助完全是公开的、符合美国法律的,并且不涉及任何技术上的合作。美国政府已经陷入一种草木皆兵的状况,认为任何和网络安全相关的政治、经济和文化问题都会危害美国的国家安全。

5. 地缘思维推动网络空间军事化和军备竞赛

网络空间非军事化是国际社会的普遍期待,美国政府也清楚一个和平与繁荣的网络空间对美国及世界的重要性。[1] 特朗普政府对地缘政治威胁

---

[1]　汪晓风:《"美国优先"与特朗普政府网络战略的重构》,《复旦学报》(社会科学版)2019 年第 4 期。

的过度强调,使得地缘政治思想对其网络安全战略的影响加大,推动了其网络空间军事化进程,引发了网络空间军事竞赛。

美国的地缘政治思维产生的影响包括两个方面:一是威胁的排序发生变化。把国家视为美国网络安全的主要威胁,并且明确提出俄罗斯和中国是其最主要的对手。奥巴马政府将网络恐怖主义和网络犯罪视为主要的安全风险,国家及其代理人的威胁在其之后。特朗普政府不仅将俄罗斯和中国视为美国最重要的网络安全威胁,而且认为这种威胁不仅局限于网络安全领域,而是通过网络来威胁美国的整体国家安全。特朗普政府的国家安全战略和国家网络战略均将俄罗斯和中国列为挑战美国领导地位、威胁美国国家安全的战略对手。这种消极的战略定位不可避免地会加剧网络空间的大国竞争和冲突。二是对维护网络安全的路径进行了调整。奥巴马时期的《网络空间国际战略》将网络安全视为国际社会面临的共同挑战,在看待大国网络安全威胁时,更多的是从特定议题领域的网络安全角度出发,并主张从竞争与合作两方面来开展网络空间的大国关系。考虑到网络空间的不确定性和后果,大国在开展网络行动(尤其是进攻性网络行动)时,应该采取极为谨慎的态度。特朗普政府的网络安全战略围绕着俄罗斯和中国等所谓的对手而展开,战略目标是实现美国优先,通过美国强大的网络军事实力来威慑对手。

美国越来越强的地缘政治思维使得其不断推动网络空间军事化来威慑他国的国家安全,而这又使得美国自身对网络安全的认知与其他国家的认知存在的差距越来越大。这无论是对美国国内政策还是对网络空间国际秩序而言,都会产生巨大的破坏性效应,大国之间的冲突风险也急剧增加,而这进一步加大了全球网络空间治理的难度。奥巴马政府对于网络空间行动总体上秉持较为克制、审慎的理念,客观上避免了大国之间发生激烈的冲突。特朗普政府则坚决地采取进攻性网络行动来维护网络安全,美国政府不仅升级网络司令部为独立的联合作战司令部并扩大了其作战范围,而且试图以意识形态划线,广泛地在盟友体系内开展网络军事领域的合作,以此构建所谓的"理念一致国家联盟",从而加剧了网络空间的分裂,甚至是阵营化的对抗。美国网络军事的前置防御、主动进攻战略,使得美军的网络行动目标、范围和手段都在不断扩大,实现了能力、法律和道德等一系列的突破,也因此加剧了网络空间军事冲突的风险。这种做法损害了已有的构建全球网络空间秩序的努力,也影响了网络空间的稳定。① 网络空间的秩序失范还会进一步对经济发展产生威胁。

地缘政治思想还直接导致美国的网络政策行为从主动防御转向探索进攻性网络行动策略,并提出前置防御(defend forward)和先发制人的战术概念。特朗普政府先是撤销了奥巴马时期制定的第 20 号总统政策指令(PPD 20),放开了美军在进行进攻性网络行动方面的限制,这意味着美国的网络军事力量能够更自由地对其他国家和恐怖分子等对手开展网络行动,而不会受限于复杂的跨部门法律和政策流程。随后,2018 年版《国防部网络战略》提出前置防御的战术方针,强调美军应当"从源头上破坏或阻止恶意网络活动,包括低烈度武装冲突"。基于前置防御的战术概念,美国网络军事力量对于实战中可能发生的各种场景的控制范围也得到了扩大。在主动防御的方针下,美军只需保护国防部的网络和系统安全;在当前的新战略中,前置防御要求美军在各种威胁发生之前就采取行动排除安全隐患,即美军可以在其身处的世界任何地方展开网络行动,对"可疑的"危险目标发起攻击。通过以上转变,特朗普政府将网络军事力量发展的限制降到有史以来的最低水平,并且提出新的网络力量建设思路和行动方针,为网军的实战化发展建立制度基础,并争取最大的物资支持。

网络空间军事化引发的连带伤害(collateral damage)影响严重。美国地缘政治的思维把重心放在防范与中国和俄罗斯等国家的威胁上,严重低估了非国家行为体的强大威力;同时,将重点放在进攻性武器的研发上,高估了通过进攻性战略获得的安全利益,而严重低估了失控之后的破坏性和代价;严重高估了自己驾驭进攻性网络武器的能力,而低估了实现网络防御的难度。"勒索病毒事件"就是一个典型案例。该病毒源自国家安全局的武器库中"永恒之蓝"漏洞的扩散,它给全球带来了几百亿美元的损失,但是受害者无法追究美国国家安全局的责任,也无法获得相应的赔偿。此外,美国与以色列联合开发的"震网病毒"在对伊朗的核设施造成毁灭性破坏之后,也在全球的电站中进行扩散,多个国家已经发现了类似的病毒。美国开发的网络进攻性武器既不能保障自己的安全,也无力解决别人的安全,甚至成为引发全球灾难的罪魁祸首。② 可以预见,美国在网络空间军事化上走得越远,其带来的连带伤害和负面溢出效应就会越多,成为国际经济、政

① 周宏仁:《网络空间的崛起与战略稳定》,《国际展望》2019 年第 3 期。
② 方兴东:《勒索病毒事件对全球网络治理的影响》,《中国信息安全》2017 年第 7 期。

治和安全领域新的不稳定来源。

6. 导致全球网络空间治理规则建设难以推进的网络霸权角色

网络空间的秩序和治理规则必须具有全球性、普遍性和平等性等基本属性,这样才能被所有的行为体认可和接受。因此,美国在全球网络空间治理中的霸权地位必然导致网络规则之争更趋激烈。美国先前对网络资源的垄断是国际社会呼吁 ICANN 进行改革的重要原因,也使国际社会意识到美国在全球网络空间治理中的垄断地位。而且,美国特朗普政府尽管强调"美国优先",但依然不忘记要控制网络空间。特朗普政府以所谓的"黑客干预大选"为由,大幅调整网络安全战略,其采取的激进、破坏性的方式对原本脆弱的网络空间秩序构建进程带来了极大的损害,加剧了网络空间的秩序失范。

特朗普政府对全球网络空间治理形成了如下态度:一是认为互联网是美国提供给世界的公共产品,但是却让中国占尽互联网发展的红利,让俄罗斯掌握了互联网内容安全的主动权,美国必将重新制定"游戏规则"来改变当前被动的局面。对此,美国将继续加固在网络空间中的传统优势,联合私营企业强化多利益攸关方的治理模式,弱化包括联合国和 WTO 在内的多边模式;同时,大力发展双边关系,通过加大与传统伙伴国(如以色列和日本)在网络安全上的合作,共同塑造网络空间"好"的行为准则,打击"坏"的网络行为来谋取和推行强权和霸权。[1] 二是不愿意投入政治资源和财政资源来推动构建国际治理机制,对各种治理主张多采取抵制态度。尤其是特朗普政府将网络空间国际治理机制视为落实美国网络战略的工具,一旦无法达到其目标,就予以坚决抛弃。

美国的网络霸权思想结合"美国优先"的执政理念,使得网络空间治理国际规则越来越难以达成。特朗普政府对全球网络空间治理议程的参与热情和期待均有较大程度的降低,且阻挠不符合美国政策主张和利益诉求的国际进程。[2] 2017 年 6 月,联合国信息安全政府专家组未就网络空间行为规范形成共识文件,主要原因是美国代表极力要求在共识文件中加入其他国家代表反对的关于允许通过经济制裁和军事行动等手段回应网络攻击的文字表述。尽管各方对于报告中 90%以上的内容都达成了共识,但美国的

---

① 桂畅旎:《特朗普网络安全治理回顾、特点与展望》,《中国信息安全》2018 年第 1 期。
② 汪晓风:《"美国优先"与特朗普政府网络战略的重构》,《复旦学报》(社会科学版)2019 年第 4 期。

态度非常坚决,如果不能达成这一条,宁愿专家组机制失败。美国不仅反对中国与俄罗斯在联合国提出的《信息安全国际行为准则》(2015),对微软公司提出的《数字日内瓦》倡议和美国学者主导编制的《塔林手册》也统统不接受。此外,在奥巴马时期,在美国和英国政府支持下建立的"伦敦进程"一度被认为是网络空间治理领域最有影响力的机制之一。特朗普政府对待类似的国际治理机制不仅没有投入资金支持,政治上也不愿意积极参与,导致这些原本受美国支持的国际机制的影响力江河日下。美国在网络空间国际机制上的后撤,不仅使得信息安全政府专家组等机制陷入困境,而且让国际社会在打击网络恐怖主义和网络犯罪等问题上的合作也陷入困境。

根据规范生命周期三阶段理论,全球网络空间的规则制定总体上处于规范兴起阶段,虽然网络空间的风险性正在增加,但是国际社会在网络安全问题上却没有达成太多共识。[①] 虽然联合国、国际电信联盟、互联网论坛等为国际社会提供了相互交流的平台,但不同国家在网络规范方面难以达成统一认识。特朗普政府秉持"美国优先"的执政理念,由此推行的网络治理理念和战略也不可避免地具有单边、非共赢和排他性的特点。随着这一战略的持续实施,国际社会将在越来越多议题上产生矛盾和冲突,随着分歧增多和矛盾积累,其他国家将不得不采取针对性的反制措施,从而引发网络空间中权力滥用和对霸权的追逐,加剧网络空间的安全困境,影响网络空间战略的稳定,并进一步加大全球网络空间治理的难度。

四、俄罗斯的网络空间治理
实践及其全球角色

俄罗斯是全球网络空间中的重要行为体。进入 21 世纪的第二个十年后,俄罗斯已经成长为全球网络空间治理中不可忽视的参与者,也是网络空间大国角力中的重要一方。目前,俄罗斯的网民数量达到 1.16 亿,位列世界第八;互联网普及率达到 81%,接近发达国家的水平。[②] 俄罗斯一直以来

---

① 任政:《美国政府网络空间政策:从奥巴马到特朗普》,《国际研究参考》2019 年第 1 期。

② https://www.statista.com/topics/5865/internet-usage-in-russia/, accessed August 20, 2022.

都极为重视数字经济领域的发展,2018 年,俄联邦通信和大众传媒部、经济发展部等部门联合提交关于新增"数字经济"工作方向的提案,以推动具体经济和社会领域的数字化。[①] 此外,俄罗斯作为联合国安全理事会常任理事国,在全球网络空间治理领域的话语权也不容忽视。

(一)俄罗斯的网络空间治理实践

俄罗斯的网络空间治理框架和能力在经历了三个阶段的演化发展后已渐趋成熟。作为老牌技术强国的俄罗斯,其互联网技术的研发与应用开始于苏联时期。经历了冷战结束后的经济动荡和互联网技术发展浪潮后,2000 年,俄罗斯第一次发布《俄罗斯联邦信息安全学说》,随后逐步形成了明确且体系性的网络空间治理框架。

第一个阶段是俄罗斯网络空间治理的萌芽时期。1980 年代末期,苏联开启了广泛的计算机化进程,但个人计算机发展相对滞后。1990 年,苏联的信息和电信网络部署才正式展开。Relcom(RELiable COMmunications)网络是苏联和俄罗斯第一个计算机网络,于 1990 年 8 月在莫斯科的库尔恰托夫原子能研究所(Kurchatov Institute of Atomic Energy)启动,它通过语音频带调制解调器连接莫斯科、列宁格勒和新西伯利亚的科研机构。[②] 1990 年 8 月 28 日,苏联与全球互联网的首次连接是从莫斯科到赫尔辛基大学的拨号连接;同年 9 月 19 日,Relcom 网络和 Demos 注册了苏联的顶级域名.su,使得更多苏联城市和地区加入全球网络。冷战结束之初,俄罗斯继承了苏联的人才和技术资产,同时摆脱了体制上的约束,互联网进入快速发展阶段。随着互联网在俄罗斯的应用逐渐普及,俄罗斯网络空间治理也应运而生。

苏联解体后,"铁幕"的消失大大地促进了俄罗斯在网络连接方式和先进数据传输技术领域的发展,信息通信技术得以在相当短的时间内取得重大突破。[③] 在 20 世纪 90 年代初的俄罗斯,大多数运行中的区域性非营利

---

① 《俄罗斯数字经济发展将添新方向》(2018 年 1 月 11 日),中华人民共和国商务部官网,http://www.mofcom.gov.cn/article/tongjiziliao/fuwzn/oymytj/201801/20180102697373.shtml,最后浏览日期:2022 年 8 月 20 日。

② Alexander Galushkin, "Internet in Modern Russia: History of Development, Place and Role," *Asian Social Science*, 2015, 11(18).

③ Ibid.

性计算机网络都是基于国家网络的节点而出现的,通常位于大学和研究机构中,网络的持续发展也主要归功于教育和科学组织、地方行政部门、商业电信公司提供的赞助商支持以及外资的支持。① 为了扩大信息交换和效率,以支持科学和教育网络的发展,俄罗斯在 1992 年成立了俄罗斯电子学术与研究网络协会(Russian Electronic Academic & Research Network, RELARN),即国家高等教育委员会(State Committee for Higher Education)和科技部支持网络发展的组织。在这一阶段,俄罗斯网络空间治理的主要措施包括四个方面:逐渐增加网络建设的投入、重视信息安全问题、重视信息化与经济社会发展的融合、净化网络环境与打击网络犯罪。

第二个阶段是俄罗斯网络空间治理的过渡时期。进入 21 世纪后,俄罗斯的经济开始进入增长期,网络空间与社会、经济生活的融合程度也逐渐提高。同时,信息技术在国家、社会和个人各个活动领域的普遍应用,给俄罗斯的网络空间环境带来了重大变化,为此,俄罗斯在 21 世纪头十年迅速出台了一系列重要战略规划文件,勾勒出俄罗斯国家安全战略的基本思路,为网络空间治理方略的整体成形奠定了基础。② 在此背景下,俄罗斯对网络空间治理的重视程度也显著提高,本阶段俄罗斯网络空间治理进入过渡时期,为网络空间的各项治理领域打下坚实的法律和制度基础。首先,在这一阶段,俄罗斯转变治理思路,提升了对信息安全问题的重视。2000 年,第 1 版《俄联邦信息安全学说》颁布,这是俄罗斯历史上首份维护信息安全的国家战略文件,标志着信息安全正式成为俄国家安全的组成部分。③ 在文件中,俄罗斯政府表明了对信息安全保障的目的、任务、原则和基本内容的看法和观点,是国家安全纲要在信息领域的发展。其次,俄罗斯为国内信息产业发展创造了有利环境。俄政府通过出台信息产业发展战略规划、给予信息产业资金支持、制定税收优惠政策、鼓励创新发展等手段,大力扶持本国信息产业发展。再次,俄罗斯政府强调夯实互联网监管的法律基础。2006年 7 月,俄国家杜马通过了新版《信息、信息技术和信息保护法》,该法明确界定了互联网领域的相关概念,并为后续立法所沿用;明确了相关法律关系

---

① Natlia Bulashova, Dmitry Burkov, Alexey Platonov and Alexey Soldatov,"An Internet History of Russia in 1990s," *Asia Internet History Projects*, April 7, 2012, https://sites.google.com/site/internethistoryasia/book1/an-internet-history-of-russia-in-1990s, accessed August 20, 2022.

② 张孙旭:《俄罗斯网络空间安全战略发展研究》,《情报杂志》2017 年第 12 期。

③ 夏聘:《保障俄联邦国家信息安全的战略升级——俄新版〈信息安全学说〉解读》,《中国信息安全》2017 年第 2 期。

应遵循的原则,为俄罗斯相关互联网立法确立了标准;重视对信息主体(尤其是公民)信息权利及信息的保护,为随后的俄罗斯互联网立法提供了思路。[①] 最后,网络空间战理念的兴起与初步实践。2000 年颁布的《俄罗斯联邦军事学说》指出,俄面对的军事政治环境的特点之一就是信息对抗的加剧。在 2009 年颁布的《2020 年前俄联邦国家安全战略》中,俄再次强调当前世界的现状和发展趋势之一是:"全球信息对抗加强,网络领域对抗活动样式的完善对保障俄国家安全利益产生消极影响"。

第三个阶段是俄罗斯网络空间治理的成熟时期。2008 年金融危机之后,金融市场动荡加之通胀、失业、能源出口收入减少等因素,使得俄罗斯经济发展势头受挫,经济转型也面临巨大阻碍。[②] 2010 年之后,俄罗斯面对的网络空间安全压力越来越大,除了遭受网络攻击的水平连年居高不下外,诸如"颜色革命"、恐怖主义活动等其他安全威胁因素也利用网络空间增强了现实威胁性。与此同时,俄罗斯数字经济有了一定发展,在网络基础设施、智慧城市建设以及数字技术的市场化应用方面,都与世界的整体趋势同步,但与主要网络大国之间仍有差距。在此背景下,俄罗斯从行政、外交、军事等多个角度加强对网络空间的管控,尤其是加强了政府在维护网络空间安全中的主导作用,并且对网络空间的基础设施、内容管理、安全保护和经济发展等领域都作了更为详尽的规范与部署。经过前一阶段的铺陈与准备,俄罗斯的网络空间治理能力已趋于成熟。在这一时期,俄罗斯强调保护重要信息基础设施,加强互联网监管,正式部署网络空间军事力量,将网络安全提升到国家安全战略的层次,并明确数字经济的发展路径。在这样的顶层设计之下推出了各部门相应的规章制度,进行多方面的网络空间治理行动。

(二) 俄罗斯的网络空间治理理念

从俄罗斯网络空间治理的发展历程来看,俄罗斯基于国家主权的网络空间治理理念、以信息安全为基础的不干涉主义治理理念,结合以政府为主导的治理模式,使其治理方略发生两个方向的转变:第一,从议题治理逐渐上升为国家综合治理,具体表现为其治理范围从信息安全领域发展为更加

---

① 李彦:《俄罗斯互联网监管:立法、机构设置及启示》,《重庆邮电大学学报》(社会科学版)2019年第 6 期。
② 胡仁霞:《金融危机对俄罗斯的影响及俄罗斯的应对措施》,《俄罗斯中亚研究》2009 年第 2 期。

广泛的网络空间治理,包括信息化建设与数字经济等;第二,从应激式治理向主动塑造治理机制转变,在这一过程中,治理深度从构建经济社会层面的法律规范向融合国家整体战略发展。

1. 以国家为主导的治理主体

俄罗斯在网络空间治理方面采取了政府主导型治理模式,其核心在于通过立法和行政手段来发挥政府干预、塑造网络空间发展的作用。[①] 随着网络空间治理能力的提升,以及国家对网络空间安全与发展的重视,俄罗斯网络空间的治理主体在安全立法和经济发展方面的引领作用得到加强。具体来说,俄罗斯网络空间治理主体发挥引领作用的路径有顶层战略设计、法律法规制定和治理机构设置三个方面。其中,顶层战略设计对具体规则的制定和机构设置有指导作用,而规则与执行机构又确保了网络空间的安全和发展利益。

其一,从顶层战略设计看,俄总统及联邦政府通过一系列顶层设计对俄罗斯网络空间治理的利益目标、发展方向和具体路径进行了阐述,明确了国家在网络空间的重点事务和优先事项。俄罗斯政府于冷战结束后就开始进行信息安全法规的制定,21 世纪以来,俄罗斯着手就更为广泛的网络空间治理构建制度框架。自 20 世纪末普京政府上台以来,俄罗斯逐渐从应激式的治理模式,即根据互联网发展过程中产生的问题制定具体领域的政策法规,向主动构建治理框架来引领互联网发展转变。具体来说,俄罗斯网络空间治理的顶层设计以安全与发展为主轴,通过指导性的战略文件和政策框架来明确和落实网络空间治理的核心利益。在安全方面,从 2000 年《俄联邦信息安全学说》的发布开始,俄罗斯政府的网络空间治理路径发生转变,超越 20 世纪 90 年代中分散治理的路径,将信息安全提升到国家战略高度,将治理规划统一到国家层面,也为"构建未来国家信息政策大厦"奠定了基础。[②] 俄罗斯内外环境的变化,尤其是地缘政治和网络空间大国博弈带来的外部压力,推动俄罗斯进一步加强在国际信息安全领域的战略设计与谋划。在发展方面,俄罗斯自 21 世纪起就开始了统筹布局,从技术、基建、政策领域为信息社会发展提供了支持,并根据当前的发展阶段重新定义数字经济的内涵、发展目标和路径。在此过程中,俄罗斯的主动塑造能力得到进

---

① 郝晓伟、陈侠、杨彦超:《俄罗斯互联网治理工作评析》,《当代世界》2014 年第 6 期。
② 郎平:《网络空间安全:一项新的全球议程》,《国际安全研究》2013 年第 1 期。

一步加强,形成了符合自身安全与发展利益的具体规划。

其二,在法律法规制定层面,自主可控的网络空间环境与信息技术是俄罗斯的核心治理诉求之一,也是俄罗斯当局在制定政策法规时秉持的基本原则。俄罗斯需要的"自主可控"包括两层含义:第一,在网络空间的内容层和行为层上,网络空间中各行为体需要在法律框架下活动,权利关系明晰;第二,在网络空间的物理层与逻辑层上,信息通信技术自主可控,足以确保网络系统和国家安全。随着网络空间与经济社会事务的联系愈加紧密,俄罗斯的政策法规框架将愈加繁复,其调节各方权利关系、促进本国产业和技术发展、维护网络空间安全的能力也日渐加强,奠定了俄罗斯主动塑造网络空间治理方向的基础。同时,俄罗斯的一系列政策法规都突出了其追求自主可控的网络空间治理目标。俄罗斯先后颁布了《俄联邦信息、信息化和信息网络保护法》,以及《俄联邦通信法》和《俄联邦信息、信息技术和信息保护法》两部法律的修正案。在具体的治理主题上,《大众传媒法》《著作权法》《计算机软件和数据库保护法》《保密法》《通信法》《电子合同法》《电子商务法》《电子数字签名法》《产品和服务认证法》《参与国际信息交流法》《信息保护设备认证法》等法律法规的颁布,形成了俄罗斯系统化、多领域的网络空间治理法律体系。

其三,在治理机构设置层面,经历了从单一领域的治理机构设置向综合治理机构设置模式的转变。自20世纪90年代以来,随着国家对信息安全和信息社会建设等议题的关注度不断提高,以及网络空间在国家内政和外交领域的战略重要性不断凸显,俄罗斯的网络空间治理机构也不断完善。在互联网发展的初级阶段,俄罗斯形成了以总统领导下的联邦安全会议和联邦政府为核心的治理框架,并在联邦安全委员会下设跨部门协调机构,即信息安全委员会。此外,联邦政府内网络安全相关的职能部门作为其网络空间治理的执行机构。随着信息化的推进,俄罗斯网络空间治理的统筹协调部门和具体职能部门的规模和涵盖领域不断扩大,形成了涉及各领域的庞大治理架构。这一方面源于俄罗斯领导人一直以来的"强政府"治理理念[1],另一方面则是顺应了网络空间的发展趋势,表明网络空间治理从单一的安全领域向更为综合的国家全面治理发展。当前,俄罗斯网络空间治理的参与主体不断向上下游延伸,已经遍及从俄罗斯最高权力机构到基层政

---

[1] 田春生:《论普京治理经济的理念与俄罗斯经济发展》,《俄罗斯中亚东欧市场》2005年第6期。

府的各个层级,形成了完备的国家综合治理框架,为保证网络空间安全与发展奠定了坚实的制度基础。

2. 以信息安全为基础的不干涉主义治理理念

冷战结束以来,俄罗斯在内外环境的作用下,逐渐形成了有别于西方国家的以价值观和意识形态为主导的治理理念。在俄罗斯看来,网络空间治理、网络安全和媒体政策等并不是相对独立的议题,是建立在信息产生、流动与存储基础上的信息安全问题①,而美国所倡导的网络空间指的是物理层的基础设施与逻辑层的技术标准,忽视了网络空间的内容层以及更进一步的行为层治理。从俄罗斯发布的战略报告、政策文件与法律法规中也不难发现,俄罗斯一直未使用源于美国的"网络"(Cyber)与"网络空间"(Cyberspace)等词语,而是在不断充实、调整和完善网络安全政策以满足国家安全需要的过程中,形成具有自己特色的网络话语体系。② 可以看出,俄罗斯在国内网络空间治理中更倾向于从信息的保护和监管出发,再延伸至网络空间的具体治理领域。

基于对信息安全的重视,俄罗斯在国际层面也积极倡导带有不干涉主义色彩的治理理念。③ 在俄罗斯看来,美国惯于利用互联网推翻"反对派力量太弱,无法发动抗议活动的国家"的政府④,而以美国为首的西方国家所倡导的"开放""自由"等基于价值观和意识形态的治理理念正是这一行为的合法性来源。21 世纪初的"颜色革命"和"阿拉伯之春",进一步加剧了俄罗斯对信息安全的担忧⑤,因此,俄罗斯政府一边在国内出台互联网监管措施和与信息传递、存储和使用相关的标准与规范,不断加强对网络信息的管控力度,同时,在国际上倡导网络主权原则,强调国家对数据和信息的管辖权。总体来说,俄罗斯倾向于奉行不干涉主义战略,在全球和地区层面都尊重主权规范⑥,这

---

① Nathalie Maréchal,"Networked Authoritarianism and the Geopolitics of Information: Understanding Russian Internet Policy," *Media and Communication*, 2017, 5(1).
② 张孙旭:《俄罗斯网络空间安全战略发展研究》,《情报杂志》2017 年第 12 期。
③ Nathalie Maréchal,"Networked Authoritarianism and the Geopolitics of Information: Understanding Russian Internet Policy," *Media and Communication*, 2017, 5(1).
④ Julien Nocetti,"Contest and Conquest: Russia and Global Internet Governance," *International Affairs*, 2015, 91(1).
⑤ Julien Nocetti,"Contest and Conquest: Russia and Global Internet Governance," *International Affairs*, 2015, 91(1).
⑥ Yulia Nikitina,"Russia's Policy on International Interventions: Principle or Realpolitik?", *PONARS Eurasia Policy Memo*, February 2014, 312, https://www. ponarseurasia. org/sites/default/files/policy-memos-pdf/Pepm_312_Nikitina_Feb2014.pdf, accessed August 20, 2022.

也代表了俄罗斯在全球网络空间治理中的立场。

　　这样的理念形成主要来源于内部与外部的双重环境。从外部来看,俄罗斯一直受到西方势力在地缘政治上的弹压,因此,对政权的维系与经济、文化的安全较为重视。而互联网的发展使其与政治、经济和社会的融合愈加紧密,信息安全也自然成为俄罗斯的重要关切。另外,互联网本身的特殊性造成的张力,即由美国等西方国家大量掌握的技术标准、产业链和基础设施等,也使俄罗斯的信息安全在面对西方势力的弹压时,具有更明显的脆弱性。从内部来看,俄罗斯政府"强权治理"模式体现出来的一大特点就是实用主义,对各种思想兼收并蓄,以俄罗斯现实为坐标,以解决问题为目的。[①]在这一思路的推动下,俄罗斯形成了符合自身利益与能力的,以确保信息安全与发展自主可控的信息技术为主轴的治理路径。需要指出的是,俄罗斯领导人的个人经历在俄罗斯政府发展以信息安全为主旋律的网络空间治理理念时,也起到了不可忽视的作用。[②] 例如,在 2000 年,上任仅一年的普京总统就发布了第一版《国家信息安全学说》,表明当时的俄罗斯政府已经对信息安全与信息社会建设的重要性有了深刻的认识和极强的紧迫感。[③]

(三) 俄罗斯在互联网全球治理中的角色

　　在俄罗斯的网络空间治理历程中,地缘政治和大国博弈始终是其内外政策制定的重要考量。俄罗斯与美国、欧盟、中国这三个网络空间中的重要力量的关系,定位了俄罗斯在互联网全球治理中的角色。俄罗斯的网络空间治理行动投射了现实层面的地缘政治与大国博弈,俄罗斯的威胁认知和敌友观也随现实层面变动,进一步塑造和决定了俄罗斯网络空间治理的主导理念和重点领域,决定了其在互联网的全球治理中所担任角色的变化。

　　1. 美国的战略对手

　　美俄两国的战略对抗持续升级。因乌克兰危机而降至冰点的美俄双边关系,并未因特朗普政府的上台而得到缓和,反而在"通俄门"和"黑客干预

①　刘军梅:《强权治理、突破瓶颈、提高福祉——普京"富民强国"经济思想及政策主张分析》,《学术交流》2008 年第 5 期。

②　Nathalie Maréchal, "Networked Authoritarianism and the Geopolitics of Information: Understanding Russian Internet Policy," *Media and Communication*, 2017, 5(1).

③　贺延辉:《〈俄罗斯信息社会发展战略〉研究》,《图书馆建设》2011 年第 10 期。

大选"等问题的刺激下持续恶化。特朗普政府出台的《国家安全战略报告》和《国防战略报告》都将俄罗斯定义为战略竞争对手,对俄罗斯实施孤立与遏制政策。① 2017 年 8 月,《以制裁应对美国敌人法案》(CAATSA)出台后,俄罗斯实体和个人面临的制裁进一步扩大。此外,美国还通过出口管制工具对俄罗斯企业进行制裁,阻断俄罗斯与全球技术生态系统的交流。例如,2020 年 2 月 24 日,美国商务部工业安全署发布新规,扩大了美国对俄罗斯实施的防扩散相关的出口管制措施的范围,限制阀门、机床和机器人等多种工业产品,以及某些复合材料、电子产品生产技术等向俄出口。② 2020 年 4 月 27 日,美国商务部又限制俄罗斯以民用供应链为借口获取美国半导体生产设备和其他先进技术,并最终用于武器开发、军用飞机、侦查技术等军事用途。③ 截至 2020 年 5 月 23 日,根据美国商务部工业安全署披露的清单数据,"实体清单"中共有 1 353 家企业和单位,涉及 76 个国家和地区,其中,俄罗斯有 320 家实体。④ 除了制裁手段,美国也加大了对俄罗斯的网络攻击力度,并已将可能造成严重损害的恶意软件植入俄罗斯电网系统内部。⑤ 同时,俄罗斯根据不断提高的网络安全威胁,进行了"断网"测试,以应对大规模网络攻击导致与全球互联网中断的情况。上述政策举措与双边互动,都提高了俄罗斯在网络空间治理领域对安全的追求和重视。

2. 双重角色:欧盟的竞争者与合作者

在俄欧关系的合作层面,体现出竞争与合作并存的两重性。在地缘政

---

① "National Security Strategy," *The White House*, December 8, 2017, https://www.whitehouse.gov/wp-content/uploads/2017/12/NSS-Final-12-18-2017-0905.pdf, accessed August 20, 2022; "National Defense Strategy," *The U. S. Department of Defense*, January 19, 2018, https://dod.defense.gov/Portals/1/Documents/pubs/2018-National-Defense-Strategy-Summary.pdf, accessed August 20, 2022.

② Brian Egan, Peter Jeydel, "Commerce Expands US Export Controls on Russia and Yemen," *Steptoe*, February 26, 2020, https://www.steptoe.com/en/news-publications/commerce-expands-us-export-controls-on-russia-and-yemen.html, accessed August 20, 2022.

③ "Commerce Tightens Restrictions on Technology Exports to Combat Chinese, Russian and Venezuelan Military Circumvention Efforts," *The U. S. Department of Commerce*, April 27, 2020, https://www.commerce.gov/news/press-releases/2020/04/commerce-tightens-restrictions-technology-exports-combat-chinese-0, accessed August 20, 2022.

④ 艾熊峰:《谁在美国的"实体清单"当中——中美经贸系列报告(一)》(2020 年 5 月 29 日),国金证券研究所官网,https://mp.weixin.qq.com/s?src = 11&timestamp = 1608171429&ver = 2771&signature = ZWoEaiTrGc61ITL-DVYWjzdO7RkxSL8MYRzUiYqW0gSudylAdt8IqgMJkLkV3sza nlDJc4cau4LPtf8z4uBog4OmXkWAdXgPwJ-fNZO8 * WVtEs * P-5liZstt6jJfQyIL&new = 1,最后浏览日期:2022 年 8 月 20 日。

⑤ 温家越:《纽约时报:美国加大对俄罗斯网络攻击力度》(2019 年 6 月 16 日),环球网,https://world.huanqiu.com/article/9CaKrnKkXoM,最后浏览日期:2021 年 6 月 24 日。

治层面，欧盟仍然视俄罗斯为"关键的战略挑战"[①]，但也与俄罗斯开展务实合作。例如，2014 年乌克兰危机爆发后，欧盟仍保持与俄的政治对话，德国与欧盟顶住美国的压力，与俄罗斯进行能源项目的合作。[②] 2016 年，欧盟《欧洲外交和安全政策全球战略》称，"俄罗斯违反国际法和乌克兰的动荡不安，外加在更广泛的黑海地区长期冲突，都在挑战欧洲安全秩序的核心"。[③] 然而，2020 年，在德法两国的主导下，欧洲委员会恢复了俄罗斯的成员国地位。在网络空间和数字技术领域，俄欧之间也呈现出竞争与合作并存的状态。一方面，俄罗斯与欧盟之间以网络攻击作为政治攻击手段和军事打击的延伸。例如，2020 年 8 月，欧盟决定以网络攻击为由对俄罗斯进行单边制裁。[④] 另一方面，俄罗斯与欧盟在科技创新方面建立了持续的合作机制。欧盟与俄罗斯在研究和创新领域的合作基础是 1997 年双方签订的《伙伴关系与合作协定》，涵盖了 ICT、电子基础设施、纳米技术等众多民用科技研究领域，且不受政治制裁的影响。2019 年 4 月，欧洲议会投票决定将欧盟与俄罗斯的科技合作期限延长五年。

3. 中国的全面合作者

在网络空间中，俄罗斯与中国的合作关系是全面和深入的。在中国"一带一路"倡议和俄罗斯"欧亚经济联盟"建设对接合作框架下，中俄两国在包括数字经济在内的合作领域有着广泛的共同利益与巨大的合作空间。[⑤] 2015 年，中俄两国政府签署了《中俄关于丝绸之路经济带建设和欧亚经济联盟建设对接合作的联合声明》；2016 年，两国政府签署了《中俄关于协作推进信息网络空间发展的联合声明》；2019 年，两国又在新时代全面战略协作伙伴关系的基础上，中俄高技术和科技创新合作将成为两国经贸关系中的优先发展方向和系统性要素之一。此外，中俄在包括 5G、人工智能、机器人技术、生物技术、新媒体和数字经济等科技创新领域的合作具有广阔

[①] 张健：《美俄欧中互动：欧盟角色及其政策取向》，《现代国际关系》2019 年第 2 期。

[②] 李扬：《乌克兰危机下俄欧能源关系与能源合作：基础、挑战与前景》，《俄罗斯中亚研究》2015 年第 5 期。

[③] "Shared Vision, Common Action: A Stronger Europe," *European External Action Service*, June 2016, https://eeas.europa.eu/archives/docs/top_stories/pdf/eugs_review_web.pdf, accessed August 20, 2022.

[④] 《俄外交部表示——将对欧盟制裁进行反制》，《人民日报》2020 年 8 月 6 日。

[⑤] 《中华人民共和国和俄罗斯联邦关于发展新时代全面战略协作伙伴关系的联合声明》（2019 年 6 月 6 日），人民网，http://politics.people.com.cn/n1/2019/0606/c1001-31123545.html, accessed August 10, 2022.

的前景。

在这样三对关系的影响下,俄罗斯的网络空间治理思路发生了三方面的变化。一是更加坚定地维护信息安全。2015 年 12 月修订的《俄罗斯联邦国家安全战略》指出,"俄罗斯国家安全面临的新威胁具有综合的、相互联系的性质。俄罗斯奉行独立的内政外交政策遭到了试图保持自己在国际事务中统治地位的美国及其盟国的反对与阻挠,美国及其盟国实施了遏制俄罗斯的政策,对俄罗斯施加政治、经济、军事与信息压力"。[①] 从这一角度来看,俄罗斯对外部环境的认知依旧十分悲观,这也促使俄罗斯不断加大对自身安全的投入。

二是加快构建自主可控的网络空间环境。俄罗斯认为,全球网络空间对抗的加剧对大国关系和国际局势产生巨大影响,尤其是对当前处于舆论和技术劣势地位的俄罗斯来说,保护关键信息基础设施安全,确保信息技术的自主可控,维护网络空间主权和安全具有迫切性。同时,加强网络审查和管控,防止西方通过网络空间进行"颜色革命"是俄罗斯维护国家安全的重要任务。

三是强调"欧亚经济联盟"与发展同中国的全面战略协作伙伴关系。在中俄之间广泛开展的技术研发与创新合作,既是双边关系不断深化带来的积极效应,也为俄罗斯本土的产业发展、技术迭代、市场拓展等带来了新动力。此外,中俄在全球网络空间治理中的合作也为两国提升双边关系,开展多层次的网络空间治理合作提供了契机。

五、欧盟的网络空间治理
实践及其全球角色

在 21 世纪的第二个十年中,欧盟不仅同以先发优势持有顶端互联网公司与技术的美国的差距越来越大,对依靠后发优势迅速发展的中国等新兴经济体的优势也在逐渐缩小。此外,欧盟的数字平台经济缺陷、互联网技术发

[①] "О Стратегии национальной безопасности Российской Федерации," *Президента Российской Федерации*, December 31, 2015, http://static.kremlin.ru/media/acts/files/0001201512310038.pdf, accessed August 10, 2022.

展水平的掣肘、数据安全等互联网相关问题,随着数字经济的发展逐渐显露出来。与美国保持一致的基本立场也限制了欧盟在互联网全球治理问题上的话语权和自由度。在这样的背景下,为增强其在数字领域的战略自主,改变自身在全球数字空间的角色定位,欧盟转向了强调技术主权和数字主权。

(一)欧盟的网络空间治理理念转向

全球网络犯罪、网络恐怖主义、网络黑客行动频发,尤其是针对关键基础设施的网络攻击增加,使欧盟面临更为严峻的网络空间安全环境,互联网全球治理对于网络空间规范与制度的需求空前高涨。网络空间大国博弈竞争进一步加剧,不稳定性增加,中美技术脱钩与贸易战可能进一步边缘化欧盟的全球网络空间治理地位。后疫情时代,数字经济的重要性进一步上升,其他领域经济发展加深了对互联网的依赖,欧盟面临着空前的互联网安全与治理的双重挑战。在欧盟数字经济发展的现实背景下,跟随美国的基本政策限制了欧盟的网络空间治理国际战略自主度,欧盟开始重新思考自己在数字领域的国际定位,重新设计互联网的战略框架,通过推动数字化转型推进经济建设。

1."统一"的互联网基本治理方略

欧盟的互联网基本治理方略在于"统一",着力于建立统一的网络安全政策、打造统一的数字经济市场、建设统一的网络空间治理规则框架,推动数字化转型。在这样的背景下,2012 年,欧盟公布《21 世纪欧洲数据保护框架》,旨在建立统一的、适用于所有欧盟成员国的欧洲数据保护法。在网信技术标准与国际组织中,欧盟拥有一定的话语权,如诺基亚、爱立信、欧洲电信标准协会等。但欧盟内部存在明显的数字鸿沟,荷兰、芬兰和瑞典等少数成员国持有先进的技术与行业标准制定的话语权,其他成员国的数字经济和技术发展水平较低,欧盟整体数字经济发展并不突出。欧盟缺少本土的超大型互联网巨头,难以依托个别巨型数字平台获取高密度、大规模的数据资源,欧盟数字技术与互联网规模和零碎的数字经济市场对于其经济起不到支撑作用。

2.数字化转型的推进

欧盟推出了一系列数字化转型的相关战略和政策,通过强调数字政策的不同侧重点,转向通过完善监管和规则体系、加强数字技术能力建设和宣传其数字治理理念等方式进行数字化转型。其数字化转型战略以保护人权为抓手,具有对内对外双重目标指向,重视以产业政策助推数字技术发展,并在模式上强化了国家在数字治理中的作用。自 2020 年年初起,欧盟陆续发布了一批旨在推动数字化转型的战略规划文件,包括 2020 年 2 月的《塑造欧洲的数字未来》(Shaping Europe's Digital Future)、《人工智能白皮书》(The White Paper on Artificial Intelligence)和《欧洲数据战略》(A European Strategy for Data),2020 年 3 月的《欧洲新工业战略》(A New Industrial Strategy for Europe),2020 年 7 月的《欧洲的数字主权》(Digital Sovereignty for Europe)报告,2020 年 12 月的《欧盟数字十年网络安全战略》(EU's Cybersecurity Strategy for the Digital Decade),以及 2021 年推出的《2030 数字罗盘》(2030 Digital Compass)计划等,全方位、多层次地推动欧洲不同领域的数字化转型。[1]

3. 转向强调数字主权与技术主权

在网络空间主权领域,欧盟转向主权回归视角,强调技术主权和数字主权。

欧盟跟随美国的政策限制了欧盟的战略自主性,如在 5G 和芯片领域,跟随美国对于华为的制裁推进"清洁网络"计划,损害了欧盟在电信基础设施建设等问题上的利益。欧盟对于美国数字平台的依赖,使欧盟与美国在数据问题上存在安全性与市场性的博弈与分歧,欧盟对于美国数字技术的依赖,考验欧盟的网络安全稳定性。美国对数字平台公司的管控,通过长臂管辖的方式影响了欧盟的整体数据安全。"棱镜门事件"也暴露了美国对于欧盟网络安全的控制与影响力。

在网络主权问题上,传统上,欧盟强调网络的公域属性,强调互联网的自由开放、人权议题,也遵循多利益攸关方治理模式,强调政府以外的主体治理的重要作用。2011 年,英国提出网络治理"伦敦进程",保障互联网自由和人权,反对一元监管。[2] 2013 年,欧盟发布的《欧盟网络安全战略》(EU Cybersecurity Strategy)是欧盟在全球网络空间治理领域最重要的政策之一,该战略提出打造世界上最安全的市场,强调公开、安全与可靠的网络空间,提出了五项原则和五项战略优先事项,强调欧盟的价值观、人权、介入权、多

---

① 蔡翠红、张若扬:《"技术主权"和"数字主权"话语下的欧盟数字化转型战略》,《国际政治研究》2022 年第 1 期。

② 陈星:《论网络空间主权的理论基础与中国方案》,《甘肃社会科学》2022 年第 3 期。

利益攸关方、共同责任等。① 在这样的原则指导下,2018 年,欧盟《一般数据保护条例》(General Data Protection Regulations)生效,政府担任"看门人"的角色,强调个人数据的处理和传输保护,并据此对多个跨国大型数字平台进行规制和处罚,如对谷歌提起反垄断诉讼和巨额罚款,这在一定程度上体现了欧盟默认了网络空间治理中主权原则的行使。

欧盟转向强调技术主权和数字主权,寻求提升欧盟在人工智能、数字经济等重要领域的独立自主性。2018 年,欧盟委员会提出数字主权(Digital Sovereignty)的概念。由于欧洲一直避免使用"主权"来回避成员国之间在权力划分上产生的歧义,这一概念引起了欧洲内部的争议。但到 2019 年,这一概念被欧盟委员会接受,欧委会主席冯德莱恩(Ursula von Der Leyen)在 2019 年被提名时提出要振兴欧洲技术主权。这实际上是欧盟在现实网络空间治理中,对于互联网空间中主权诉求的具体适用。《塑造欧洲的数字未来》《欧洲数据战略》等战略文件阐释了欧盟对于技术主权的追求方向,即欧盟希望在网络安全等互联网前沿与重要领域降低对其他国家和地区的技术依赖,实现技术主权。例如,要求欧盟有依据自我价值实现自我掌握数据资源的技术能力。② 2020 年 7 月发布的《欧洲的数字主权》报告,明确定义了数字主权是"欧洲在数字世界自主行动的能力,是一种推动数字创新的保护机制和防御性工具"。

(二) 欧盟的网络空间治理实践

在欧盟内部分歧和裂隙日益明显的现实背景下,欧盟必须就欧洲在全球结构性变革趋势中的未来定位给出可实现的共同愿景,并反复强调欧盟成员国团结一体的重要性和必要性。为此,欧盟出台了多份文件,构成欧盟网络空间治理的框架。总体而言,欧盟大致从增强数字竞争力、维护网络空间安全和推进互联网技术发展三个方面推进网络空间治理实践。

1. 增强数字竞争力,捍卫数字主权

2021 年 3 月 9 日,欧盟委员会正式发布了《2030 数字罗盘:欧洲数字

---

① 鲁传颖:《全球网络空间战略稳定:权力演变、安全困境与治理体系构建》,上海人民出版社 2022 年版,第 81 页。
② 漆晨航、陈刚:《基于文本分析的欧盟数据主权战略审视及其启示》,《情报杂志》2021 年第 8 期。

十年之路》(2030 Digital Compass: the European way for the Digital Decade)①(简称《数字罗盘》),以 2020 年欧盟数字战略为基础,对 2030 年欧盟数字愿景予以量化阐述。文件规划了四大行动方向。

一是培育公民的数字能力及高技能数字专业人员。2030 年,80%的欧盟成年公民应具备基本数字技能,信息与通信技术行业从业人员应超过 2 000 万人。

二是打造安全、高效、可持续的数字基础设施框架。2030 年,欧盟全部家庭换用千兆网络,人口稠密地区 5G 信号全覆盖;欧盟尖端及可持续半导体产量占世界总产量的 20%;部署一万个气候中和、安全可靠的边缘节点;打造欧盟首台量子计算机。

三是企业数字化转型。2030 年,75%的欧盟企业运用云计算、大数据或人工智能;超过 9 成的中小企业数字强度达到基本水平;欧盟数字独角兽企业的数量翻番。

四是公共服务数字化。2030 年,所有关键公共服务实现在线服务;为全体公民设立线上电子病历;80%的公民使用数字身份解决相应的问题。

《数字罗盘》呼吁欧盟各成员国充分合作,解决数据标准、数据通用性等方面的问题,为实现欧洲数字化转型目标扫除障碍,发挥欧洲市场一体化的价值。同时,希望通过数字化目标的实现,降低欧盟对外来技术的依赖,捍卫欧盟的数字主权。

2022 年 1 月 26 日,欧盟委员会提出了一项"为数字十年建立欧洲数字权利和原则的宣言"(Establishing a European Declaration on Digital Rights and Principles for the Digital Decade)②,以促进由欧洲价值观塑造的数字转型。欧盟委员会希望确保民众能够充分享受数字十年带来的机遇,因此,提出了这一套反映欧盟价值观并促进可持续的、以人为本的数字化转型愿景的欧洲数字权利和原则。这些原则围绕 6 大主题展开:将人及其权利置于数字化转型的中心;支持团结和包容;确保在线选择自由;促进数字公共空间的参与;提高个人的安全、保障和赋权;促进数字未来的可持续性。

2021 年 11 月,欧盟委员会发布了针对《2030 数字罗盘:欧洲数字十年

---

① https://eufordigital.eu/wp-content/uploads/2021/03/2030-Digital-Compass-the-European-way-for-the-Digital-Decade.pdf, accessed August 10, 2022.

② https://digital-strategy. ec. europa. eu/en/library/declaration-european-digital-rights-and-principles, accessed August 10, 2022.

之路》的咨询报告（Report on the Consultation on the 2030 Digital Compass：The European way for the Digital Decade）。[①] 报告指出，下列领域与实现2030年目标密切相关：意识到 Wi-Fi 对实现 2030 年互联互通目标的益处，释放数字和绿色技术的全部潜力；通过制定措施，鼓励、吸引和支持所有年龄的女性作出与信息通信技术有关的教育和职业选择；公共机构去中心化和赋权，实现以欧洲社会（而不仅仅是单一市场）为中心的数字化转型；围绕关键新兴技术共同制定全球监管标准；建立强有力的国际伙伴关系；投资数字服务。报告指出，《数字罗盘》是一个重大机遇，有助于让欧洲在获得最佳数字基础设施和数字国际伙伴关系的益处方面赶上其他地区。这将为欧洲企业带来更多机会，通过安全网络增加数字贸易，尊重欧洲标准和价值观，并在国际上为欧盟、成员国和其他相关利益攸关方希望看到的以人为中心的数字转型创造更有利的环境。

2021 年 9 月，欧盟发布了题为《欧盟行动的能力和自由》的年度战略报告（2021 Strategic Foresight Report：The EU's capacity and freedom to act）[②]，结合面向 2050 年的气候及其他环境变化、数字超链接性和技术变革、民主和价值观的压力以及全球秩序和人口结构的变化等全球性结构变化趋势，明确欧盟在 2050 年建立全球领导地位的追求，并确定了欧盟可以加强其行动能力和自由的 10 个战略领域，其中包括：加强数据管理、人工智能和尖端技术的能力；确保在标准制定方面的全球先发地位；发展自主、可靠和具有成本效益的空间技术等。

2021 年 9 月，欧盟委员会发布《政策计划：通往数字十年的道路》（Policy Programme "Path to the Digital Decade"）[③]，该计划通过建立监测和合作机制，以此实现 2030 年《数字罗盘》中设定的欧洲数字化转型的共同目标和指标。欧盟委员会和成员国将共同努力制定欧盟层面的发展方向，以监测每个目标的进展情况。同时，欧盟成员国应提出国家战略路线图，概述实现上述目标的路径计划与行动方案，包括规划的监管措施和投资。

以 2020 年 2 月发布的《塑造欧洲数字未来》（Shaping Europe's Digital

---

① https://digital-strategy.ec.europa.eu/en/library/targeted-consultation-2030-digital-compass-european-way-digital-decade，accessed August 10，2022.

② https://ec.europa.eu/info/sites/default/files/strategic_foresight_report_2021_en.pdf，accessed August 10，2022.

③ https://eur-lex.europa.eu/resource.html?uri=cellar:6785f365-1627-11ec-b4f6-01aa75ed71a1.0001.02/DOC_1&format=PDF，accessed August 10，2022.

Future)①、《人工智能白皮书》(WHITE PAPER On Artificial Intelligence—A European approach to excellence and trust)②和《欧洲数据战略》(A European strategy for data)③三份战略文件为标志,欧盟正式吹响了推动数字经济发展、打造全球数字领导权的号角。

欧盟推动数字经济发展的一个重要方面是推动欧盟在数字经济规则领域中的主导地位。欧盟追求其数字经济规则领域的主导权,最早可以追溯到 20 世纪末。随着 2015 年《单一数字市场战略》(DSMS)的发布,欧盟开始大力推进其数字经济建设的新征程。2020 年 2 月发布的《塑造欧洲数字未来》则更标志着欧盟将全面推动数字经济在欧洲的发展,这也是 2020 年欧盟有关网络安全、数字治理政策的一次重要更新。

《塑造欧洲数字未来》主要立足三个方面:一是积极发展以人为本的技术;二是发展公平且具有竞争力的数字经济;三是通过数字化塑造开放、民主和可持续的社会。同时,该文件提到,作为全球领导者的欧洲,欧盟将致力于成为数字经济的全球榜样,支持发展中经济体实现数字化,以及发展数字标准并在国际上进行推广。④ 最后一点可以被认为是欧盟有意推动其在数字经济规则制定中占据主导权的表现。

《人工智能白皮书》指出,欧洲要建立卓越与可信的人工智能,而优秀的人工智能一方面有助于提升欧洲的科技竞争力,另一方面是为数字经济与数字领导权服务的。白皮书提出,可通过在人工智能和机器人领域建立新的公私合作伙伴关系、加强和连接 AI 卓越研究中心、每个成员国至少有一个专攻人工智能的数字创新中心、支持公共机构采购人工智能系统等方式,推动卓越人工智能的实现。白皮书也提出了发展可信人工智能的途径:确保人工智能立法既有效又不限制创新、要求高风险人工智能系统可追踪并受人控制、监管当局必须能够检查人工智能系统、确保数据集无偏差、就远程生物特征识别(如面部识别)的使用展开全欧盟范围的辩论等。⑤

---

① https://ec.europa.eu/info/sites/info/files/communication-shaping-europes-digital-future-feb2020_en_4.pdf, accessed August 10, 2022.

② https://ec.europa.eu/info/sites/info/files/commission-white-paper-artificial-intelligence-feb2020_en.pdf, accessed August 10, 2022.

③ https://eur-lex.europa.eu/legal-content/EN/TXT/PDF/?uri=CELEX:52020DC0066&from=EN, accessed August 10, 2022.

④ https://ec.europa.eu/commission/presscorner/detail/en/fs_20_278, accessed August 10, 2022.

⑤ https://ec.europa.eu/commission/presscorner/detail/en/fs_20_282, accessed August 10, 2022.

《欧洲数据战略》强调,工业与商业数据是数字经济的关键驱动力。该战略指出,欧盟将通过以下措施使其成为具有吸引力、安全的数据经济体:就数据的存取和再利用制定明确和公平的规则;投资新一代标准、工具和基础设施来存储和处理数据;联合欧洲云容量;集中欧洲关键部门的数据,并在整个欧盟范围内共享和互操作;为用户提供权限、工具和技能,使其能够完全控制其数据。[①] 上述措施为欧盟打造具有竞争力的数据经济体、发展数字经济提供了有效途径。

《塑造欧洲数字未来》的发布,表明欧盟基本上确立了其数字经济发展战略,数字经济的发展基本上成形,开始走向成熟。与此同时,《人工智能白皮书》和《欧洲数据战略》则将为数字经济的发展提供对应的技术、数据及政策支持。至此,欧盟总体上形成了推动数字经济发展的统一战略,有望进一步增强欧盟在数字经济领域的竞争力,并促进欧盟逐步提升其在数字领域的领导权。

2. 维护网络空间安全

维护网络空间安全一直是欧盟网络空间安全政策的重点内容之一。在2023 年的新动态中,欧盟进一步强调了维护网络空间安全的重要价值,其中主要包括保护关键信息基础设施以及打击网络犯罪、恐怖主义、有组织犯罪、虚假信息等诸多方面,特别是 2020 年初暴发的新冠肺炎疫情,使得欧盟进一步认识到打击疫情期间的网络犯罪、虚假信息的重要意义。

2020 年,欧盟进一步维护网络空间安全的新政策主要体现在两个方面:2020 年 7 月,欧盟委员会发布的《欧盟安全联盟战略(2020—2025)》(EU Security Union Strategy)和欧委会联合研究中心(JRC)的报告《网络安全——我们的数字锚》(Cybersecurity:our Digital anchor—A European perspective)。[②]

《欧盟安全联盟战略(2020—2025)》从欧盟内部安全的视角出发,阐述了欧盟所面临的网络空间安全的新形势及相应的应对方案。该战略指出,面对新的安全形势,欧盟将重点打击网络犯罪、恐怖主义、有组织犯罪等安全威胁。新安全战略还制定了四项优先事项,以维护欧盟的内部安全。

---

① https://ec.europa.eu/commission/presscorner/detail/en/fs_20_283, accessed August 10, 2022.

② https://ec.europa.eu/commission/presscorner/detail/en/IP_20_1379, https://ec.europa.eu/jrc/en/publication/eur-scientific-and-technical-research-reports/cybersecurity-our-digital-anchor, accessed August 10, 2022.

第一,建立永不过时的安全环境。首先,保护关键基础设施安全是建立安全环境的基础,欧洲民众的线上、线下活动以及公共服务,都依赖于关键基础设施,提升关键基础设施的韧性是欧盟保护其基础设施安全的重要途径;其次,欧盟还将加强对公共场所、交通枢纽等开放区域中可能存在的恐怖袭击风险进行观测;最后,欧盟将强化应对网络攻击的能力,并通过加强国际合作,进一步预防、威慑和应对网络攻击。

第二,应对不断变化的威胁。随着数字技术的发展,犯罪分子越来越多地利用相关技术达成犯罪行为。在这样的情况下,欧盟将提高数字调查的执法能力,确保有足够的工具、技术来处理数字时代的犯罪行为。欧盟还将把人工智能、大数据和高性能计算纳入安全体系之中。此外,欧盟将发展应对混合威胁的方法,从早期发现、分析、认识、建立弹性和预防,到危机应对和后果管理,综合应对数字时代的混合威胁。

第三,保护欧洲民众免受恐怖主义和有组织犯罪的袭击。随着恐怖主义和有组织犯罪呈现网络化、数字化的特点,恐怖主义与网络空间的结合体——网络恐怖主义开始出现,综合运用网络技术及相关监管手段成为打击恐怖主义和有组织犯罪的重要工具。同时,欧盟也强调国际合作在打击恐怖主义和有组织犯罪中的重要作用。

第四,建立强大的欧洲安全生态系统。欧洲安全生态系统存在的前提是欧盟各执法部门、各机构以及各成员国之间的信息共享机制的建设和研究与创新能力的提高,而信息共享机制、研究与创新能力都离不开网络的支持。在网络技术的加持下,欧洲安全生态系统将面临安全威胁的政府部门、社群组织、私营企业等利益相关方联系起来,通过促进各行为体、各行业、各领域之间的合作与信息共享,加强研究与创新能力来打击犯罪行为,从而形成联动的安全生态系统。

欧委会联合研究中心的《网络安全——我们的数字锚》报告提供了过去40多年网络安全发展的多维视角,指出了当前数字发展的弱点及其对欧洲民众和工业的影响。该报告认为,鉴于如今网络攻击的规模和影响的巨大破坏力,数字社会必须在攻击发生前做好准备。为了应对欧洲所面临的越发复杂的网络安全形势,包括新冠肺炎疫情期间暴露出来的严峻的网络安全状况,该报告主张制定一个协调一致的、跨部门的、跨社会的网络安全战略。

此外,建立数字防火墙是2020年欧盟网络安全政策动态中值得引起关注的另一个重要内容。2020年6月2日,欧盟就《数字服务法案》(Digital

Services Act，DSA）开展公众意见征询，该法案提及要建立与欧盟政治价值观念相匹配的网络防火墙。① 作为一直宣称致力于促进互联网、网络空间开放与自由的欧盟而言，建立数字防火墙显得极不寻常。

实际上，欧盟有意建立数字防火墙有其特定的时代背景，这一举动是对当前欧洲所面临的网络安全环境、数字治理环境的新形势所采取的应对措施。具体而言，其背景主要包括以下三个方面。

首先，新冠肺炎疫情肆虐下的欧洲民众饱受网络虚假信息、网络犯罪的威胁。疫情的暴发使得欧洲民众不得不隔离在家中，并开始使用互联网作为他们工作、学习的工具。尽管线上办公与线上学习给欧洲民众带来了众多便利，但与此同时也在一定程度上将他们暴露在风险之中。接触网络时间的延长和接触人群的扩大，使得人们更容易受到网络犯罪的不法侵害，疫情期间欧洲的网络犯罪呈现增多的趋势。

其次，相较于中美而言，欧盟在网络技术上的发展越来越呈现落后的态势。新冠肺炎疫情的暴发将欧洲网络技术发展落后于中美这一事实摆在了欧洲人的眼前，当欧盟各国政府官员因为疫情而要召开线上视频会议时，他们才发现绝大部分线上视频会议软件都是来自中美特别是美国，欧洲开发的软件则少之又少。线上视频会议软件仅仅只是欧洲与中美在网络技术差距上的冰山一角，更直观的数据则是在全球500强的科技企业中，来自欧洲的企业越来越少。此次疫情使得欧盟清醒地认识到欧洲与中美在网络科技领域中的差距。

最后，维护数字主权的意愿与数据管控缺失的现实矛盾。随着数据在现代科技生产中逐渐扮演生产资料的角色，欧盟充分意识到数据的重要性。为了维护欧洲数据并将其置于自身的监管之下，欧盟提出数字主权的概念，主张欧盟应该管理欧洲自身的相关数据。数字主权是欧盟有意从美国手中夺回数据控制权的重要宣示，但由于美国网络技术实力的领先，欧洲用户的数据仍然被掌握在美国手中。推行数字主权的意愿与欧盟当前对欧洲用户数据管控的缺失形成了强烈的矛盾。在面对网络虚假信息、互联网技术发展落后以及维护缺失的数字主权的现实情况下，建立网络防火墙便成为欧盟应对上述问题的重要手段。欧盟希望通过建立数字防火墙维护其在网络空间的合理权益，同时提升其在数字治理和网络空间治理中的话语权。尽

①　https://ec.europa.eu/commission/presscorner/detail/en/ip_20_962, accessed August 10, 2022.

管欧盟建立数字防火墙的具体成效还有待观察,但这一举动仍表明了欧盟在网络空间安全政策上的重要转变,值得引起关注。

3. 推进互联网技术发展

当前,全球科技竞争加剧,新一代数字技术成为国家之间角力的新战略高地。以高性能计算为例,2021年10月20日,法国国际关系研究所(IFRI)的报告——《战略计算:高性能计算以及量子计算在欧洲寻求技术力量中的作用》(Strategic Calculation:High-Performance Computing and Quantum Computing in Europe's Quest for Technological Power)[①]显示,全球范围内拥有强大的高性能计算能力的前十个国家中,中国、美国、日本排前三,欧盟国家中的德国、法国、荷兰、爱尔兰、意大利位列其中。

为掌握数字主权,迈向数字未来,欧盟正推动新一代数字技术的发展。《"地平线欧洲"2021—2024年战略计划》明确指出,欧盟将支持开发和掌握新一代数字技术和关键使能技术,推动人工智能、软件技术、高性能计算以及包括量子通信和"后5G技术"在内的数据和通信技术的发展。《数字罗盘》强调,通过对高性能计算的联合投资,欧盟各成员国将加速合作部署世界领先的、联合的超级计算和量子计算数据基础设施。

2022年2月8日,欧盟公布《欧洲芯片法》(A Chips Act for Europe)。[②]该法案将加强欧盟的半导体生态系统,确保供应链的弹性并减少外部依赖。这是欧盟技术主权的关键一步。同时,它将确保欧洲实现其数字十年的目标,将其在半导体的全球市场份额翻一番,达到20%。欧盟将通过五大举措来实现其战略目标:加强研究和技术领导;建立和加强欧洲在先进芯片设计、制造和封装方面的创新能力;制定适当的框架,到2030年增加产量;解决技能短缺问题并吸引新人才;深入了解全球半导体供应链。

2021年4月21日,欧盟发布了《关于人工智能的统一规则(人工智能法)并修正某些联合立法行为》的提案[Laying Down Harmonised Rules On Artificial Intelligence(Artificial Intelligence Act)And Amending Certain Union Legislative Acts][③],这是继2020年2月19日欧盟发布的《人工智能白皮书》

---

① https://www.ifri.org/en/publications/etudes-de-lifri/strategic-calculation-high-performance-computing-and-quantum-computing, accessed August 10, 2022.

② https://digital-strategy. ec. europa. eu/en/library/european-chips-act-communication-regulation-joint-undertaking-and-recommendation, accessed August 10, 2022.

③ https://artificialintelligenceact.eu/the-act/, accessed August 10, 2022.

之后的又一重量级法案。该提案对人工智能采取了考虑风险但总体审慎的方法,将人工智能技术可能带来的风险划分为四个层级:不可接受的风险;高风险;有限的风险;极小的风险。欧盟委员会通过《人工智能法》提案预示着未来欧盟将会持续加大对人工智能技术的投资,并会严格按照《人工智能法》与《人工智能白皮书》所规定的内容进行严格的规制和监管,使人工智能技术在符合欧洲基本价值观的前提下进一步加强其技术研究与应用实践。《人工智能法》提案的通过有助于欧盟进一步开展技术主权的建设。

2021 年 2 月,法国总统马克龙公布《量子技术国家计划》,旨在使法国成为仅次于美国和德国的世界第三大量子技术消费国。该计划预计在2021 年至 2025 年,提供总计 18 亿欧元的公私投资(包括 10 亿欧元的公共资金),用于教育和培训、研究,支持初创企业以及支持产业部署和创新。德国在 2020 年 6 月就表示,将在 5 年内投资 20 亿欧元用于量子技术研究,因为"量子计算可以在我们'技术获取和数字主权'的努力中发挥关键作用"。

随着 5G 技术的发展,欧盟充分意识到 5G 对欧洲科技水平提升、经济社会发展、民众生活便利的重要意义,因此,开始推动 5G 在欧盟全境的逐步部署。

2020 年 9 月,欧盟委员会主席冯德莱恩在其首份"盟情咨文"中强调了部署 5G 对欧洲经济发展和数字服务的重要意义。冯德莱恩呼吁成员国加大对高容量宽带连接基础设施(包括 5G)的投资,认为其正是数字转型最根本的障碍,也是复苏的重要支柱。5G 网络的及时部署将为未来几年提供巨大的经济机遇,它是欧洲竞争力、可持续性的关键资产,也是未来数字服务的主要推动因素。欧委会呼吁各成员国:降低成本和提高部署超大容量网络的速度;及时提供 5G 无线电频谱,鼓励运营商投资扩大网络基础设施;为无线电频谱分配建立更多的跨境协调,以支持创新的 5G 服务,特别是在工业和运输领域。欧委会还强调,有必要更新其 2021 年制定的 5G 和6G 行动计划,为 5G 网络的推出设定新的、雄心勃勃的目标。[1]

此外,欧盟还于 2020 年 7 月发布了欧盟成员国 5G 网络安全工具箱执行报告(Report on Member States' Progress in Implementing the EU Toolbox on 5G Cybersecurity)[2],以此加强欧盟在推进 5G 部署中的网络安全。该报告

---

[1]　https://ec.europa.eu/commission/presscorner/detail/en/ip_20_1603, accessed August 10, 2022.

[2]　https://ec.europa.eu/digital-single-market/en/news/report-member-states-progress-implementing-eu-toolbox-5g-cybersecurity, accessed August 10, 2022.

分析了欧盟成员国在实施 2020 年 1 月 29 日发布的欧盟 5G 网络安全工具箱中建议的措施方面所取得的进展,并根据各国的进展情况确定了影响 5G 网络的主要威胁和威胁主体、最敏感的资产、主要漏洞(包括技术漏洞和其他类型的漏洞)等。在此基础上,报告还从欧盟的角度确定了若干具有战略重要性的风险类别,为欧盟更好地处理 5G 部署中的网络安全风险提供了指导。

(三)欧盟在网络空间治理中的角色

由于在网络安全战略思维、网络空间国际治理理念上,欧盟基本上认可美国提出的主张其对美国的安全依赖及欧美固有的理念共识,导致欧盟在多边和双边领域都保持了与美国的政策协调,双方在网络军事互动和共同舆论发声上保持了高度一致。[1] 随着美国单边主义的推进,以及中美之间脱钩和竞争的加剧,欧盟的数字经济权益受损、欧盟在互联网全球治理中的地位可能边缘化。欧盟选择更加积极主动地参与全球网络空间治理,试图发挥重要的领导作用。由此,欧盟在全球网络空间治理中试图扮演规则制定者和多边合作者的角色。

1. 欧盟参与网络空间国际规则制定

在加速完成欧洲在全球从规则制定者到超级大国转变的道路上,充分发挥欧洲在规则制定方面的优势,向全球传播欧洲标准,促进欧洲价值观,引领全球规范,并通过规则促进欧洲产业的发展,是欧盟实现数字主权的路径之一。在数字技术飞速发展的时代背景下,欧盟将战略发力点锁定在对新兴技术的治理上,其中包括人工智能、知识产权等领域。

2022 年 5 月,欧洲议会通过了数字时代人工智能特别委员会(Artificial Intelligence in a Digital Age, AIDA)的最终建议。建议指出,当前存在人工智能标准由其他国家或地区而非欧洲制定的风险,并且往往是由非民主人士制定。因此,欧洲议会认为,欧盟需要在人工智能领域充当全球标准制定者。议会同时认为,欧盟应优先考虑与志同道合的伙伴开展国际合作,以保障基本权利,同时,在尽量减少新技术威胁方面开展合作。欧洲议会议

---

[1] George Christou, *Cybersecurity in the European Union: Resilience and Adaptability in Governance Policy*, Palgrave Macmillan, 2016, pp.146-149.

员阿克塞尔·沃斯(Axel Voss)说:"通过这份报告,我们清楚地表明,人工智能将是数字化的助推器,是全球数字竞争中的游戏规则改变者,我们的人工智能路线图将使欧盟处于全球领导地位。"AIDA 委员会主席图多拉奇(Dragoş Tudorache)表示:"我们未来在数字领域的全球竞争力取决于我们今天制定的规则。这些规则需要与我们的价值观相一致:民主、法治、基本权利和对基于规则的国际秩序的尊重。"①

2021 年 11 月,欧洲议会评估了《欧盟委员会知识产权行动计划》,确定欧盟在知识产权领域即将采取的措施,以帮助欧洲企业实现创新、开发关键技术。其关注焦点之一是与人工智能技术相关的知识产权保护,即在人工智能技术辅助下产生的发明需要明确标准并予以保护的问题,提请欧洲专利局和欧洲知识产权组织合作,提供相关法律的确定性。这意味着,对于人工智能创造的发明权属问题,已在欧洲提上规范议程。

2021 年 4 月 21 日,欧盟发布了《2021 年人工智能协调计划评估》(Coordinated Plan on Artificial Intelligence 2021 Review)②报告。该报告提出了欧盟可以建立战略领导地位的 7 大行动领取,具体如下所示。

• 环境。人工智能技术可以帮助支持欧洲实现其绿色交易目标,还可以实现在其他技术下不可能实现的全新的解决方案。

• 健康。欧盟是人工智能在健康和医疗保健领域应用的全球领导者。新冠肺炎疫情大流行进一步强化了人工智能对健康和护理的重要性,并为欧盟及其成员国提供了在该领域进一步合作的经验教训。

• 机器人技术。由人工智能驱动的机器人技术有助于提高欧盟的生产力、竞争力、复原力和开放的战略自主权,同时,在数字化世界中保持经济开放。基于人工智能的机器人技术的采用将推动欧盟机器人产业的发展,扩大机器人操作的活动范围,增加人类与机器人的合作。

• 公共部门。人工智能的应用可以通过改善公民和政府之间的互动以及实现更智能的分析能力来促进更好的公共服务。通过采用人工智能技术,公共部门可以成为利用安全、值得信赖和可持续的人工智能的领导者。

• 内政事务。人工智能系统可以成为支持内政部门工作的核心技术。

---

① https://www.europarl.europa.eu/news/en/press-room/20220429IPR28228/artificial-intelligence-meps-want-the-eu-to-be-a-global-standard-setter, accessed August 10, 2022.

② https://digital-strategy.ec.europa.eu/en/library/coordinated-plan-artificial-intelligence-2021-review, accessed August 10, 2022.

当然,需要强调的是,人工智能系统并不能取代相关当局。

· 运输。人工智能和自动化对于未来的交通至关重要。它们有助于提高运输效率和安全,优化交通设施容量与交通流量控制。

· 农业。人工智能和其他数字技术有可能提高农业效率。

《2021年人工智能协调计划》是在值得信赖的人工智能领域打造欧盟全球领导地位的重要步骤。

2021年4月,欧盟委员会公布了欧洲议会和理事会《关于制定人工智能统一规则(人工智能法)和修订某些联合立法的条例》的提案。该提案呼应了欧盟委员会主席冯德莱恩在《2019—2024年政治指导方针》中宣布的"一个为追求更多目标而奋斗的联盟"的政治承诺之一:加强人工智能伦理规范与立法。该提案提出了对人工智能系统实行分类分级监管和合规评估的要求,旨在规范和保障欧盟范围内人工智能的可信应用,通过构建卓越生态系统和信任生态系统,将欧洲建设成为全球人工智能研究和创新的"灯塔中心",这也将同时提高全球人工智能企业进入欧盟市场的门槛。

2. 欧盟在网络空间治理领域的外交政策

追逐于塑造网络空间的领导者地位,欧盟积极开展数字外交,不断强化其数字地缘政治力量。在《数字罗盘》中,欧盟设计了全面的对外参与计划:建立西巴尔干和东部伙伴关系国的宽带部署;通过陆地和海底电缆以及安全的卫星,与其邻国和非洲的合作伙伴建立联系;与印度和东盟建立新的互联互通伙伴关系,加快实施欧亚互联互通战略;与拉丁美洲和加勒比的伙伴展开连接性建设。

2022年7月18日,欧盟理事会发布《欧盟数字外交的结论》(Council Conclusions on EU Digital Diplomacy)[①]报告。该报告指出,应确保数字外交成为欧盟对外行动的核心组成部分。理事会强调,欧盟在数字、网络和打击混合威胁(包括外国信息操纵和干扰)方面的对外政策必须完全一致且相互加强,需要进一步采取决定性步骤,利用所有相关的欧盟工具,开展更加明显、有影响力和协调的数字外交。该报告特别指出,欧盟的数字外交将与志同道合的伙伴密切合作,建立在普遍人权、基本自由、法治和民主原则的基础之上。与此同时,欧盟将致力于进一步加强其在网络方面的国际参与,

---

① https://data.consilium.europa.eu/doc/document/ST-11406-2022-INIT/en/pdf, accessed August 10, 2022.

特别是在联合国、欧安组织以及其他相关多边和区域论坛。

2022年5月15—16日，欧盟-美国贸易和技术委员会第二次部长级会议在巴黎召开①，双方强调进一步加强数字和网络空间领域的合作，强化数字外交。双方同意：第一，开展对乌克兰的支持，在打击虚假信息、外国信息操纵和干扰，保护言论自由和信息完整性方面开展合作；第二，保障供应链，提高跨大西洋供应链在绿色和数字化转型关键领域的弹性；第三，合作研发新兴技术，包括建立战略标准化信息（SSI）机制、开发人工智能、制定5G和6G技术路线图等；第四，推动可持续性发展，促进绿色产品传播，提高电动汽车的普及率。

2021年9月19日，欧盟委员会发布了题为《连接欧洲和亚洲：为欧盟战略添砖加瓦》的互联互通政策文件，就交通、能源、数字和人员往来四个互联互通领域明确具体举措。在数字互联互通方面，欧盟承诺推进互联网的自由、开放、普及和可负担，支持加强对消费者权益和个人数据的保护，保障网络安全，并通过欧盟"数字为发展"（Digital for Development）战略弥合欧盟发达与欠发达地区之间的数字鸿沟。

2021年5月8日，欧洲理事会和印度总理办公室宣布，欧盟和印度已经建立互联互通的合作伙伴关系。欧盟和印度将以双方同意的可持续互联互通原则为基础，探索改善两个地区之间的互联互通的举措，以期支持社会、经济、财政、气候和环境的可持续、透明、善治，并确保公平竞争的环境。合作伙伴关系覆盖数字、能源、交通和人才四个领域。在数字互联互通领域，双方一是将通过海底光缆、卫星等方面的合作加强数字互联互通，在网络空间领域，支持建立弹性、安全和符合标准的网络，联手降低网络风险，共同建设开放、自由、稳定和安全的网络空间；二是在全球标准的基础上，推动5G快速、有效的应用，为5G技术制定共同愿景和联合路线图；三是加强数字合作，促进欧盟和印度之间的数字投资；四是加强监管框架的衔接，以确保对个人数据和隐私的高水平保护，从而促进安全的跨境数据流通；五是在天基数据和技术领域合作，开展基于卫星的紧急预警服务。

2021年3月25日，欧洲议会确定了欧盟-非洲新伙伴关系的战略。战略强调以人类发展作为未来欧盟-非洲关系的核心，双方超越捐助方和受援

---

① https://ec. europa. eu/info/strategy/priorities-2019-2024/stronger-europe-world/eu-us-trade-and-technology-council_en, accessed August 10, 2022.

方的关系,在平等的基础上赋予非洲力量。在战略框架下,双方将在数字化转型、可持续就业、善治等领域展开更深层次的合作。

总体而言,2020 年以来欧盟网络空间治理领域的新动态体现了欧盟在新的时期对自身网络空间利益与权益的新的认识与定义。具体来说,欧盟网络空间安全政策的新特点主要包括以下两个方面。

一方面,强调对技术主权和数据主权的重视。网络空间从诞生到发展再到现阶段的历史表明,对主权国家而言,网络空间治理话语权、主导权得以存在的最根本原因是该国网络技术能力的强大与否,实力决定话语权,网络空间技术实力的强大直接影响着一国网络空间治理话语权的强弱。对欧盟而言,追求技术主权是保障并进一步维护欧盟网络空间利益和话语权的重要手段。用欧委会主席冯德莱恩的话说就是,欧洲必须具有一定的技术能力,根据自己的价值观并遵守自己的规则来作出自己的选择。[①] 在这一过程中,技术主权是保障欧盟得以维护其网络空间利益和自身价值观的重要基础。

同技术一样,数据也在网络空间治理、数字经济发展中扮演着至关重要的角色;与技术不同的是,从网络空间诞生的那一天起,人们就意识到技术在网络空间治理中的重要地位,数据则是随着数字经济的发展,才逐步被人们意识到其重要性,特别是在如今数据作为重要生产资料的背景下,其重要性并不亚于技术。基于此,欧盟认识到数据对欧洲经济发展、国民安全的重要意义,于是,将数据主权作为欧盟网络空间安全政策调整的重点方向。特别是在当前的国际环境下,中美双方都在加紧对国内数据安全进行相关立法和管控,而欧盟境内的部分数据却掌握在美国手中,这样的实际情况更是坚定了欧盟维护其数据主权的决心。建立数字防火墙可以被认为是欧盟在推进数据主权上的实际行动之一。

另一方面,着力发展数字经济,注重数字经济带来的巨大技术和经济效益。在技术效益方面,数字经济的发展将推动欧盟企业和研究机构在包括5G 在内的新兴技术、数字产业等领域取得进步。数字经济的发展不仅仅是数字经济本身的发展与提高,还表现在数字经济所带来的相关数字技术以及支撑数字经济运行的新技术(如 5G)的发展上。简言之,数字经济发展

---

① 《欧盟委员会主席首提"技术主权"概念》(2020 年 2 月 25 日),环球视野,http://www.globalview.cn/html/global/info_36637.html,最后浏览日期:2022 年 11 月 6 日。

的同时,将带动欧盟相关技术产业的提升,促进欧盟网络实力的提高,为欧盟更好地参与全球网络空间治理、数字治理以及维护其技术主权作出贡献。在经济效益方面,相比于传统经济而言,数字经济由于其网络化、数字化、及时化的特点,使得其不易受时间、空间、地理上的限制,从而为其快速发展带来了可能。事实也表明,数字经济的发展前景巨大,并将在国民经济中占据重要地位。面对这样的情况,欧盟清醒地认识到数字经济对欧洲经济发展的巨大推动作用,因此,将大力发展数字经济作为推动欧洲经济发展的引擎之一,特别是在新冠肺炎疫情暴发的背景下,数字经济显得弥足珍贵。在技术效益与经济效益的双重意义下,欧盟对数字经济给予了极大厚望,这也是此次欧盟网络安全政策调整的重点方向之一。

思考题

一、简述网络空间治理作为大国责任的理由。

二、试析中国网络空间治理的实践特征,并思考中国网络空间治理理念与治理实践之间的内在联系。

三、介绍中国和美国在全球网络空间治理中的角色与实践差异,并分析这种差异未来的走向与其对全球网络空间治理发展趋势的影响。

四、试析美国和欧洲在全球网络空间治理中的角色与实践差异,并分析这种差异的来源。

第六章　全球网络空间治理体系中的
私营部门

　　私营部门(Private Sector)是一个相对于公共部门(Public Sector)的概念,可以定义为以市场调节为主体,以实现组织利益最大化为目的的工商企业组织。[1] 私营部门不直接由政府控制或运作,与公共部门相对应,通常由个人、团队所拥有,通过企业的形式去追求利润。全球治理概念在产生伊始,其基本含义为"没有政府的管理"(Governance without Government)。[2] 随着全球治理难题在广度和深度上不断扩展,非国家行为体在能力与意愿上逐渐不足,国家行为体不断涉足全球治理并日益发挥主导作用,但私营部门的角色一直是不容忽视的。在全球网络空间治理中,由于互联网自身的产生方式、运行模式与内生特点,相比其他全球治理领域,私营部门的角色地位在这一领域显得更加重要,在全球网络空间治理体系中扮演着特殊的角色。因此,厘清私营部门在全球网络空间治理体系中发挥作用的角色演变、重要作用与影响,对全面理解全球网络空间治理体系和推动中国私营部门更好地参与全球网络空间治理具有至关重要的作用。

　　本章的主要内容由三部分组成:首先,对私营部门在全球网络空间治理体系中的角色进行梳理,明晰私营部门与全球网络空间治理体系相伴始终的历程与两种路径;其次,通过案例探究私营部门在全球网络空间治理中所发挥的"守门人"作用,解析私营部门何以重要;最后,论述当前全球网络空间治理领域私营部门与公共部门的联结情况,并由此从公共部门和私营部门两个角度、三个主体出发,为私营部门更好地参与全球网络空间治理体系提供些许有益建议。

---

[1]　贾雅茹:《公共部门与私营部门激励机制比较研究》,《兰州大学学报》(社会科学版)2010 年第 3 期。

[2]　See James N. Rosenau, *Order and Change in World Politics*, Cambridge University Press,1992.

一、私营部门在全球网络空间治理中的角色

自 1969 年互联网诞生以来,人类社会见证了其快速的发展。① 尽管互联网产生的历史并不算长②,但已经极大地重塑了当代的政治、经济与社会生活模式。③ 人们对互联网的依赖引起了国际社会对互联网发展、安全与稳定的关切④,全球网络空间治理在诸多权力斗争中应运而生。⑤ 在网络空间治理中,政府一度委任私营部门充当网络空间治理事实上的核心"话事人",在政府的授权或指导下,私营公司在规范互联网内容、管控互联网言论以及出台相关政策等方面作用巨大。⑥ 劳拉·德拉迪斯(Laura DeNardis)将这种现象描述为"互联网治理的私有化"。⑦ 在当时的背景下,丽贝卡·麦金农(Rebecca MacKinnon)直言,谷歌和 Facebook 在生活中无处不在,与传统民族国家的范围和管辖权相吻合,使得这些公司堪比虚拟的"国家"。⑧ "互联网治理私有化"有其合理性,因为国际政治和法律体系的传统工具,如公约、条约和政府间协议等,的确在全球网络空间治理中发挥着非常重要的作用,但真正能将治理融入日常的还是私营部门的行动。随着技术

---

① Damien Van Puyvelde, Aaron F. Brantly, *Cybersecurity Politics*, *Governance and Conflict in Cyberspace*, Polity Press, 2019, p.72.

② Joseph Samuel Jr. Nye, *The Future of Power*, United States Public Affairs, 2011, p.122.

③ Samantha Bradshaw, Laura DeNardis, Fen Hampson, Eric Jardine, and Mark Raymond, "The Emergence of Contention in Global Internet Governance," *the 9th Annual GigaNet Symposium*, September 1, 2014, https://papers. ssrn. com/sol3/papers. cfm? abstract _ id = 2809835, accessed August 10, 2022.

④ Laura DeNardis, Mark Raymond, "Thinking Clearly about Multistakeholder Internet Governance," *the 8th Annual GigaNet Symposium*, October 21, 2013, https://papers. ssrn. com/sol3/papers. cfm? abstract_id = 2354377, accessed August 10, 2022.

⑤ Madeline Carr, "Power Plays in Global Internet Governance," *Journal of International Studies*, 2015, 43(2).

⑥ Laura DeNardis, "The Turn to Infrastructure for Internet Governance," *Concurring Opinions*, 2012.

⑦ S. Arsène, "The Impact of China on Global Internet Governance in an Era of Privatized Control," Chinese Internet Research Conference, Los Angeles, 2012.

⑧ See R. MacKinnon, *Consent of the Networked: The Worldwide Struggle for Internet Freedom*, Basic Books, 2012.

的发展和现实世界的变化,私营部门参与全球网络空间治理的基本路径分化为两条:作为治理"话事人"角色的色彩越来越弱,作为"守门人"角色的作用依然存在。本节将对私营部门在全球网络空间治理体系中的角色进行梳理,明晰私营部门与全球网络空间治理体系相伴始终的历程与两种路径。

(一)全球网络空间治理中的私营部门与公共部门

麦德兰·卡尔(Madeline Carr)认为,如今的全球网络空间治理深陷政治、利益与合法性的斗争,因为互联网本质上已经成为一种权力的投射和葛兰西主义的文化霸权,互联网的主导者能够凭借自身能力来设定议程和规则。[1] 这种观点一定程度上反映了当前全球网络空间治理的一大困境,即互联网鸿沟的存在和霸权国家的行为。

回溯过往,早在互联网产生的初期,并没有如此强的国家角色介入和如此浓重的权力色彩存在。当时的互联网即便处在美国的控制下,也主要由美国商务部进行指导和技术社区负责维护,很大程度上是自我监管的。[2] 20 世纪的互联网用户主要来自学术界和科技界,数量有限且均为实名,因此,管理相对单纯与简便,甚至连代码的验证层都不需要。[3] 这种最初的自由放任型治理体制主要表现为私营部门与公共部门中的非政府行为体(第三部门)的自治,极大地促进了互联网技术的创新和互联网经济的繁荣。

但很快,随着互联网的不断普及和对社会方方面面的渗透,既有的自由放任治理模式变成了一把双刃剑,在解放了互联网活力的同时,也带来了各种问题与风险。[4] 互联网的去中心化性质及其互联性决定了需要一种新的全球多部门联合治理的模式,互联网生态的迅速变化导致世界各国政府在

---

① Madeline Carr, "Power Plays in Global Internet Governance," *Journal of International Studies*, 2015, 43(2).

② Joseph Samuel Jr. Nye, "The Regime Complex for Managing Global Cyber Activities," *Chatham House*, Paper series no. 1, May 2014, https://www.cigionline.org/sites/default/files/gcig_paper_no1.pdf, accessed October 21, 2022.

③ Ibid.

④ Zoë Baird, Stefaan Verhulst, *A New Model for Global Internet Governance*, United Nations ICT Task Force, 2004, pp.1-2.

21 世纪初意识到治理模式变革的紧迫性,于是,在 2003 年的信息社会世界峰会上,与会各国对互联网治理进行了定义:"互联网治理由政府、私营部门和社会力量在各自的角色下制定和应用共同的原则、规范、规则、决策程序和规划,以形塑互联网的演进与使用。"①WSIS 的定义突出了三个治理主体,即政府、社会力量和私营部门,社会力量又被称作第三部门,与政府合称公共部门,可以看出,即便在互联网治理中,政府的角色愈发重要,私营部门依旧拥有与之并列的地位。

　　对于公共部门和私营部门在网络空间治理中权重的认识,不同学者的观点各异。约瑟夫·奈将网络空间治理定义为"由一组松散耦合的管理体制组成的管理体制综合体,其在正式制度化的范围内,但是处于法律明文规定和完全碎片化管理的中间地带",认为私营部门虽然发挥重要作用,但政府的角色至少与之平分秋色。② 劳拉·德拉迪斯认为,存在一个"维持互联网运行和制定相关公共政策所必需的行政和技术协调任务"的系统③,协调任务的范围"从技术标准制定、域名编号的管理,到出台与网络安全和隐私相关的政策"④,其中的大多数任务只有私营部门能执行,政府插不上手。麦德兰·卡尔则强调私营部门和政府之间千丝万缕的联系,她默认由于大多数互联网基础设施都是由私营部门拥有和运营,私营部门的确在网络空间治理中发挥最直接的作用,但其主导的多利益攸关方模式倾向于加强"现有的权力关系,而不是破坏它们"。⑤ 卡尔的观点主要是认为掌握话语权的私营部门基本上都是总部位于美国的跨国公司,与美国政府关系密切,使得当前的全球网络空间治理体系更倾向于美国的价值观,有利于美国及其西方盟友。卡尔的角度相对更有解释力,因为现实在不断印证她的说法,随着许多非西方国家逐渐掌握更多的互联网技术与基础设施,这部分国家

①　Damien Van Puyvelde, Aaron F. Brantly, *Cybersecurity Politics*, *Governance and Conflict in Cyberspace*, Polity Press, 2019, p.72.

②　Joseph Samuel Jr. Nye, "The Regime Complex for Managing Global Cyber Activities," *Chatham House*, Paper series no. 1, May 2014, https://www.cigionline.org/sites/default/files/gcig_paper_no1.pdf, accessed October 21, 2022.

③　Laura DeNardis, "One Internet: An Evidentiary Basis for Policy Making on Internet Universality and Fragmentation," *CIGI and Chatham House*, Paper series no. 38, July 2016, https://www.cigionline.org/sites/default/files/gcig_no.38_web.pdf, accessed October 23, 2022.

④　Laura DeNardis, Andrea M. Hackel, "Internet Governance by social media platforms," *Telecommunications Policy*, 2015, 39(9).

⑤　Madeline Carr, "Power Plays in Global Internet Governance," *Journal of International Studies*, 2015, 43(2).

越来越怀疑当前全球网络空间治理体系的合法性。① 治理的高度私有化性质和非西方国家代表性的缺乏,促使新兴的非西方国家试图寻找新的治理模式,比如,主张互联网主权、倡导政府在管理互联网方面相对于非国家行为体应发挥更大作用等,在这些新的路径尝试下,私营部门的角色也在不断发生变化,且由于近些年的逆全球化浪潮和地缘政治博弈日益激烈,高科技跨国公司日渐加深了与母国的政治绑定,为私营部门在全球网络空间治理中的活动又蒙上了一层不确定性。

为明晰当前全球网络空间治理中私营部门的角色究竟为何,本节将借鉴约瑟夫·奈基于信息化世界背景的权力扩散理论,讨论私营部门在网络空间治理中的历史参与及其作为网络空间治理"守门人"的关键角色。

(二) 私营部门的历史参与及关键角色

2012 年,谷歌决定采取措施屏蔽涉及穆罕默德的视频《穆斯林的无知》,当时,美国学者彼得·斯皮罗(Peter Spiro)就向《纽约时报》宣称:"谷歌是世界信息的守门人,私营部门拥有主权国家般的权力,实际上能够决定哪些内容保持公开,哪些内容要被删除。"②

自威斯特伐利亚体系建立以来,主权国家一直都是国际社会的主要行为体。③ 然而,西方社会的认知在 20 世纪后半期发生了转变,政府、私营部门和社会力量之间的关系以及它们各自在国际社会上的角色与作用引发了广泛讨论。④ 特别是在冷战即将结束之际,美国政府专注于技术投资,技术变革被视为新的权力来源或资源,私营部门作为技术的直接推动者和使用者,其地位日益抬升,在全球化正向推进的时代成为实现全球经济增长和技术发展的领导者。

---

① Samantha Bradshaw, Laura DeNardis, Fen Hampson, Eric Jardine, and Mark Raymond, "The Emergence of Contention in Global Internet Governance," *the 9th Annual GigaNet Symposium*, September 1, 2014, https://papers.ssrn.com/sol3/papers.cfm?abstract_id=2809835, accessed August 10, 2022.

② http://adam.hypotheses.org/1383, accessed August 10, 2022.

③ Sven Bislev, Mikkel Flyverbom, "Global Internet Governance: What Roles do Business Play?" *ECPR* (*European Consortium for Political Research*) *Joint Sessions*, April 14−19, 2005, https://ecpr.eu/Filestore/PaperProposal/dba8c7a7-58e5-4ea7-9ec1-2a2ddc939baa.pdf, accessed October 1, 2022.

④ Madeline Carr, "Power Plays in Global Internet Governance," *Journal of International Studies*, 2015, 43(2).

　　私营部门地位抬升的原因可以从斯万·比斯莱乌(Sven Bislev)和米克尔·弗莱沃波(Mikkel Flyverbom)对福柯式权力概念的描述中一窥究竟。根据福柯式权力概念,权力与资源是等价的,何者拥有相关的资源,何者就能拥有影响力,进而拥有某种权力。[1] 20世纪后半叶,私营部门在物质、技术和人力资源等方面都获得了巨大的资源[2],这一定程度上其实是源于美国政府的扶持,因为在全球资本主义体系中,私营部门掌握更多的资源有利于处于体系核心区的美国,是美国的一大权力来源和霸权护持手段。因此,在20世纪90年代中期,美国政府在互联网领域也开启了基础设施的商业化和私有化进程,将关键基础设施交由美国私营部门管理和运营,助推本土公司掌控全球互联网产业链。自此,网络空间治理中本就不多的公共部门权力与责任进一步转移到了私营部门。当时,美国政府的权力让渡和美国私营部门的配合行动使得双方的利益达臻和谐,私营部门成为网络空间治理的"守门人"。

　　约瑟夫·奈认为,21世纪的世界各国对于互联网主要关注两个大问题:信息过载和管理挑战。新技术革命的创新和普及使更多的个体可以自由地获取信息,从而获得资源和权力,进而导致新的权力类型与权力主体不断涌现,奈将其定义为"权力流散",这种技术变革引发的扩散促进了权力从国家向非国家行为体的转移。奈指出,这种权力转移的形式将打破传统官僚机构的垄断,并让非国家行为体在世界政治中发挥更大的作用,与之相对应,国家行为体将在越来越多的领域中失去控制力。[3]

　　如前所述,从一开始私营部门就在网络空间治理中发挥着关键作用,因为其拥有对大多数互联网基础设施的控制,约有高达90%—95%比例的互联网信息受其辖制。[4] 尽管私营部门主导的治理模式涉及多个主体,但大部分技术任务以及随后带来的政策效应只能由私营部门完成。例如,为了确保互联网的全球互操作性,网络运营商彼此之间会签订私人合同协议,在

[1]　Sven Bislev, Mikkel Flyverbom, "Global Internet Governance: What Roles do Business Play?" *ECPR* (*European Consortium for Political Research*) *Joint Sessions*, April 14−19, 2005, https://ecpr.eu/Filestore/PaperProposal/dba8c7a7-58e5-4ea7-9ec1-2a2ddc939baa.pdf, accessed October 1, 2022.

[2]　Joseph Samuel Jr. Nye, "The Regime Complex for Managing Global Cyber Activities," *Chatham House*, Paper series no. 1, May 2014, https://www.cigionline.org/sites/default/files/gcig_paper_no1.pdf, accessed October 1, 2022.

[3]　Joseph Samuel Jr. Nye, *The Future of Power*, United States Public Affairs, 2011, p.114.

[4]　Luigi Martino, "La quinta dimensione della conflittualità, lascesa del cyberspazio ei suoi effetti sulla politica internazionale," *Politica&Società*, 2018(1).

双边互连点或共享网络交换点上连接多个网络以构成全球或区域网络,政府没有渠道和意愿进行干预。此外,私营部门还会自己执行网络管理任务和处理专用网络上的安全问题。

一个非常明显的例子是,私营社交媒体平台在为公民提供数字公共空间的同时,自然地具备了相关的决策权力,并可以通过多种方式来行使这种权力,如设置准入门槛、控制内容、建构隐私规则等。① 私营部门的权力依赖于其控制、获取和发布信息的能力。劳拉·德拉迪斯指出,由于私营部门的独特能力,政府自觉地将一些治理任务"外包"给私营部门进行"委任治理"。② 在这一模式下,社交媒体公司作为信息管理机构,可以执行政府不太方便通过传统机制完成的任务,如日常的信息审查、行为监视等。通常情况下,私营部门可以自己决定遵从或不遵从政府的要求,拥有修改信息流动管理规定的主动权,进而获得限制或促进公民互联网自由的权力。因此,在网络空间治理领域,公共部门和私营部门之间的关系通常是一种伙伴关系,使得双方能够达成共同的协议和目标。

然而,随着互联网力量的不断显露,私营部门和政府的关系日渐疏离。这种关系的疏离是双向的:一方面,在"斯诺登事件"之后,大型科技公司担心"声誉受损,无处不在的监控与公民自由的不兼容,将不利于商业经营"③,私营部门主动想要远离政府;另一方面,随着竞争对手的私营部门在互联网领域的全面崛起,以及经济与政治的愈发绑定,政府不再完全放心将网络空间治理大比例地交由私营部门,开始自己直接接手。

于是,当互联网日益展现出巨大的力量时,政府与私营部门之间的和谐关系就被破坏了,双方出现了不可避免的利益冲突。④ 在这种"双向逃离"的背景下,私营部门在通过直接制定公共政策来完成技术任务的合法性方面的缺陷逐渐暴露。

私营部门掌控全球网络空间治理的合法性存在先天不足。一方面,私

---

① Laura DeNardis, Andrea M. Hackel,"Internet Governance by Social Media Platforms," *Telecommunications Policy*, 2015, 39(9).

② Laura DeNardis, *The Global War for Internet Governance*, Yale University Press, 2014, p.3.

③ Samantha Bradshaw, Laura DeNardis, Fen Hampson, Eric Jardine, and Mark Raymond, " The Emergence of Contention in Global Internet Governance," *the 9th Annual GigaNet Symposium*, September 1, 2014, https://papers.ssrn.com/sol3/papers.cfm?abstract_id=2809835, accessed August 10, 2022.

④ Madeline Carr, " Power Plays in Global Internet Governance," *Journal of International Studies*, 2015, 43(2).

营部门不是经选举或推举产生的,代表的是小圈子利益,缺乏机制性的问责制,民众难以完全放心,本国政府也不好规制;另一方面,掌握网络空间治理话语权的私营部门基本上都是美国大型科技公司,新兴市场的私营部门若想分一杯羹,必然遭受美国的打压,因而,私营部门主导的治理在美国以外面临着极大的信任危机。

在逆全球化和地缘政治博弈日益激烈的今天,私营部门的处境比之前更艰难,因为"双向逃离"依然在进行,同时,跨国私营部门与母国的天然归属,使其在海外也面临所在国政府和民众的不信任,参与治理又加了一层外部阻碍。

但同时,私营部门依然在全球网络空间治理中发挥重要作用,这是因为私营部门的两大独特优势依旧存在,即技术能力[1]和社会效益满足能力[2],使其具备了独一无二的"守门人"作用。因此,即便存在合法性不足的问题和地缘政治博弈的渗透,大多数国家仍然认为,由私营部门主导的多利益攸关方模式是全球网络空间治理的适当模式,私营部门作为"守门人"发挥的作用及其不可替代性将在下一节具体探讨。

能作为网络空间治理体系"守门人"角色而发挥作用的私营部门基本上都是数量有限的大型公司,而且主要是西方国家的公司,如谷歌、Meta 和微软等,我国的一些私营部门其实同样具备上述的两大独特优势,但显而易见,腾讯、阿里或百度这样的巨头公司并没有在我国的网络空间治理中起到主导作用,这背后是因为东西方的私营部门治理地位权重受到两种不同的网络空间治理路径规制。

(三) 两种基本模式下的私营部门参与路径

在全球网络空间治理议题上,不同国家的参与方式反映了其自身的制度和立场。[3] 因此,不同的文化、政策和意识形态会塑造不同的网络空间治

---

① Sven Bislev, Mikkel Flyverbom, "Global Internet Governance: What Roles do Business Play?" *ECPR* (*European Consortium for Political Research*) *Joint Sessions*, April 14-19, 2005, https://ecpr.eu/Filestore/PaperProposal/dba8c7a7-58e5-4ea7-9ec1-2a2ddc939baa.pdf, accessed October 1, 2022.

② Madeline Carr, "Power Plays in Global Internet Governance," *Journal of International Studies*, 2015, 43(2).

③ Damien Van Puyvelde, Aaron F. Brantly, *Cybersecurity Politics, Governance and Conflict in Cyberspace*, Polity Press, 2019, p.83.

理模式,并深刻影响参与主体的行为路径,这也是导致全球网络空间治理日益碎片化的一大原因。① 比如,美国强调网络安全,欧盟提出数字主权,中国则认为网络主权和信息安全至关重要,这根植于自身的制度和文化背景,深刻影响了各自国家私营部门的网络空间治理参与方式。

私营部门在网络空间治理中的角色在不同的国家各不相同,主要存在两大路径分野:一种是西方的多利益攸关方模式下的路径,另一种是东方的政府主导的多边模式下的路径。"多方"和"多边"模式各有其优缺点,从全球范围来看,当前"多方"模式事实上处于主导地位,但必须摒弃二选一的对立思维,积极寻求两者的融合,才能建构良性的全球网络空间治理体系。

从理论的角度来看,东方的"多边"路径更加重视现实主义,国家利益是相关政策出台最重要的出发点和落脚点,网络空间治理思路是优先考虑政府的作用,而不是非国家行为体的角色,其主要目标是保证社会稳定与国家安全。在此过程中,非国家行为体应与政府紧密合作,并接受政府的领导。例如,在我国,私营部门需要遵守政府的指导,政府可以对私营部门直接下达指令来进行管理,要求其进行自我审查。② 西方的多利益攸关方路径则遵循的是自由制度主义,根据"国家寻求合作解决集体行动问题利益的理性自利"这一说法③,认为作为功利但理性的行为者,公共部门和私营部门会在"一双看不见的手"的作用下自发地协调彼此的角色,制定共同和理想的目标,最终达臻和谐,多利益攸关方在一个灵活协作的系统中进行联合治理。如前所述,理论上,在这一"多方"路径下,部分具有政治影响的技术任务仅由私营部门完成,没有政府的干预,西方政府可能会要求私营部门进行一些自我审查或协助审查,但私营部门有一定的讨价还价余地。然而,即便是在理想情况下,多利益攸关方模式下的私营部门参与治理路径也存在重大缺陷,这种模式虽然一定程度上能释放私营部门的活力,但难以把控好公私之间的分工程度,如果私营部门的权力达到极致,由于其本质上代表

---

① Michael Kolton, "Interpreting China's Pursuit of Cyber Sovereignty and Its Views on Cyber Deterrence," *The Cyber Defense Review*, 2017, 2(1).

② Yick Chan Chin, Chen Changfeng, "Internet Governance: Exploration of Power Relationship," *the 12th Annual GigaNet Symposium*, December 17, 2017, https://papers.ssrn.com/sol3/papers.cfm?abstract_id=3107239, accessed October 12, 2022.

③ Joseph Samuel Jr. Nye, "The Regime Complex for Managing Global Cyber Activities," *Chatham House*, Paper series no. 1, May 2014, https://www.cigionline.org/sites/default/files/gcig_paper_no1.pdf, accessed October 12, 2022.

和追求的还是小集团利益,必然会阻碍符合国家和公共利益的政府决策。

以上两条私营部门参与全球网络空间治理的路径是最基本的路径,在不同的国家并不一致,即使在同一国家也在不断发生变化。变化主要来源于地缘政治博弈的日益激烈和私营部门自身的信任危机。这种变化在"棱镜计划"曝光后愈发明显。

2013年,爱德华·斯诺登(Edward Snowden)披露,美国国家安全局在Facebook、谷歌、微软和雅虎等几大私营社交媒体平台的帮助下,直接进入美国网际网络公司的中心服务器挖掘数据、收集情报,收集了数千万美国人的私人信息和数据,甚至监听了很多外国领导人。于是,许多国家在看到这些大型科技公司为美国政府服务后,明白全球网络空间治理的高度私有化本质其实是美国维护自身利益的工具,从而对私营部门尤其是美国私营部门愈发不信任。因此,越来越多的国家开始倡导以政府治理为主导的多边模式,比如,我国的网络空间治理一开始就具有强烈的政府主导色彩,主要特点包括强调互联网主权以及政府在网络空间治理中的主体地位等。还有一些国家开始发展自己的互联网基础设施,以控制和处理本国境内的信息流动,例如,俄罗斯为了避免在关键的信息基础设施上受制于美国,试图"将俄罗斯的网络流量和数据通过国家控制的节点进行传输,并建立一个国家域名系统,以便在被迫切断与外国基础设施联系的情况下,互联网仍能继续工作"。[1] 美国也意识到过度利用本国私营部门带来的不良后果,美国政府经济事务官员丹尼尔·罗斯(Daniel Ross)就曾表态,"电信公司必须充分尊重法律规则和自由市场,不能过度受政治干预,否则,将极大影响美国企业的信誉"。[2]

还有一个有趣的现象,随着我国私营部门在技术和市场等方面的巨大进步,美国"以己度人",反而开始警惕我国政府也遵循美国的路径,通过我国私营部门在全球网络空间治理中的重要角色来增强政治影响力,比如,美国前国务卿迈克·蓬佩奥(Mike Pompeo)就曾指责中国字节跳动公司(ByteDance)旗下的 TikTok 应用程序与中国政府共享用户的私人信

---

[1] Nadezhda Tsydenova, "Russia Proposes Banning Foreign IT for Critical Infrastructure," *Reuters*, February 10, 2020, https://www.reuters.com/article/russia-technology-idUSL8N2AA3ZD, accessed October 14, 2022.

[2] Daniel Ross, "Security or Competition? A False Choice," *the Online Seminar Cybersecurity Capacity-Building and Resilience: a U.S. and Italy Collaboration*, May 18, 2020.

息、威胁美国国家安全,为此,他要求在美国禁止该应用程序和其他类似的中国应用程序。

可以看到,私营部门参与全球网络空间治理的两种基本路径处于不断变化中,目前,"多方"路径和"多边"路径有融合的趋势,具体表现为在百年未有之大变局下,国际体系面临剧烈变革,地缘政治斗争日益激烈,再加上高科技巨头商业活动的不断"国家化"与"政治化"①,两种路径都在朝向"政府角色前进、私营部门角色后退"的趋势演进,不同点在于"多方"路径的主导者依然是私营部门,"多边"路径的主导者则一直都是政府。

私营部门在全球网络空间治理中的角色最终究竟会走向何方?

就其塑造社会和经济结构的能力而言,从个人公民自由到全球创新政策,私营部门所起到的作用是无可争议的。② 尤其是在当代,数字技术跃迁式发展,新技术不断涌现,进而不断冲击人类社会,其速度和力量都是前所未有的,由于私营部门的灵活性、适应性和对不可预见事件的快速反应,其作为"守门人"在全球网络空间治理中的作用更是至关重要。此外,私营部门内生拥有的促进或阻碍信息可及性的权力,使其既成为政府和信息源之间的沟通者,又成为公民间交流工具的供应者,政府和民间都离不开私营部门。

尽管如此,私营部门在今天面临的挑战依旧是巨大的。其一,私营部门要面对不同的管辖范围、文化背景和技术环境;其二,私营部门要在维护国家安全、保护公民隐私和追求公司声誉与利润之间做好平衡;其三,私营部门不得不面对百年未有之大变局下的种种政治风险,包括但不限于互联网用户失去对大型科技公司的信任③、本国政府逐渐接过私营部门在全球网络空间治理领域的"守门人"角色④、外国政府在逆全球化和地缘政治博弈激化背景下警惕甚至打压私营部门等。于是,未来私营部门参与全球网络

① 郝诗楠:《"自由"与"不自由":高科技跨国公司的政治化与国家化》,《国际展望》2021 年第 3 期。

② Marietje, Schaake, "Big Tech Companies Want to Act Like Governments," *Financial Times*, February 20, 2020, https://www.ft.com/content/36f838c0-53c5-11ea-a1ef-da1721a0541e, accessed October 23, 2022.

③ Sintia Radu, "The World Wants More Tech Regulation," *U.S. News&World Report*, January 15, 2020, https://www.usnews.com/news/best-countries/articles/2020-01-15/the-world-wants-big-tech-companies-to-be-regulated, accessed October 23, 2022.

④ Raquel Jorge-Ricart, "Big Tech Companies and States: Policy or Politics?" *Real Instituto Elcano*, March 2, 2020, https://blog.realinstitutoelcano.org/en/big-tech-companies-and-states-policy-or-politics/, accessed October 23, 2022.

空间治理的限度在哪里以及由谁来规定这个限度,就成为一个关键问题。

尽管私营部门目前在全球网络空间治理中依旧发挥着相当大的作用,但网络空间并不是静态的,私营部门的角色演变影响着技术安排,进而会影响权力安排。因此,面对国际政治的百年变局和数字技术的快速发展,私营部门在网络空间治理中的角色将如何继续演变以及谁有能力塑造这一演变过程,仍有待观察。

二、私营部门在全球网络空间 治理中的作用

在互联网发展的初期阶段,私营部门扮演了举足轻重的角色,如今私营部门依然发挥着不可或缺的重要作用。大多数的网络空间治理规则都是由私营企业和非政府组织制定的。例如,网络隐私条例的制定就是参考了社交网络终端使用者协议,以及网络广告产业、搜索引擎或其他信息中介机构等依据的数据收集与存储协议。私营企业不仅可以通过设定其产品和服务的使用条例来扩大自身的社会影响,而且可以影响传统的网络空间治理行为。私营企业不仅仅是出于履职需要在被动地执行政策,在面临重大政治事件时,它们也是积极主动作为的。正是这些私营企业,而不是政府部门,在维基解密散布敏感外交信息后站了出来,关停维基解密的服务。域名注册管理公司停止对维基解密提供免费域名解析服务,并暂时取消了其在线业务;亚马逊援引其服务协议中的一条违例条款,停止对维基解密提供托管主机服务;金融企业也停止对维基解密提供经济服务。维基解密是私营企业行使治理权力的一个典型事件。

虽然私营部门在全球网络空间治理中的地位权重面临不确定性,但其作为网络空间治理"守门人"的重要作用是不容否认的。私营部门对塑造互联网的形态和行为,以及解决由此而产生的治理难题的影响巨大,私营部门采取合作治理的方式,可以对建立多层次治理体系起到促进作用。[①] 但

---

① 敬乂嘉、李丹瑶、曹佳:《私人部门对多层级治理的促进作用:中国"互联网+"国家战略》,《复旦公共行政评论》2018 年第 2 期。

国内学界对此还没有充分的学术研究,政策制定者也没有予以充分重视。过去,我国政府一直是网络空间治理体系发展的驱动力,在当今网络空间治理难题愈发凸显的情况下,继续通过监管、能力建设和直接参与互联网进程来塑造网络空间治理体系,自然是不可或缺的。然而,放眼国际,目前的互联网基础设施运行与管理虽然有逐步"政治化"与"国家化"的趋势,但基本上还是私有化的,私营部门对全球互联网基础设施的独特影响,使其有能力和责任改善网络空间治理与安全。为了达成互联网善治,应该更好地理解私营部门的作用,并利用好私营部门的力量。本节将通过案例探究私营部门在全球网络空间治理中所发挥的"守门人"作用,解析私营部门何以重要。

(一) 私营部门的"守门人"作用缘起

网络空间治理的核心是安全与发展,对任何国家来说,网络空间治理都是事关国家安全和经济发展的大事。互联网安全与发展是既有两种网络空间治理模式,即多利益攸关方模式和政府主导的多边模式之争的中心议题,围绕如何维护互联网安全、促进互联网发展,"多方"模式认为要维护自由开放的互联网模式,"多边"模式则认为所谓的自由开放的互联网模式是美国维护自身利益的手段,主张强化主权来加强对互联网的直接管理。

无论是在哪种模式下,通过对互联网技术、协议、标准和操作实践的直接作用,私营部门都有能力和责任通过有效管理互联网来保障其安全、促进其发展以达臻善治。任何政府或第三部门想要做好网络空间治理、维护好互联网安全,就必须正视私营部门对全球网络空间治理的作用。[①] 在新冠肺炎疫情的背景下,随着公民、企业和政府对安全在线活动的需求剧增,认清私营部门的作用变得更加重要。私营部门对互联网硬件和软件治理都有巨大作用,因此有能力改善网络空间治理,但如果其没有发挥好作用,政府就需要采取措施释放其活力,这样才能促使其在网络空间治理中发挥更大的效能。

私营部门的作用涵盖从海底光缆的建设到互联网交换点的管理,再到互联网标准的定义和密码密钥的持有等方方面面,其中,对数据寻址和路由协议的管理是最重要的两个方面。任何旨在确保互联网空间安全与发展的新战略,都必须认识到并利用好私营部门的力量。

---

① https://www.cisa.gov/, accessed August 10, 2022.

如今,各国政府都通过多种方式参与全球网络空间治理,比如,出台关于在线内容管控、商业加密和数据本地化的法律规章,与互联网工程任务组等标准制定机构和联合国政府专家组等规范制定机构进行互动并施加影响等,更直接的则通过公共基础设施的采购和建设进行治理。通过法律监管、标准制定、外交谈判、海外建设投资、贸易协定以及其他机制,各国政府的确可以对从网络信息内容到承载内容的关键基础设施等一切互联网相关事务施加作用。

整体来看,自 1992 年美国"国家信息基础设施计划"实施以来,全球网络空间治理其实一直是由私营部门主导的。私营部门尤其是在美国注册的大型互联网企业,一直主导着互联网的拓扑结构(电缆、服务器等)及其政策、程序等一系列软硬件建构。所谓的多利益攸关方治理模式一度可以和私营治理模式画等号,私营部门很大程度上可以在多个网络空间治理领域说一不二。多年来,私营部门通过互联网基础设施和知识产权的设计、建设、管理及所有权深刻地塑造了互联网的形态和行为方式。[1] 在 21 世纪初,政府监管下的规范制定或技术领域标准制定速度慢于私营部门参与甚至单方面行动的情况下,私营部门的作用愈发凸显。虽然现在全球网络空间治理领域公共部门的角色逐渐加强,甚至在某个地区或领域的局部能够完全掌控私营部门,但整体来看依然无法与私营部门相提并论。总而言之,私营部门在全球网络空间治理领域的作用从过去到现在都是巨大的。

私营部门在网络空间治理中的作用不应仅仅从其对内容的限制、对用户的管理和隐私政策的出台等表面来解读,私营部门之所以能够"守门",根本上还是因为其直接掌握了互联网基础设施的管理权和网际协议的执行权,"互联网供应商部署了网络地址转换器,让多个设备共享相同的地址。为了保护其网络不受攻击,互联网供应商在他们的专有网络边界设置防火墙,阻止潜在的有害应用程序。为了增加利润,互联网供应商使用技术,使他们能够识别和控制通过其网络的应用程序和内容"。[2] 私营部门对互联网拓扑结构和数字规则有巨大影响,有能力和义务保障网际协议的

---

[1]　Laura DeNardis, Gordon Goldstein, David A. Gross, "The Rising Geopolitics of Internet Governance: Cyber Sovereignty v. Distributed Governance," *Columbia University*, November 2016, https://sipa. columbia.edu/sites/default/files/The% 20Rising% 20Geopolitics_2016. pdf, accessed October 23, 2022.

[2]　See B. Van Schewick, *Internet Architecture and Innovation*, The MIT Press, 2011.

平稳运行。

私营部门的作用集中体现在数据寻址和路由协议两个领域。数据寻址和路由协议其实是由互联网工程任务组定义的。IETF 是一个公开性质的大型民间团体,成立于 1985 年年底,是全球互联网领域最具权威的技术标准化组织,其主要任务是负责互联网相关技术标准的研发和制定,当前,绝大多数国际互联网技术标准出自 IETF,其汇集了与互联网架构演化和互联网稳定运作等业务相关的网络设计者、运营者和研究人员,并向所有对该行业感兴趣的人士开放,可以说是全球网络空间治理体系中最重要的第三部门,是相关公共部门的重要组成部分。

虽然数据寻址和路由协议是公共部门定义和领衔的,但若想在全球范围内发挥作用,还需要能从新标准中获利的私营部门认可并执行才行。私营部门对数据寻址和路由协议的管理对全球网络空间治理有着深远的影响,可以管中窥豹,一探私营部门究竟何以重要。因此,本节后续将主要关注两个协议,即用于路由互联网流量的边界网关协议(Border Gateway Protocol,BGP)和用于定位互联网流量的域名系统,私营部门在这两个协议中发挥至关重要的"守门人"作用。选择这两个协议进行案例研究,并不是说二者是唯一值得研究的协议,只是因为 BGP 和 DNS 比较典型,对这两个协议进行案例研究,可以更好地理解网络空间治理的难题以及私营部门可以为此做什么。

(二)私营部门的"守门人"作用机制

私营部门参与全球网络空间治理的主要路径是技术逻辑。私营部门不仅在全球网络空间治理中有着共同的社会责任,同时也有许多先天优势。技术逻辑对网络空间治理架构的影响作用具有两面性:一面隐蔽在治理主体、治理规则、治理体系之下,发挥着实际的作用,它们是技术手段原理和配置策略;另一面是治理目标、治理需要和价值高度关联,技术资源和系统平台能力也为之服务。从技术角度看,搜索引擎(如谷歌、百度、雅虎、必应)、社交媒体网站(如推特、Facebook、Orkut、LinkedIn)及内容汇聚网站(如 Facebook、YouTube、维基百科、Flickr)均有能力直接删除信息、切断个人用户之间及其在社交媒体上的联系。无论在介入言论自由的协调方面还是在决定隐私及信誉保护的前提方面,私营中介商无疑都在行使着超越国家边界的网络空间治理权,这一权利远比民族国家具有的治理权限更广,影响更深远。

"互联网空间的法律不可改变"是一种误解,互联网的拓扑结构和数字规则并不是既定的。[1] 互联网的规则一直在不断变化,网络空间治理主体不应该用静态的眼光看待互联网。

在人类对互联网的创造和维护过程中,从构想概念到构建硬件和软件编码,再到建立互联网标准工作组,私营部门一直影响着互联网的拓扑结构和数字规则,互联网服务提供商(ISPs)、网络代理服务商、云服务提供商和社交媒体公司等私营部门通过建立服务器群和铺设光纤电缆,将其数据中心与互联网用户连接起来,塑造了互联网的拓扑结构。[2] 除了硬件方面,私营部门还通过实现数据寻址和路由协议来塑造互联网的数字规则。

从 1968 年阿帕网建立到 1992 年 NII 实施,美国政府一直是互联网基础设施建设的发起者,但随后,大部分互联网基础设施的所有权和控制权都转移到私营部门的手中,私营部门成为互联网的实际管理者。这意味着控制这些互联网基础设施的私营部门完全有能力通过更好地保护网际协议不受操纵来提高互联网安全、促进互联网善治。

互联网系统互操作所依据的数字规则(包括 BGP 和 DNS)都是人为开发和维护的。私营部门通常会根据自己的意愿,同时依据政府的要求或激励,塑造互联网的拓扑结构和数字规则,例如,谷歌就直接参与了十多条海底电缆的建设融资[3],亚马逊、Meta、微软和其他公司也大力投资电缆建设,以实现人口中心和数据中心之间更快的互联网连接,更高效地获取企业的经营利润。近年来,随着客户数量和计算需求的增长,云服务提供商也开始大力建设互联网基础设施,尤其是中国企业在这方面表现非常突出,例如,华为在东南亚加快建设数据存储中心和外围基础设施;中国电信与菲律宾、马来西亚、日本及印太地区其他国家的私营部门合作,大力开发海底互联网电缆,以促进互联网数据的高效传输。[4]

[1] Alexander Klimburg, *The Darkening Web: The War for Cyberspace*, Penguin Press, 2017, p.90.

[2] Jeanette B. Ruiz, George A. Barnett, "Who Owns the International Internet Networks?" *Journal of International Communication*, 2015, 21(1).

[3] Adam Satariano, "How the Internet Travels Across Oceans," *New York Times*, March 10, 2019, https://www.nytimes.com/interactive/2019/03/10/technology/internet-cables-oceans.html, accessed October 27, 2022.

[4] China Telecom, "How China Telecom is Connecting Countries Across Asia with the APG Line," *China Telecom Americas*, October 25, 2022, https://www.ctamericas.com/china-telecom-connecting-countries-across-apg/, accessed August 10, 2022.

正如前节所述,虽然私营部门有很大的权力,但也一定程度上受到政府的规制。在我国,政府为维护网络空间清朗而保留着关键词列表,私营部门必须根据这些关键词过滤内容,避免有害信息的肆意传播。① 伊朗政府要求互联网服务提供商优先访问国内互联网资源,而不是外国互联网资源。② 印度议会要求私营部门在本地存储印度公民的数据,从而迫使外国云服务提供商在印度本土建立数据中心。③ 美国特朗普政府于 2018 年 3 月颁布的《澄清境外数据的合法使用法》("云法案")规定:"如美国政府索取,所有美企必须将储存在境内外的数据提交给政府,而位于美国境外的公司,只要被美国法院认为与美国有足够联系且受美国管辖,也适用上述规定,此外,公司位于美国境内但是数据中心在境外的企业,也必须遵守此要求"。④ 这就使得美国政府有权强制各类私营部门为情报目的提供实时数据收集渠道。⑤ 在欧盟,《通用数据保护条例》要求企业变更数据路由和存储标准,以保护欧盟公民的隐私和安全。所有政府的管理都会影响互联网上的数据流动,并直接或间接地影响互联网的拓扑结构⑥,但毋庸置疑的是,政府的这些影响也要经过私营部门才能真正发挥作用。

互联网数据的寻址和路由是私营部门发挥作用的主要例证。一般来说,互联网数据需要两样东西才能发送到世界各地,即一个地址和一条从源头到达目的地的路线,私营部门在其设备和系统上设置这些地址,并定义和选择路由。换句话说,控制互联网基础设施的私营部门可以直接作用于数

---

① Lotus Ruan, Jeffrey Knockel, Masashi Crete-Nishihata, "Censored Contagion: How Information on the Coronavirus Is Managed on Chinese Social Media," *Citizen Lab*, March 3, 2020, https://citizenlab. ca/2020/03/censored-contagion-how-information-on-the-coronavirus-is-managed-on-chinese-social-media/, accessed October 23, 2022.

② Masha Alimardani, "After Iran Lifted a Ban on Telegram, It Continued to Throttle Access," *Slate*, March 9, 2018, https://slate.com/technology/2018/03/after-iran-lifted-a-ban-on-telegram-it-continued-to-throttle-access.html, accessed October 23, 2022.

③ Reserve Bank of India, "Frequently Asked Questions", https://m. rbi. org. in/Scripts/FAQView. aspx?Id = 130, accessed October 23, 2022.

④ CLOUD ACT, https://www. justice. gov/dag/page/file/1152896/download, accessed October 23, 2022.

⑤ Sam Gustin, "NSA Scandal: As Tech Giants Fight Back, Phone Firms Stay Mum," *TIME*, July 3, 2013, https://business. time. com/2013/07/03/nsa-scandal-as-tech-giants-fight-back-phone-firms-stay-mum/, accessed October 23, 2022.

⑥ Anu Bradford, "When It Comes to Markets, Europe Is No Fading Power," *Foreign Affairs*, February 3, 2020, https://www.foreignaffairs.com/articles/europe/2020-02-03/when-it-comes-markets-europe-no-fading-power, accessed October 23, 2022.

据的目的地和线路,从而影响数十亿人的互联网行为。下至朋友之间互发电子邮件,上至政府机构之间的加密通信,都离不开私营部门主导的数据寻址与路由,因而,私营部门在虚拟世界中的作用也会在现实世界中产生重大的地缘政治影响。这实际上就使得部分私营部门开始成为外交政策的参与者,因为其关于技术设计、部署和操作的决定可能直接对政治、贸易和安全产生全球影响。[1]

更快、更可靠的数据路由可以更好地达成业务,更安全的数据路由则意味着共享的专有数据更安全。因此,国家、私营部门和网络犯罪分子都非常重视互联网数据的寻址和路由。

互联网数据寻址和路由的正常运行只能依靠私营部门作为"守门人",政府难以直接施力,因为构成互联网生态的实际上是一个个自治系统(Autonomous system, AS)。

每个自治系统都是互联网的组成部分之一。自治系统以自治系统号(Autonomous System Number)作为唯一标识,通过路由策略进行定义。互联网用户每天都依赖于这些自治系统及其运行方法来发送电子邮件、观看视频、音视频聊天、开远程会议等,自治系统是互联网上路由的基本单位。管理这些自治系统的私营部门主要有三类,即互联网服务提供商、云服务提供商和网络代理服务商。像华为、中国电信、中国移动、AT&T 这样的互联网服务提供商,将互联网带宽从互联网交换点传输到用户需求发出的地点,将家庭路由器和移动电话等设备连接到网络上。像 Akamai、Cloudflare 和 Fast 这样的网络代理服务商提供专门向终端用户传送内容的服务器,如流媒体视频。像阿里巴巴、亚马逊、谷歌和微软这样的云服务提供商将它们的数字资源出租给用户来运行应用程序和服务,并且负责路由大量数据和构建自己的互联网基础设施。[2] 各大私营部门管理自己的自治系统,并将其与其他公司互连,在互联网上交换流量。

互联网服务提供商、网络代理服务商和云服务提供商通过构建服务器群和铺设光纤电缆将数据传输给客户,塑造了互联网的拓扑结构。这些私营部门还塑造了互联网的数字规则,并通过实现寻址和路由互联网数据包协议对网络空间治理施加重大影响,因为这些协议确定了数据路由的地点、

---

[1] Anne-Marie Slaughter, *The Chessboard and the Web: Strategies of Connection in a Networked World*, Yale University Press, 2017, p.23.

[2] "Google Cloud Infrastructure," https://cloud.google.com/infrastructure, accessed October 20, 2022.

时间和方式,包括是否将其发送到预定目的地以及是否安全。边界网关协议和域名系统是最重要的两个协议。BGP 和 DNS 的平稳运行有助于确定互联网的弹性,私营部门在其中的"守门人"作用非常明显,例如,如果遭受大规模攻击或技术中断导致自治系统中的服务器瘫痪,管理 DNS 的私营部门可以通过将查询请求重新路由到其他正常运行的服务器上来维护互联网的连通性;如果全球网络的一个主要部分被流量阻塞,执行 BGP 的私营部门可以改变 BGP 策略来绕过阻塞的流量。私营部门在其中起的不仅仅是保障安全的作用,更重要的是一个灵活"兜底"的作用,确保即使网络出现故障,数据也能从起点平稳地移动到目的地,不会造成虚拟空间的动乱,守好虚拟世界的大门。

私营部门管理好 BGP 和 DNS 不仅对虚拟空间至关重要,对现实世界也有巨大意义,因为通用数字规则在世界各地得到广泛承认是互联网生态的基石,所以 BGP 和 DNS 同时也是连接网络和现实的机制。在经济方面,互联网交换点(IXPs)是发生自治系统间 BGP 连接的地方,也是承载大多数核心 DNS 的地方,是互联网带宽产生的中心,因而是互联网经济的关键,网络犯罪者可以通过监视、修改、重定向或切断互联网交换点来打击一国的互联网经济。[①] 在安全方面,BGP 和 DNS 中的漏洞会破坏整个互联网生态系统的安全性,如果受到有组织的大规模攻击,就会导致数据外泄,无论是商业机密还是国家机密的安全都将无法保障。

目前,BGP 和 DNS 都是不安全的,因为两个协议在制定和推广的时候,全球网络空间治理的挑战并没有像现在这么大。[②] 二者的核心设计原则就像当时制定的许多其他协议一样,是互操作性和弹性,而非安全性。[③] 因此,既然无法完全重构协议,促进私营部门发挥好"守门人"的作用就愈发重要。

在西方多利益攸关方模式下,许多管理自治系统的私营部门并没有发

① Henry Farrell, Abraham L. Newman, "Weaponized Interdependence: How Global Economic Networks Shape State Coercion," *International Security*, 2019, 44(1).

② Craig Timberg, "A Flaw in the Design," *Washington Post*, May 30, 2015, https://www.washingtonpost.com/sf/business/2015/05/30/net-of-insecurity-part-1/, accessed October 21, 2022.

③ Robert Morgus, Justin Sherman, "The Idealized Internet vs. Internet Realities (Version 1.0): Analytical Framework for Assessing the Freedom, Openness, Interoperability, Security, and Resiliency of the Global Internet," *New America*, July 26, 2018, https://www.newamerica.org/cybersecurity-initiative/reports/idealized-Internet-vs-Internet-realities/, accessed October 20, 2022.

挥好网络空间治理"守门人"的作用,反而完全以市场为导向开展活动,在小集团盈利的目标下,只注重商业效益和竞争,在网络空间治理上不作为。例如,2018 年,国际黑客发动了一场有组织地攻击大量 DNS 服务器并窃取信息的行动,相关私营部门对此毫无反应[①];2019 年,Verizon 为了自身利益,使用错误的 BGP 路由信息,有目的地将其他互联网公司的流量从预定目的地引开,极大地扰乱了互联网的正常运行秩序。[②]

在多方压力和公共部门角色介入的背景下,私营部门近年来已经开始意识到自身的责任,开始承担治理任务,但是 BGP 和 DNS 许多方面的治理仍然不足,是全球网络空间治理难题的病灶。

下面对私营部门在 BGP 和 DNS 领域的治理作用进行案例研究,进一步阐释私营部门对全球网络空间治理的作用。

(三)案例一:私营部门与边界网关协议治理

边界网关协议规范了互联网数据包从起点到目的地的潜在路径,堪称互联网世界中的 GPS,是互联网数字规则的关键组成部分。美国国家标准与技术研究所在 2019 年将针对互联网流量路由系统的"BGP 劫持"攻击称为"当今互联网面临的最大威胁之一"。[③]

如前所述,互联网是由多个自治系统组成的,如果要从上海向纽约发送电子邮件,其实可以走很多路径,但必须选择并使用其中一种。边界网关协议规范了各个私营部门运营的自治系统之间互相通信的机制,在 BGP 的作用下,对于每个必须转发的报文,每个自治系统作出路由决策,然后协同传送。

BGP 机制能够运行的核心是信任。[④] 不同自治系统只有相互信任才能

① Andy Greenberg, "Cyberspies Hijacked the Internet Domains of Entire Countries," *WIRED*, April 17, 2019, https://www.wired.com/story/sea-turtle-dns-hijacking/, accessed October 20, 2022.

② Liam Tung, "Amazon, Facebook Internet Outage: Verizon Blamed for 'Cascading Catastrophic Failure,'" *ZDNet*, June 25, 2019, https://www.zdnet.com/article/amazon-facebook-Internet-outage-verizon-blamed-for-cascading-catastrophic-failure/, accessed October 20, 2022.

③ William Haag, "Protecting the Integrity of Internet Routing: Border Gateway Protocol (BGP) Route Origin Validation," *NIST Special Publication*, https://nvlpubs.nist.gov/nistpubs/SpecialPublications/NIST.SP.1800-14.pdf, accessed October 20, 2022.

④ K. Sriram, "Problem Definition and Classification of BGP Route Leaks," *Internet Engineering Task Force*, June 2016, https://tools.ietf.org/html/rfc7908#page-3, accessed October 24, 2022.

协同路由信息。每当一个数据包从一个自治系统移动到另一个自治系统时,发送方假定自己的路由表合理地近似于互联网的实际拓扑。[1] 一旦有某个自治系统为了自身的利益不守规则或发生技术故障,信任就会缺失,进而导致 BGP 的诸多故障和漏洞。

自治系统由于有意识或无意识的管理疏忽会不定期地形成路由泄漏,一旦发生路由泄漏,错误的 BGP 数据可能会导致互联网信息到达意想不到的地方,管理这个自治系统的私营部门可能会自发或在政府要求下迅速纠正这种错误,但路由泄露仍然会扰乱互联网的正常运行。无意识的人为操作失误是 BGP 路由泄漏的常见原因,如 BGP 错误配置。[2] 但许多路由泄露其实是有意为之,例如,许多自治系统使用 BGP 优化器,试图通过利用其他自治系统对特定路由的优先级来获取商业上的竞争优势。[3] 整个自治系统可能本身就是恶意的,其唯一目的就是注入虚假路由获取不正当利益。同时,路由泄漏不一定全都是自治系统造成的,也可能是网络犯罪者引发的,一些黑客会利用 BGP 沿着非预期的路径劫持数据,阻塞、修改、窃取或监视相关信息。黑客可以侵入自治系统,改变其 BGP 表的路由数据,而这条恶意设计的路由有可能被相邻的自治系统出于信任而盲目接受,导致重路由的传播。

美国国家标准与技术研究所指出,这种紊乱会带来五大可能后果:其一,造成互联网相关服务的缺失,干扰现实世界的经济与社会活动;其二,不法分子通过中点重定向互联网流量,在中点进行窃听或添加恶意代码,以攻击目的端点;其三,将互联网流量重定向到错误的端点,降低效率;其四,破坏网际协议的信誉;其五,破坏互联网的路由稳定性。

BGP 运行紊乱每时每刻都在发生,对网络空间治理的危害甚大。来自开源 BGP 监控工具——BGPStream 的数据表明,仅在 2020 年 5 月,就有数百个 BGP 错误影响了世界各地的自治系统,包括 Meta 和谷歌等

① J. Mauch, J. Snijders, G. Hankins, "Default External BGP (EBGP) Route Propagation Behavior without Policies," *Internet Engineering Task Force*, July 2017, https://tools.ietf.org/html/rfc8212, accessed October 24, 2022.

② Barry Greene, "BGP Route Hijacking," *Akamai Blog*, November 5, 2018, https://blogs.akamai.com/2018/11/bgp-route-hijacking.html, accessed October 24, 2022.

③ Tom Strickx, "How Verizon and a BGP Optimizer Knocked Large Parts of the Internet Offline Today," *Cloudflare*, June 24, 2019, https://blog.cloudflare.com/how-verizon-and-a-bgp-optimizer-knocked-large-parts-of-the-Internet-offline-today/, accessed October 24, 2022.

主要技术公司、MasterCard 等银行和金融服务公司,甚至美国国防部等政府机构。①

许多 BGP 紊乱事件的具体原因难以确定,因此很难将其归类为恶意劫持。由于许多自治系统在 BGP 路由通告中都存在隐式信任,要辨别意图是非常困难的,很多时候可能"一不小心"就造成了紊乱。例如,2019 年 6 月,来自多个欧洲网络的流量通过中国电信路由了两个小时。② 那次 BGP 紊乱其实发生在瑞士数据托管公司 Safe Host 的服务器上,中国电信在收到流量后出于信任接受了错误的路由,并同时接收了来自荷兰、瑞士、法国等欧洲网络的流量,造成了大规模的系统性紊乱。③

面对频发的 BGP 紊乱事件,私营部门作为网络空间治理的"守门人",其实可以发挥更大的作用。

私营部门有现成的工具可以保护 BGP 的平稳运行,比如,用于路由起源验证的资源公钥基础设施(Resource Public Key Infrastructure, RPKI)。④ RPKI 是一种对将 IP 地址链接到原始自治系统的记录进行加密签名的方法⑤,一般被用于筛选 BGP 起源数据,赋予了私营部门塑造互联网数字安全规则的渠道,能够为 BGP 增加安全保障,一直是美国政府最重视的激励私营部门发挥治理积极性的工具。虽然 RPKI 只能验证目的地的合法性,而不能验证路径的合法性,但能够为互联网路由塑造更多的信任,使管理自治系统的私营部门更容易正确地路由互联网数据。

能不能用好 RPKI 来优化网络空间治理,取决于私营部门。管理自治系统的私营部门完全可以大规模地应用 RPKI,当好 BGP 运行的"守门人",以保护大规模的互联网流量路由安全,提高每个需要通过 BGP 路由的互联网用户的安全性,并由此保护经济发展和国家安全,形成治理的良性循环。

① Data from BGPStream. See from:https://bgpstream.com/.
② Doug Madory,"Large European Routing Leak Sends Traffic Through China Telecom,"*Oracle Internet Intelligence*, June 6, 2019, https://blogs. oracle. com/Internetintelligence/large-european-routing-leak-sends-traffic-through-china-telecom, accessed October 29, 2022.
③ Chris C. Demchak, Yuval Shavitt, "China's Maxim-Leave No Access Point Unexploited:The Hidden Story of China Telecom's BGP Hijacking," *Military Cyber Affairs*, 2018, 3(1).
④ Kotikalapudi Sriram, Doug Montgomery, "Resilient Interdomain Traffic Exchange:BGP Security and DDoS Mitigation," *NIST Special Publication*, 2019, https://nvlpubs. nist. gov/nistpubs/SpecialPublications/NIST.SP.800-189.pdf, accessed October 24, 2022.
⑤ Martin J. Levy, "RPKI—The Required Cryptographic Upgrade to BGP Routing," *Cloudflare*, September 19, 2018, https://blog.cloudflare.com/rpki/, accessed October 24, 2022.

私营部门使用 RPKI 工具能大幅度地提高互联网犯罪者的劫持成本,通过在 BGP 周围设置安全措施,使黑客更难劫持 BGP,也使那些仍在劫持 BGP 的犯罪者更容易被发现。除了利用用于路由起源验证的 RPKI 以外,许多其他工具(如检测劫持模式的机器学习)可以进一步保障互联网路由安全。[1]

完全依靠私营部门肯定不能彻底地应对路由安全挑战,因为互联网是人为创造的,从硬件电缆到手机应用程序,总会包含人为的缺陷,加密签名的路由表可能被破坏,模式检测系统可能出错,黑客可能冒充授权的自治系统的操作员向私营部门传递错误的 BGP 路由,例如,即使使用 RPKI,也无法杜绝政府或大公司的加密信息被劫持的情况。[2] 但是,如果私营部门愿意自发地实施保护措施,担当起"守门人"的角色,肯定会为改善现状治理作出贡献。然而,许多私营部门目前并没有使用 RPKI 或其他工具。

对路由安全的保护是一个集体行动问题,毕竟,塑造起成规模的互联网数字规则不是一家公司就能做成的,而应该是整个行业的私营部门共同努力的结果。承担"守门人"责任的收益会随着实现路由安全改进的自治系统数量的增加而增加,如果采取行动的私营部门范围不够广泛,单个私营部门实施治理举措的边际成本可能会超过预期的收益,担忧主要包括投入过多的时间和资源、复杂性和故障以及承担故障责任等。

目前来看,私营部门并没有充分利用好 RPKI 等治理工具来优化路由安全,尽管愿意承担责任的企业数量呈上升趋势,但远没有到形成全行业规模的程度,至于全球层面的行动更是缺乏,说明在路由安全保护问题上,美国的多利益攸关方模式存在缺陷,需要更好地加强政府和私营部门的合作。

在采用 RPKI 方面,私营部门面临着四大困境,政府需要发挥作用,帮助私营部门突破这些困境。

首先是协调困境。RPKI 必须有大量不同的自治系统联合采用才能有效地提高路由安全性。一些私营部门可能私下里会说他们支持改进 BGP 的安全性,但如果其他公司不这么做,他们就不会采取行动,因为如果只有少数私营部门采取行动,他们就会面临巨大的经营风险。如何协调成规模

---

① Liam Tung, "MIT: We've Created AI to Detect 'Serial Internet Address Hijackers,'" *ZDNet*, October 9, 2019, https://www.zdnet.com/article/mit-weve-created-ai-to-detect-serial-Internet-address-hijackers/, accessed October 27, 2022.

② Jérôme Fleury, Louis Poinsignon, "RPKI and BGP: Our Path to Securing Internet Routing," *Cloudflare*, September 19, 2018, https://blog.cloudflare.com/rpki-details/, accessed October 29, 2022.

的私营部门联合行动是一个非常重要的问题,政策制定者可以将 RPKI 纳入政府采购清单来减轻私营部门的压力,在没有立法监管的情况下激励全行业采用这一工具。同时,政策制定者还可以在网络外交方面投入更多精力,以促进全球层面的路由安全治理协调。

其次是成本困境。普遍来说,现在私营部门在安全方面的资金投入比十年前多得多,但这些资金投入可能着重于网络空间治理。私营部门的首要目标仍然是盈利,关于互联网安全的资金投入首要着眼于维护自身自治系统的运行安全,不太可能把互联网公共安全放在首位。因此,如何减轻由私营部门之间的竞争带来的成本至关重要。政策制定者可以利用公私伙伴关系,探索其他方式来激励企业和降低成本;可以推动政府系统的 RPKI 保护,在使用 RPKI 的名单上增加另一组大型自治系统运营商,进而形成良性竞争;还可以为私营部门提供交流平台,允许企业分享各自对互联网基础设施的见解及成本担忧。

再次是延迟困境。BGP 路由是互联网基础设施的关键,其效率对经济收益至关重要。互联网私营部门担心采用 RPKI 工具会在路由过程中造成路由延迟,影响到其他关键的基础设施,进而损害经济效益,例如,路由延迟可能影响发电和配电设备的运行,使得单位时间内的产出不足。政策制定者可以加大对相关技术的投资与研发,从技术层面尽量缩短采用 RPKI 工具可能带来的延迟时间,打消私营部门的顾虑。

最后是责任困境。在采用 RPKI 工具后谁应该为可能出现的损害负责的问题上,不同的网络空间治理主体有着不同的立场。目前,许多互联网私营部门担心政府或第三部门会推卸责任。因此,政府可以利用其公私伙伴关系和召集能力,推动就责任问题展开进一步对话,为私营部门释疑。

在破除上述四大困境后,私营部门完全可以集成 RPKI 和其他路由安全工具,发挥好"守门人"的作用,更好地保护互联网免受路由安全困扰,提高全球网络空间治理的水平。

（四）案例二：私营部门与域名系统治理

在互联网世界中,为腾讯、Meta、谷歌等私营部门的互联网服务进行流量路由之前,必须先知道目标地址。互联网地址产生自域名系统,域名系统被称为"互联网电话簿",DNS 将各种域名翻译成各自的 IP 地址,从而将互联网流量导向其正确的目的地。和 BGP 一样,DNS 也是一种协议,对互联网的数字规则形塑同样至关重要,DNS 也很容易受到黑客攻击和操纵,是网络空间治理的一个重要方面。

效率和弹性是互联网设计的优先考虑因素,DNS 也不例外。DNS 确实有很多优点,比如,用户只需要记住网站名称,而不需要记住 IP 地址,当 IP 地址发生变化时,网站名称保持不变,但能被链接到新的 IP 地址。DNS 的抽象层还允许企业将单个域名链接到多个 IP 地址,将多个域名链接到单个 IP 地址,从而方便私营部门将数据从最近或最快的可用服务器路由给用户,并对冲大规模拒绝服务(DoS)攻击的影响。[①] DNS 很容易被操纵,黑客可以拦截并恶意编辑 DNS 查询和响应,将用户的需求链接到恶意网站,而非预定的目的地。例如,用户可能想要访问银行网站,但因为黑客篡改链接,最终将其私密信息传递给一个在视觉上无法区分的恶意冒名顶替网站。这种操纵会发生在用户的设备上、用户和递归解析器之间、递归解析器内部,或者最常见的是在递归解析器和权威服务器之间。最后一种攻击最广泛有效,因为它可以扰乱所有下游设备的寻址。[②] DNS 也很容易受到攻击,因为链接存在缓存。由于在时间和资源上,计算机从上游服务器重复请求相同的信息成本很高,它们将收到的答案副本存储在本地缓存中,从而加快后续查询的速度,并大大减少对互联网和服务器的需求压力。但是缓存维护需要很多规则和策略,通过使用"DNS 隧道",黑客可以利用计算机和 DNS 服务器之间的 DNS 通信通道来窃取信息,或通过防火墙施加恶意软件的命令和控制。

在过去数年中发生过大量的 DNS 劫持事件,其中最著名的全球 DNS 劫持行动名为"DNSpionage"。2018 年 11 月,思科(CISCO)Talos 揭露了"针对黎巴嫩和阿拉伯联合酋长国的新行动",该行动破坏了大量政府与私营部门的域名。[③] 2019 年 4 月,思科 Talos 发布了另一份报告,详细介绍了另

① Jeff Petters, "What Is DNS, How It Works + Vulnerabilities," *Inside Out Security Blog*, *Varonis*, March 29, 2020, https://www.varonis.com/blog/what-is-dns/, accessed October 27, 2022.

② Scott Fulton, "Top 10 DNS Attacks Likely to Infiltrate Your Network," *Network World*, February 20, 2015, https://www.networkworld.com/article/2886283/top-10-dns-attacks-likely-to-infiltrate-your-network.html, accessed October 27, 2022.

③ Warren Mercer, Paul Rascagneres, "DNSpionage Campaign Targets Middle East," *Cisco Talos*, November 27, 2018, https://blog.talosintelligence.com/2018/11/dnspionage-campaign-targets-middle-east.html, accessed October 28, 2022.

一场针对公共和私人目标,甚至包括国家安全组织的 DNS 劫持行动这一可能最早从 2017 年 1 月开始一直持续到 2019 年的行动名为"海龟",思科 Talos 直言该行动的成功将"导致相关组织更广泛地攻击全球 DNS 系统"。① 这些攻击事件并不总是与地缘政治和国家安全利益相关,也针对个人,例如,加密货币服务商 MyEtherWallet 在 2018 年 8 月遭遇 DNS 劫持,黑客从该私营部门的用户那里窃取了超过 15 万美元的加密货币。② DNS 劫持事件的密集发生凸显了 DNS 安全性的不足和治理困境。

DNS 劫持极大地伤害了用户、社会组织、私营部门和政府的利益。和其他人为设计的互联网规则一样,DNS 也不是一成不变的,事实上,在互联网基础设施方面具有影响力的私营部门正在加速重塑 DNS 协议套件。为了保护 DNS,私营部门试图联合公共部门实现域名系统安全扩展。

DNSSEC 使用公钥密码技术为 DNS 创建信任模型,其生成的记录可以被任何接收方验证。③ 这有利于将数据的完整性从安全性中分离出来,提高 DNS 劫持的门槛,降低劫持的成功率。④ 但 DNSSEC 只是 DNS 的一种保护,其本身并不能解决所有的 DNS 安全问题。DNSSEC 数据需要验证,但并没有加密,计算机可以检查 DNS 记录的真实性,但交易的机密性没有得到保护。同时,DNSSEC 也可能出现错误,其运行成效取决于私营部门的行动。DNSSEC 即便存在缺陷,也依然是目前防范 DNS 劫持最有效的手段,但是在全球范围内,65.7%的终端用户并不执行 DNSSEC 验证,仍然依赖原始的 DNS,这也是因为私营部门的不作为,没有很好地承担起 DNS 劫持治理"守门人"的责任。为推广 DNSSEC,政府迫切需要采取行动促进政府与私营部门协调,解决市场激励不力、集体行动困境和缺乏可用工具等问题。

私营部门发力推广 DNSSEC 存在四大困境。

首先是集体行动困境。和 RPKI 一样,DNSSEC 的收益随着使用它的自

① Danny Adamitis, "DNS Hijacking Abuses Trust in Core Internet Service," *Cisco Talos*, April 17, 2019, https://blog.talosintelligence.com/2019/04/seaturtle. html, accessed October 27, 2022.
② CoinDesk, "＄150K Stolen From MyEtherWallet Users in DNS Server Hijacking," *CoinDesk*, April 24, 2018. https://www.coindesk.com/150k-stolen-myetherwallet-users-dns-server-hijacking, accessed October 27, 2022.
③ Verisign, "How DNSSEC Works to Provide the Protocol for a Secure Internet," *Verisign*, https://www.verisign. com/en_US/domain-names/dnssec/how-dnssec-works/index. xhtml, accessed October 27, 2022.
④ R. Arends, "DNS Security Introduction and Requirements," *Internet Engineering Task Force*, March 2005, https://tools.ietf.org/html/rfc4033, accessed October 27, 2022.

治系统数量的增加而增加。实现 DNSSEC 确实需要更多的公司和个人在他们的终端设备上执行 DNSSEC 措施,但这可能会增加域名服务器运营商实施 DNSSEC 的压力。① 政策制定者可以强化相关宣传,形塑使用 DNSSEC 的舆论氛围,提高民众的安全意识,同时加强对大型私营部门的保护与沟通。

其次是成本困境。实现 DNSSEC 需要大量的时间和资源成本,这对网络运营商和 DNS 提供商来说是很大的障碍,因为在保持和提高网络速度和稳定性方面竞争本来就有很大的成本压力,难以在实现 DNSSEC 上投入更多的资金。② 与许多协议保护措施一样,大规模部署保护措施也会带来相应的挑战和技术副作用。因此,政策制定者可以利用政府的协调功能,就这一网际协议治理挑战进行公私对话,并采取相应的措施降低私营部门的运营成本。

再次是稳定性困境。DNSSEC 的设计目的是确保安全,但有时可能会出现运行故障,导致用户无心继续执行验证。③ 政策制定者可以投资相关技术的开发,提高技术能力,保证 DNSSEC 验证不需要耗费用户过多的时间。

最后是依赖性困境。许多用户依赖第三方服务器来解析 DNS,这意味着也会依赖第三方进行 DNSSEC 验证。④ 对此,政策制定者可以加强相关的法规制定来规范第三方服务器的业务范围,避免用户过度依赖而使 DNSSEC 成为摆设。

本节所做的关于两项协议的案例研究,揭示了私营部门在网络空间治理中的"守门人"作用及其困境。虽然私营部门的角色在不同的网络空间治理模式下不尽相同,但其在全球网络空间治理中是不可或缺的,如何形成有效的私营部门激励机制,更好地促进私营部门参与改善全球网络空间治理至关重要。

---

① Nikolai Hampton,"Why Isn't Everyone Using DNSSEC?" *APNIC*, June 28, 2017, https://blog.apnic.net/2017/06/28/isnt-everyone-using-dnssec/, accessed October 28, 2022.

② Matt Torrisi,"Is DNSSEC Adoption Worth It for Enterprises?" *Dyn*, September 18, 2018, https://dyn.com/blog/is-dnssec-adoption-worth-it-for-enterprises/, accessed October 27, 2022.

③ Cloudflare,"Troubleshooting DNSSEC," *Cloudflare*, November 9, 2023, https://support.cloudflare.com/hc/en-us/articles/360021111972-Troubleshooting-DNSSEC, accessed December 20, 2023.

④ Taejoong Chung,"Why DNSSEC Deployment Remains So Low," *APNIC*, December 6, 2017, https://blog.apnic.net/2017/12/06/dnssec-deployment-remains-low/, accessed October 25, 2022.

（五）私营部门参与全球网络空间治理体系的限度

在西方，大多数互联网基础设施都由私人公司拥有和运行，最典型的就是各大网络运营商。在市场经济条件下，它们是最能够灵活满足互联网及其用户需要的部门，也能最大限度地反映公共利益，因而，私营部门是网络空间治理的重要组成部分，在赋权社群中扮演着突出的角色，行使着相当大的权力。但是，基于形成决策的现实需要，并非所有私人部门都能被纳入治理机构，只能由部分具有"代表性"的企业进入。同时，与可以合法代表国家的政府不同，企业界并没有设计出合理而完备的程序，用来推选某些公司作为全球范围内的合法代表。目前的事实是，进入网络空间治理体系的多是美国的跨国公司，它们的合法性是基于其市场范围和全球触角。它们与美国政府通过所谓的"训诫的新自由主义"（disciplinary neoliberalism）实现了利益结盟。因此，私营企业在被政府部门强制要求执行法律规定或删除网站内容时，面临着一定的挑战。此外，世界上还没有一家可以一统天下的跨国公司，各个跨国公司毫无例外地以"利益最大化"为自己的目标，这也是私营部门参与全球网络空间治理体系的限度。

三、私营部门参与全球网络
空间治理的建议

即便是在不同的治理模式下发挥的效用不尽相同，私营部门在路由安全和数据寻址上的"守门人"作用也不可或缺，并且能通过修改互联网的拓扑结构和出台相关政策，对世界各地用户、政府和第三部门的治理行为进行形塑，对社会生活、经济发展和国家安全产生巨大的影响。新冠肺炎疫情全球大流行加强了人类社会对互联网的依赖，随着互联网用户的数量越来越多，虚拟空间与现实世界的联结越来越深，如何促进私营部门发挥好在全球网络空间治理中的作用、保障数据寻址和路由安全至关重要。本节将论述当前全球网络空间治理领域私营部门与公共部门的联结情况，并由此从公共部门和私营部门两个角度、三个主体出发，为私营部门更好地参与全球网

络空间治理体系提供些许有益建议。

（一）私营部门与公共部门的联结

如前所述,私营部门在网络空间治理中发挥着至关重要的作用,对经济发展与国家安全有着巨大的影响。"网络空间治理的私有化"①并不是一种新现象,然而,近年来展现出新的特征:随着技术水平的飞速发展,在日益复杂的国际局势下,公共部门开始逐渐回归到网络空间治理中,技术管制、内容删除、域名屏蔽等"政治性"行为越来越多地出现在网络空间治理领域,私营部门与公共部门不可避免地联结在了一起。

这一新特征早在十多年前就开始显露。2010年,维基解密公布了美国外交秘密电报,当时,EveryDNS这一私营域名解析服务器暂停了对维基解密的域名解析服务,从而有效地阻止了世界各地不懂技术的民众访问维基解密,降低了美国政府的外交压力。② 随即,亚马逊关闭了对维基解密网站的托管服务,在线金融服务公司PayPal、维萨(Visa)和万事达(MasterCard)也迅速阻断了向维基解密的资金流动。③ 这些私营部门的措施阻止公众访问泄露的内容,实际上极大地降低了维基解密在互联网上的可见度,维护了美国政府的利益。

对这一新的特征,仁者见仁,智者见智。支持者认为,网络空间治理中公共部门角色的增强既可以弥补私营部门主导治理的缺陷,也有助于维护除美国外其他国家的互联网权益。反对者则认为,公共部门的过度介入会损害网络空间治理的活力,干扰互联网自身的运行生态,给网络空间治理带来负面影响。早在2013年,谷歌就发布过一份透明度报告进行警告,直接披露一些欧盟国家政府向谷歌提交行政请求的数量和频率一直在增加。这些政府的目的有两个:一个是获取互联网用户的敏感信息,包括IP地址、浏览历史以及电子邮件通信记录等;另一个是删除特定

---

① L. DeNardis, "The Privatization of Internet Governance," *Fifth GigaNet Annual Symposium/Yale Information Society Working Paper*, 2010, https://papers.ssrn.com/sol3/papers.cfm? abstract_id = 2809229, accessed October 30, 2022.

② A. Williams, "Wikileaks Loses Its DNS Service," *Readwrite*, 2010, http://readwrite.com/2010/12/02/wikileaks-loses-its-dns-service/, accessed October 25, 2022.

③ J. Pelofsky, "Amazon Stops Hosting WikiLeaks Website," *Reuters*, 2010, http://www.reuters.com/article/2010/12/02/us-wikileaks-amazon-idUSTRE6B05EK20101202, accessed October 30, 2022.

内容。① 关于网络空间治理中公共部门和私营部门之间关系的本质问题引发了广泛的讨论,即私营部门可以与政府一起对哪些内容施加多大的控制,以及怎么才能当好"守门人"。对这一问题关注,不仅是因为其涉及隐私问题,更是鉴于其事关私营部门"守门人"的合法性地位和网络空间治理多利益攸关方模式的可行性。

凯文·韦巴赫(Kevin Werbach)指出,"随着互联网的发展,两股力量处于一种紧张状态:一种力量来自推动互联互通的私有平台,另一种力量来自加强管制的公共组织。它们之间的相互撕扯与结合催生了网络空间治理的许多辩论"。② 虽然公共部门在网络空间治理领域的角色在逐渐强化,但与此同时,私营部门不断扩大为个人和政府提供服务的范围,越来越多的工作和学习正在虚拟化,政府机构在履行职能时越来越依赖云计算和人工智能;5G 等新兴技术,使物联网和自动驾驶汽车能够不断连接和通信数据,对社会生活的渗透力日益增强。从某种意义上来说,私营部门在网络空间治理领域的重要性并未被削弱,反而在增强,其角色的"后退"只是相对公共部门角色的"前进"而言的。公共部门在全球网络空间治理领域的复苏、网络空间治理挑战的日益严峻以及现实世界地缘政治博弈的激化,都使得私营部门在当下处于一个十字路口,如何促进私营部门在网络空间治理中发挥好关键作用,是公共部门与私营部门自身需要共同考虑的。

(二) 对公共部门的建议

公共部门在全球网络空间治理中的角色越来越突出,应该加强与私营部门的合作,把私营部门纳入网络空间治理的国家战略,促进私营部门充分发挥对互联网拓扑结构和运行规则的"守门人"作用,以加强互联网经济发展与国家安全。加强合作需要的不仅是政府采取更好的激励措施和更巧妙的管理政策,鼓励和规制私营部门采取有利于网络空间治理的行动;还需要第三部门对私营部门进行一定的技术合作与援助。通过上一节关于 BGP 和 DNS 的两个案例研究可以管中窥豹,公共部门在推广有利于达成善治的

---

① Google, *Google Transparency Report*, http://www.google.com/transparencyreport/removals/government/, accessed October 30, 2022.

② K. Werbach, "The Centripetal Network: How the Internet Holds Itself Together, and the Forces Tearing It Apart," *University of California Davis Law Review*, 2009, 42(2).

网际协议方面进展缓慢,私营部门的影响力与变革动力之间存在的脱节现象亟须解决。在过去几年里,关于 BGP 和 DNS 的安全的问题越来越多,未来的问题只会更多,公共部门承担责任促进私营部门进行善治具有极大的紧迫性,我国政府和第三部门在制定确保互联网善治的战略时,应着眼于未来,并助推私营部门的影响力。

为此,本书对政府在全球网络空间治理方面提出以下五项建议。

第一,在治理战略上,政府应当倡导携手构建网络空间命运共同体,并在其中重视私营部门的角色。在这一战略下,号召各国坚持尊重网络主权,维护网络空间和平、安全、稳定,营造开放、公平、公正、非歧视的数字发展环境,加强关键信息基础设施保护国际合作,维护互联网基础资源管理体系安全稳定,合作打击网络犯罪和网络恐怖主义,促进数据安全治理和开发利用,构建更加公正合理的网络空间治理体系,共建网上美好精神家园,坚持互联网的发展成果惠及全人类,把网络空间建设成为造福全人类的发展共同体、安全共同体、责任共同体、利益共同体。在构建责任共同体的时候,政府需要坚持多边参与、多方参与,利用好私营部门"守门人"的作用,与私营部门建立相互信任、协调有序的合作,完善对话协商机制,共同研究制定网络空间治理规范,更加平衡地反映各方的利益关切,使治理体系更公正合理。在构建利益共同体的时候,政府需要坚持以人为本,推动科技向善,提升数字经济的包容性,加大政策支持,帮助中小微企业利用新一代信息技术促进产品、服务、流程、组织和商业模式的创新,让中小微私营部门更多地从数字经济发展中分享机遇。①

第二,在治理模式上,政府应当推动多利益攸关方模式和政府主导的多边模式的融合,在规制私营部门的同时释放私营部门的治理活力。如前所述,网络空间治理的多利益攸关方模式和政府主导的多边模式各有其优缺点,从当前的全球范围来看,多利益攸关方模式处于主导地位,但必须摒弃二选一的对立思维,积极寻求两者的融合,各取所长,才能建构良性的全球网络空间治理体制。一方面,私营部门本质上还是追求小圈子利益,政府必须对私营部门的行为起到规制作用,加强网络治理的法律设计。目前,《网络安全法》《数据安全法》《个人信息保护法》等法律框架基本形成,使得网

---

① 国务院新闻办公室:《携手构建网络空间命运共同体》(2022 年 11 月 7 日),国务院新闻办公室,http://www.cac.gov.cn/2022-11/07/c_1669457523014880.htm,最新浏览日期: 2022 年 11 月 8 日。

络安全保障能力不断提升,全社会的网络安全防线进一步筑牢,但其他网络空间治理领域的立法还需推进,最终在法律层面形成以政府为主导,以私营部门为主体,第三部门和个人参与的多边治理体系。另一方面,私营部门之所以能起到"守门人"的作用,正是因为其治理的灵活性,能够把治理融入互联网生态运行的日常,政府在能够合法规制私营部门的基础上,不宜进行面面俱到的管理,需要尊重私营部门的部分自主性,切忌压制私营部门的治理活力,可以通过负面清单等形式进行管理,法无禁止即可为,最大程度地释放私营部门的治理活力,促使其更好地发挥"守门人"作用。

第三,在治理成本上,政府应当出台相关政策,降低私营部门进行网络空间治理的成本。私营部门本质上是以市场调节为主体,以实现组织利益最大化为目的的工商企业组织,其基本目标是赚取利润。私营部门进行网络空间治理需要投入大量的时间和资源成本,这对私营部门尤其是中小微私营部门来说是很大的障碍,因为商业竞争本来就有很大的成本压力,他们难以在公共利益上再投入资金。同时,网络空间治理行为有时会降低互联网产品的吸引力,比如,登录 App 需要进行严格验证,这样甚至有可能会给商业吸引力带来负面影响,不利于企业盈利。因此,私营部门关于互联网安全的资金投入首先要着眼于维护自身自治系统的运行安全,不太可能把互联网公共安全放在首位。因此,如何减轻私营部门之间的竞争带来的成本至关重要,政府需要出台相应的政策,采取措施降低私营部门的网络空间治理成本,或降低在其他方面的成本来作为私营部门维护公共利益的补偿。另外,政府也可以探索其他方式来激励企业和降低成本,比如,为私营部门提供交流平台,允许企业分享各自对互联网基础设施的见解及成本担忧。

第四,在治理协同上,政府应当采取措施,破除私营部门集体行动的困境。如前所述,网络空间治理的工具虽然需要投入成本,但带来的收益会随着使用它的自治系统数量的增加而增加。塑造良好的网络空间治理生态,需要大比例的私营部门同时愿意采取集体治理行动,才能使主动使用治理工具、采取治理行动的少数私营部门避免利益受损,但任何行为体都有自我保护的潜意识,促进私营部门采取集体行动参与治理不是一件容易的事。本书认为,政府可以采取三个行动的组合拳。第一个行动是强化相关宣传与沟通。政府需要塑造私营部门承担责任、共建网络空间命运共同体的社会舆论氛围,提高民众的安全意识,对私营部门形成社会舆论压力;加强与大型私营部门的沟通,以大型私营部门为抓手,高效率地做好"少数关键"

的工作,实现"以大带小";召集公共和私人利益攸关方,对网络空间治理的挑战进行宣讲与激励,提供一个交流平台,将致力于应对网络空间治理挑战的人员聚到一起,让具有专业知识的第三部门和全球利益攸关方也参与进来,将有助于推动针对甄别问题、如何解决问题以及解决问题的障碍进行实质性的对话。第二个行动是带头承担治理责任。要想私营部门集体参与网络空间治理,关键在于使其相信会有长远收益,不仅事关收益起源的信任,对达到收益的路径信任是更重要的。为了确保大比例的私营部门都相信在自身投入大量成本采用网络空间治理工具后,必然会有其他自治系统跟进,这就需要政府带头投入成本在自己的专用互联网系统中使用网络空间治理工具。第三个行动是确立相关奖惩机制。对于自觉采用网络空间治理工具参与治理的私营部门,政府可以进行适当的成本补偿与奖励;对于拒不承担社会责任的私营部门,政府可以采取适当的措施进行惩戒,这需要搭配第二条建议中法律规章制度的建构来施行。

第五,在治理外交上,政府应该在网络治理外交上投入更多精力,以促进全球范围内的私营部门参与全球网络空间治理。随着网络挑战及威胁的愈发频繁和日渐加剧,网络议题逐渐成为外交与安全政策的重要内容。[1]网络空间治理具有全球性,不是一国之事,私营部门不仅在国内对网络空间治理有"守门人"的作用,在全球范围内也是如此,外国的私营部门(尤其是美国的私营部门)历来在参与全球网络空间治理的实践方面发挥着关键的领导作用。政府需要做好域外私营部门的工作,可以加强专门聚焦于网络治理的外交活动,也可以在其他外交议题中穿插网络治理的相关内容;可以进行双边网络空间治理外交,也可以借助多边机制推动国际私营部门参与全球互联网协同治理。在外交类型上,尤其需要注意的是应加强直接面向域外私营部门的公共外交或二轨外交,不仅有利于直接达成促进全球网络空间治理的外交目标,还能助推当前受到地缘政治博弈影响的官方外交,达到事半功倍的效果。

为促进私营部门更好地参与全球网络空间治理,本书对第三部门提出以下两项建议。

一方面,第三部门应加强对私营部门的技术与管理支持。第三部门是

---

① 吕蕊:《欧盟网络外交:战略基础、政策向度与安全竞争》,《同济大学学报》(社会科学版)2022年第4期。

公共部门中的非政府行为体,在网络空间治理中的作用也十分重要,互联网尚处于自由放任的自治状态时就离不开技术社区的支持,互联网相关的第三部门普遍具备技术富集的特征。第三部门以促进公共利益为首要目标,与私营部门不存在商业竞争关系,因此就没有技术共享的顾虑,为了促进互联网善治的达成,从能力上提升私营部门的治理水平与意愿,降低私营部门因技术门槛或技术故障产生的经营成本,第三部门可以在政府或民间力量的支持下,加大对相关技术的投资与研发,提供高质量的技术公共产品,从技术层面尽量解决私营部门参与治理的难题,打消私营部门的顾虑。同时,拥有管理经验的相关第三部门可以与私营部门共享互联网管理经验,提升私营部门尤其是中小微私营部门的互联网管理水平,从软硬两方面助力私营部门的治理参与能力。

另一方面,第三部门应加强对私营部门治理行为的监督。在"互联网治理私有化"已推行多年的背景下,私营部门掌握着大量互联网基础设施的管理权限和网络空间治理规则的制定权限,天然地拥有促进或阻碍信息可及性的能力,其权力难以受到制约,再加上私营部门自身的属性决定了其首要目标并非为公众谋利,因此,许多管理自治系统的私营部门不但没有发挥好网络空间治理"守门人"的作用,反而完全以市场为导向开展活动,在小集团盈利的目标下,只注重商业效益和竞争,在网络空间治理上不作为,难以从根本上遏制其可能出现的"损公肥私"行为。虽然近年来在政府角色不断介入网络空间治理的情况下,私营部门专断的权力有所削弱,但政府的监督难以深入到互联网生态运行的细枝末节,这时候就需要第三部门来弥补政府监督的盲点,防止部分私营部门利用政府视线的缺失和自身的权力"监守自盗",为谋取小圈子利益而扰乱互联网生态的正常运行。

(三) 对私营部门的建议

近年来,随着逆全球化的潮流和地缘政治博弈的加剧,互联网作为人类生存的新空间、发展的新驱动、安全的新领域,以及大国拓展国家利益、输出意识形态和建立战略优势的新载体,逐渐成为世界大国竞争的新高地,网络空间治理的赤字日益加大,网络空间治理的挑战层出不穷。[①]

---

① 王桂芳:《大国网络竞争与中国网络安全战略选择》,《国际安全研究》2017 年第 2 期。

　　私营部门处于互联网经济发展和国家安全的第一线,是网络空间治理中最活跃的主体,在全球网络空间治理中发挥重要的"守门人"作用,其两大独特优势(技术能力和社会效益满足能力)是公共部门难以取代的,因此,私营部门有改善网络空间治理的能力和责任,完全可以发挥更大的作用。私营企业必须认识到,其拥有的权力不仅意味着机会,而且意味着责任。但当前全球网络空间治理越来越碎片化,私营部门参与互联网全球治理面临诸多困境,其自身的意愿和能力也日渐不足。私营部门如能发挥好自己的作用,更好地保护互联网安全与发展,将增强人们对互联网作为全球网络的持续生存能力的信心,减缓网络空间治理因现实地缘政治原因向碎片化和部落化衰落的趋势。

　　为此,本书为私营部门提出以下五项建议。

　　第一,私营部门应当主动加强与公共部门的合作。目前,私营部门根本无力独自处理网络空间治理赤字。近年来,逆全球化风潮成为国际形势的一大趋势。数字赋能技术对国际关系的影响越来越大,数字权力愈发受到重视,在此背景下,全世界在互联网领域的摩擦愈益频发。在全球化正向推进的时代,自由主义理论家认为经济全球化与经济合作势不可挡,以互联网为主要载体的数字经济发展更是国际社会"去政治化"的先锋,如今互联网摩擦却成为国际体系重塑交锋的焦点和现实主义回归的证据。目前,世界各国政府都在把互联网政策作为其经济、安全和外交战略的核心部分,并往往甘愿为之付出巨大的代价。尤其是 2020 年以来,新冠肺炎疫情深刻改变了经济增长方式、国际分工合作态势以及全球竞争格局,数字能力和数字经济成为应对全球经济下行压力的稳定器,为了应对经济下行压力以及迎接国际格局重塑的挑战,各国都在加快政策调整。在此背景下,各国围绕互联网展开了激烈竞争,并殃及相关私营部门,例如,美国发起"清洁网络计划",对华为、中兴等中国高科技跨国公司进行打击[1];印度对华进行科技"脱钩",强迫中国私营部门离开印度市场[2];欧盟委员会则将欧洲的技术主权置于其未来五年战略的中心,出台《数字市场法案》和《数字服务法案》等法律,规制美国的私营部门。[3] 私营部门应当认清这一经济与政治深度绑

---

①　阎学通:《美国遏制华为反映的国际竞争趋势》,《国际政治科学》2019 年第 2 期。

②　王春燕、郭建伟:《"印太"战略下印度对华"经济脱钩"行为分析》,《南亚研究季刊》2021 年第 3 期。

③　余南平:《欧洲强化经济主权与全球价值链的重构》,《欧洲研究》2021 年第 1 期。

定的现实,不可能完全超脱母国进行跨国商业活动,必须主动寻求公共部门的帮助以应对互联网的风险,获取政策保护与技术扶持,与公共部门协作,形成良性的互联网多边治理模式,这不仅是对自身公共责任的自觉承担,也是对自身商业利益的风险规避。

第二,私营部门应当共享网络空间治理的相关数据信息。其一,应当与同行业私营部门共享网络空间治理的相关数据信息。网络空间治理的相关数据基本上不涉及商业机密,共享相关数据有助于增强同行业私营部门的普遍信心,达成集体使用网络空间治理工具践行网络空间治理的理想局面。尤其是美国的私营部门对全球互联网拓扑结构和治理行为有着最为深刻的影响,其网络空间治理的相关数据有助于全世界的同行了解安全威胁,例如,对互联网核心数字规则的攻击,需着重激励美国私营部门向同行共享相关数据信息。其二,应当与第三部门共享网络空间治理的相关数据信息。私营部门处于面对网络空间治理挑战的第一线,其对网络空间治理的洞察在深度和广度上是第三部门的研究人员无法企及的。第三部门有自身的网络空间治理技术优势,但毕竟不是身处第一线,有时候难以拿到一手的有价值数据,比如流量路由故障的基本情况。与第三部门的数据信息共享,不仅需要宏观层面企业领导层的参与,还需要微观层面公司一线技术人员的参与。其三,应当与政府共享网络空间治理的相关数据信息。网络空间治理的相关数据信息并不涉及用户的个人隐私,与政府共享并不会引发争议。通过与政府共享相关数据信息,既可以得到政府的政策保护与支持,也能帮助政府践行治理职能,达到协同善治。

第三,私营部门应当加强数字技术创新。技术创新不仅有助于降低参与网络空间治理的成本,提升网络空间治理能力,也有助于提升自身商业效益,属于公私双赢。技术变革是"富裕的杠杆"[1],是推动人类社会发展最重要的单一力量。1909—1949 年,美国劳动生产率的增长有 87% 被归因于技术进步,欧盟委员会曾在 2019 年指出,过去的几十年中,欧洲大约 2/3 的经济增长是由科技创新驱动的,通用技术及其经济模式的重要性不言而喻。私营部门的效益即便实现形式不同,但本质上还是来源于技术进步及对其的掌控,加强数字技术创新,一方面能在数字时代掌握主动权,获取商机与

---

[1] ［美］乔尔·莫基尔:《富裕的杠杆:技术革新与经济进步》,陈小白译,华夏出版社 2008 年版,第 7 页。

比较优势,实现小圈子利益;另一方面能有效地降低参与网络空间治理的成本,釜底抽薪地解决使用网络空间治理工具的后顾之忧,让私营部门参与治理走向"自发"的理想状态。根据技术二元论,技术具有公共属性,其本质上是一种公共产品,私营部门出于商业目的的技术创新,也能够外溢到其他领域,公共部门也能够享受技术红利,促进自身互联网治理能力的稳步提升,进而达到协同善治的效果。

第四,私营部门应当深化网络空间治理的参与层次。网络空间治理的参与层次包括基础架构层、协议层、应用层、内容层。罗伯特·多曼斯基(Robert J. Domanski)指出,各国政府和大型私营电信公司(主要是美国)在基础架构层占据主导权,ISOC、IETF 和 W3C 等国际工程联合会通过"粗略共识"原则掌控协议层,大型私营商业互联网公司在应用层占据主导地位,各国政府、私营部门在内容层拥有治理权。① 我国私营部门目前对互联网的治理主要集中在内容层和应用层,但随着技术实力的积累,我国私营部门也逐步进入协议层乃至基础架构层。非美国私营部门深化网络空间治理参与层次的重要性在于,能够加强私营部门进行网络空间治理的合法性。前文曾述及,私营部门掌控全球网络空间治理的合法性存在先天不足的一个方面,就是掌握网络空间治理话语权的私营部门基本上都是美国大型科技公司,新兴市场的私营部门若想分一杯羹必然遭受美国的打压,因而私营部门的治理在美国以外面临着极大的信任危机。我国私营部门深化网络空间治理的参与层次,不仅能够在结构上用技术和规则构建一个"分权"的网络空间治理架构,实现对互联网权力的分散控制,在互联网领域对美国实现一定程度的制衡,塑造一种互联网"均势",而且"分权"能够在全球范围内强化对私营部门的信任,长远来看,解决这一"合法性"问题对美国私营部门也有好处。

第五,私营部门应当重视与域外治理主体的联系。网络空间治理具有全球性特征,要达到全球互联网协同善治的效果,私营部门不仅要与本国公共部门建设良好的合作关系,也要注重与域外公共部门与私营部门等外部行动者的联系。私营部门和外部行动者主要通过四个方面影响政府间的关系:第一是沟通,可以起到相互补充的作用;第二是中介,通过发挥倡导作

---

① [美]罗伯特·多曼斯基:《谁治理互联网》,华信研究院信息化与信息安全研究所译,电子工业出版社 2018 年版,第 29 页。

用影响政府间行为；第三是杠杆作用，不仅是在体制内发挥影响，也在体制外创造压力，共同推动整体的政府决策和实施；第四是协调，外部行动者的参与可以使决策和执行之间的衔接更加有效。[①] 在沟通上，由于中美战略竞争格局逐渐深化，双边互信赤字不断累积，各层次合作机制受到冲击，第三部门之间沟通的活力也明显下降，严重影响了全球互联网的协同治理。私营部门即便正在"政治化"，但其政治色彩相对公共部门来说要弱一些，私营部门如果能加强与域外私营部门同行或与外国政府的交流沟通，在当下能起到比以往更好的效果，甚至能带动其他外交领域的破局；在中介上，私营部门由于其固有的"守门人"作用和非政府性质，可以在国际社会上提出相关的网络空间治理倡议，更容易被各国政府所接受，进而影响政府间行为；在杠杆作用上，互联网数字媒体的影响力在当今世界不言而喻，这些媒体的力量基本上都掌握在私营部门的手中，为促进全球协同善治，私营部门可以利用自身的舆论形塑力量在体制外创造压力，倒逼公共部门之间的合作；在协调上，私营部门身处网络空间治理的一线，加强与域外私营部门及第三部门的联系，可以在政府之间的决策制定后，在全球范围内更高效地予以执行，优化衔接，无须政府再通过外交渠道费时费力地做域外私营部门及第三部门的工作。

以上从公共部门和私营部门两个角度、三个主体为私营部门更好地参与全球网络空间治理体系提供些许建议。这些建议自然不是灵丹妙药，不可能彻底解决日益突出的互联网全球治理赤字，但可以有效地促使私营部门更好地发挥网络空间治理"守门人"的作用，在这样一个充满挑战的时代承担起自己的责任。

网络空间治理具有全面性，任何主体都难以仅凭一己之力实现对互联网空间的有效治理。私营部门只是多个主体之一，将其纳入全球互联网治理体系中是必须的，但网络空间治理不能过度依赖私营部门，应倡导坚持多边参与、多方参与，发挥政府、国际组织、互联网企业、技术社群、民间机构、公民个人等各主体的作用，共同达到协同善治的局面。

网络空间治理具有全球性，任何一国难以仅凭自身达成善治就能解决全球网络空间治理赤字。国际社会应坚持共商共建共享，加强沟通交流，深

[①] 敬乂嘉、李丹瑶、曹佳：《私人部门对多层级治理的促进作用：中国"互联网+"国家战略》，《复旦公共行政评论》2018 年第 2 期。

化务实合作,完善互联网空间的对话协调机制,研究制定全球网络空间治理规则,使全球网络空间治理体系更加公正合理,更加平衡地反映大多数治理主体的意愿和利益。

正如《携手构建网络空间命运共同体》白皮书所说,互联网是人类共同的家园。无论数字技术如何创新发展,无论国际环境如何风云变幻,每个人都与网络空间休戚与共、命运相连。建设和维护一个和平、安全、开放、合作、有序的网络空间,关系到人类文明进程和发展命运,是各国的共同期盼和愿望。我们所处的是一个充满挑战的时代,也是一个充满希望的时代。中国愿同世界各国一道,共同构建更加公平合理、开放包容、安全稳定、富有生机活力的网络空间,携手构建网络空间命运共同体,开创人类更加美好的未来。[①] 私营部门身处网络空间命运共同体中,不仅能够享受到网络空间治理的益处,也有参与网络空间治理的责任。

思考题

一、简述私营部门在全球网络空间治理中的角色。

二、介绍私营部门在全球网络空间治理中"守门人"作用的具体体现。

三、思考私营部门与公共部门在全球网络空间治理中的关系。除本书所提出的建议外,你对三大主体如何更有效地参与全球网络空间治理还有哪些建议? 这些建议的合理性是什么?

[①] 国务院新闻办公室:《携手构建网络空间命运共同体》(2022 年 11 月 7 日),国务院新闻办公室,http://www.cac.gov.cn/2022-11/07/c_1669457523014880.htm,最后浏览日期:2022 年 11 月 8 日。

第七章　中国参与全球网络空间
治理的路径建构

　　互联网技术的普及和广泛应用,使得网络空间治理与国家政治、经济和社会生活的联系愈加紧密。国际社会已经意识到全球网络空间治理的重要性和紧迫性,为了维护网络空间的发展与稳定,各方有着在全球网络空间治理领域开展交流与合作的强烈意愿。然而,当前各国对于互联网技术、网络空间治理和网络安全等相关领域的利益诉求和治理理念仍存在分歧,其背后是各国技术发展水平和国内外环境等客观因素的综合作用。因此,全球网络空间治理的参与方在具体治理领域中的分歧和争议实难消弭。尤其是在互联网基础资源分配、共同打击网络犯罪、国际法的网络空间适用和网络人权保护方面,国际规则制定的进程受到推进意愿与利益平衡的双重影响。[①] 中国作为互联网大国和全球治理的重要参与者,理应担起推动全球网络空间治理发展的责任,并通过积极参与国际规则制定、践行多边主义的治理路径、鼓励多利益攸关方参与的方式,更好地推进全球网络空间治理的进程。

一、全球大变局时代中国参与全球
网络空间治理的机遇

　　全球大变局时代网络空间治理的重要战略意义及其正面临的变革可能

---

① 李艳、李茜:《国际互联网治理规则制定进程及对中国的启示》,《信息安全与通信保密》2016年第 11 期。

性,是中国参与网络空间治理的外部机遇。中国应充分利用下述四个方面的自身优势,进一步参与和推动网络空间治理的进程。

一是市场基础。中国已经成为全球网民规模最大的国家,这不仅为中国参与网络空间治理提供了巨大的市场容量基础,也为中国在第四次工业革命中发展大数据和人工智能提供了数据支撑。中国于 1994 年正式接入互联网,经过 30 年的发展,中国已经成为一个网络大国。中国互联网用户数和移动用户数均居世界首位;中国的网站访问流量仅次于美国,居全球第二;在中国最常使用的 25 个网站中,中国自身网络公司产品的占比已高达 92%;在全球网络访问量排名前 20 的网站中,中国有 7 家上榜;全球使用最广泛的 10 个社交媒体网站中,中国占据 6 家。① 根据中国互联网络信息中心(CNNIC)发布的第 50 次《中国互联网发展状况统计报告》,截至 2022 年 6 月,我国网民规模为 10.51 亿,互联网普及率达 74.4%。② 而且这一互联网普及率意味着还存在很大的上升空间。同时,从党的十一届三中全会确定改革开放的大基调以来,无论是引进外资,还是扩大对外贸易,中国的对外开放力度都处于逐渐加大的过程。尤其是进入 2018 年以后,中国在市场开放、对外经贸联系上,相较于以往都处于加速期。

二是技术创新。信息技术是网络空间治理的重要支撑基础。中国近年来在诸多信息技术创新方面走在世界前列,如 IPv6、人工智能、量子计算等方面的快速发展。根据 2018 年 1 月 20 日在京发布的"2017 年全球技术创新指数(GTII 2017)"③,美国凭借显著优势居于首位,中、日、英、德四国为第二梯队,创新指数水平在均值以上,其中,中国的整体技术创新指数在 12 个研究对象中位居第二,信息技术创新拥有显著的领先优势。根据彭博社 2018 年 1 月发布的 2018 年彭博创新指数(Bloomberg Innovation Index),中

① Stephane Grumbach, "The Stakes of Big Data in the IT Industry: China as the Next Global Challenger?" Author manuscript published in "The 18th International Euro-Asia Research Conference", The Globalisation of Asian Markets: implications for Multinational Investors, Venezia, January 31 and February 1st, 2013: 5, 7.

② 《第 50 次〈中国互联网络发展状况统计报告〉》(2022 年 8 月 31 日),中国互联网信息中心, http://cnnic.cn/n4/2022/0916/c38-10594.html,最后浏览时间:2022 年 11 月 16 日。

③ "2017 年全球技术创新指数(GTII2017)"由国务院发展研究中心国际技术经济研究所和北京知本创业管理咨询有限公司共同编制,于 2018 年 1 月 20 日首次在京发布。该报告主要围绕 12 个国家(中国、美国、英国、法国、德国、俄罗斯、日本、韩国、印度、加拿大、澳大利亚、以色列)和 7 个技术领域(信息、能源、生物、航空、航天、新材料、先进制造)展开研究。

国的排名上升两位,首次跻身前 20,位居第 19 名。① 中国近年来还大力通过政策鼓励技术创新,除了《中国制造 2025》,还有《"十三五"国家科技创新规划》《"互联网+"人工智能三年行动实施方案》《新一代人工智能发展规划》《促进新一代人工智能产业发展三年行动计划(2018—2020)》等。

三是治理理念。网络空间命运共同体是 2015 年 12 月习近平总书记在第二届世界互联网大会主旨演讲中提出的概念。习近平总书记不仅向全世界发出共同构建网络空间命运共同体的倡议,而且提出了推进全球网络空间治理体系变革的"四项原则"以及构建网络空间命运共同体的"五点主张"和"十六字方针"。网络空间虽然有不同于物质空间的特征,但它同样承载着人类活动、延续着人类文明,并同样面临着资源分配、利益分割、秩序建立和权力博弈等问题。网络空间人类文明的通融效应、网络空间人类利益的弥合效应、网络空间权力的分散效应、网络空间对人类未来的捆绑效应,决定了网络空间命运共同体是全球化、信息化进程的自然产物,是不可逆的网络化时代的必然方向。在这一治理理念的指引下,中国可以推动在安全有序的目标下从求同到求和的全球网络空间治理。

四是话语权。中国近些年在网络空间治理方面的话语权逐步提升,这主要基于三方面的原因。首先是中国在网络空间治理方面的成功经验。作为网民规模最大的国家,中国将国内网络空间治理好就是对全球网络空间治理的最大贡献。中国网络空间的相对稳定性、中国信息技术的进步以及网络空间能力的逐步成长,都提升了中国在网络空间治理方面的话语权。其次是中国主观上对参与全球网络空间治理日渐开放的政治倾向。通过国家领导层的长期酝酿并在"斯诺登事件"的警示作用下,中国已经逐步走出了战略模糊阶段,开始以网络大国的身份进入国际体系,并表现出开放自信的大国心态和深度参与网络空间治理的意愿,这也正是我国近年来积极举办或参与各种互联网相关论坛和国际会议的原因。最后是国际社会的角色要求和他国的角色期望也是中国参与网络空间治理的动力。实力和意愿的积累使得中国在全球网络空间治理问题上的话语权提升,国际社会对中国的网络空间发展动向和治理实践高度关注。

---

① Michelle Jamrisko and Wei Lu, "The U.S. Drops Out of the Top 10 in Innovation Ranking," *Bloomberg*, January 23, 2018, https://www.bloomberg.com/news/articles/2018-01-22/south-korea-tops-global-innovation-ranking-again-as-u-s-falls, accessed December 16, 2018.

　　总而言之,作为网络大国,中国应客观地认识当前全球大变局背景下网络空间治理所面临的挑战,充分利用上述机遇进一步参与并推动全球大变局时代的网络空间治理进程,从而真正实现网络强国的战略目标。

二、积极参与网络空间国际规则制定

　　从 2014 年首届世界互联网大会乌镇峰会发出的"九点倡议",到第二届世界互联网大会提出全球互联网发展治理的"四项原则""五点主张",再到第三届世界互联网大会提出的"四个目标",直至 2022 年世界互联网大会组织的成立,在全球网络空间治理方面,中国不但为国际社会描绘了一幅凝聚各利益相关方最大共识的蓝图①,也走出了一条具有中国特色的全球网络空间治理之路。

(一)中国参与网络空间国际规则制定的历史进程

　　2014 年,中央网络安全与信息化领导小组成立,由习近平总书记亲自担任组长。在领导小组召开的首次会议上,习近平总书记明确指出,网络安全和信息化是事关国家安全和国家发展、事关广大人民群众工作生活的重大战略问题,要从国际国内大势出发,总体布局、统筹各方、创新发展,努力把我国建设成为网络强国。② 自此,网络空间治理成为中国国家网络空间战略的重要组成部分。在随后的几年中,中国连续在国际社会上作出政策宣示,发出在网络空间国际规则制定领域的中国声音。

　　2014 年,第一届世界互联网大会在水乡乌镇召开,习近平总书记在贺词中提出,各国应当"本着相互尊重、相互信任的原则,深化国际合作,尊重网络主权,维护网络安全,共同构建和平、安全、开放、合作的网络空间,建立

---

① 陈侠、贺刚、郝晓伟:《中国应在全球互联网治理中争得一席之地》,《世界知识》2014 年第 13 期。
② 《中央网络安全和信息化领导小组第一次会议召开,习近平发表重要讲话》(2014 年 2 月 27 日),中华人民共和国国家互联网信息办公室,http://www.cac.gov.cn/2014-02/27/c_133148354.htm?tdsourcetag＝s_pcqq_aiomsg,最后浏览时间:2022 年 8 月 22 日。

多边、民主、透明的国际互联网治理体系"。① 2015 年，习近平总书记在第二届世界互联网大会的致辞中指出，"互联网领域发展不平衡、规则不健全、秩序不合理等问题日益凸显。不同国家和地区的信息鸿沟不断拉大，现有互联网治理规则难以反映大多数国家的意愿和利益"。② 他进一步指出，"网络空间是人类共同的活动空间，网络空间的前途命运应由世界各国共同掌握。各国应该加强沟通、扩大共识、深化合作，共同构建网络空间命运共同体"。习近平总书记的讲话为中国参与网络空间国际治理工作奠定了基础，指明了方向。

　　中国政府正式确立全球网络空间治理理念和行动路径的文件，是 2017 年外交部和中央网信办联合发布的《网络空间国际合作战略》。该战略高屋建瓴地提出："面对问题和挑战，任何国家都难以独善其身，国际社会应本着相互尊重、互谅互让的精神，开展对话与合作，以规则为基础实现全球网络空间治理"。③ 国际合作战略还倡导各国切实遵守《联合国宪章》的宗旨与原则，共同制定网络空间的国际规则，建立多边、民主、透明的全球网络空间治理体系。《网络空间国际合作战略》表明了中国积极参与全球网络空间治理，推动建立公平、透明的网络空间国际规则的立场和态度。

　　2019 年，世界互联网大会组委会发布了《携手构建网络空间命运共同体》概念文件。该文件阐述了构建网络空间命运共同体理念的时代背景、基本原则、实践路径和治理架构，并提出构建网络空间命运共同体应坚持尊重网络主权、维护和平安全、促进开放合作、构建良好秩序的原则。2020 年，世界互联网大会组委会正式发布《携手构建网络空间命运共同体行动倡议》。该倡议提出要坚持多边参与、多方参与，推动构建更加公正合理的全球网络空间治理体系。世界互联网大会及其发布的成果文件是我国参与和引领网络空间国际规则制定的伟大实践，为国际社会贡献了全球治理的中国思想、中国方案。

　　2020 年，针对全球数据安全面临的各种问题和挑战，中国政府在全球

① 《习近平向首届世界互联网大会致贺词》(2014 年 11 月 19 日)，新华网，http://www.xinhuanet.com/politics/2014-11/19/c_1113319278.htm，最后浏览时间：2022 年 8 月 22 日。
② 《习近平在第二届世界互联网大会开幕式上的讲话》(2015 年 12 月 16 日)，中华人民共和国国家互联网信息办公室，http://www.cac.gov.cn/2015-12/16/c_1117481112.htm?from=timeline，最后浏览时间：2022 年 8 月 22 日。
③ 《网络空间国际合作战略》(2017 年 3 月 1 日)，中华人民共和国外交部和互联网信息办公室，http://www.xinhuanet.com/2017-03/01/c_1120552767.htm，最后浏览时间：2022 年 8 月 22 日。

首次提出针对这一问题的《全球数据安全倡议》。在国际规则方面,该倡议提出在当前形势下各国应秉持命运共同体理念,坚守公平正义,尊重国际规则;应坚持同一个地球、同一个互联网、同一套国际规则。呼吁通过对话而非对抗,协商而非胁迫,团结而非分裂,合力维护网络空间的普遍安全和共同繁荣。该倡议所体现的理念和路线,充分彰显了人类命运共同体的主旨思想,是中国积极参与网络空间国际规则制定的又一重要努力。

2021年8月,由中国国家互联网信息办公室主办的中非互联网发展与合作论坛以线上方式举办。论坛上,中方发起"中非携手构建网络空间命运共同体"倡议,开启了中国在网络空间国际合作领域践行构建网络空间命运共同体理念的新篇章。[①] 此外,从《网络空间国际合作战略》的发布,到《二十国集团数字经济发展与合作倡议》的签署,中国政府促进全球网络空间治理体系的改革与完善;从举办世界互联网大会到成立世界互联网大会国际组织,从举办亚太经合组织数字减贫研讨会、中国-东盟信息港论坛到中俄网络媒体论坛等,中国在推动构建网络空间命运共同体中扮演的角色越来越重要。

在多边舞台,中国早在2011年就联合上合组织国家在联合国提出了《信息安全国际行为准则》,明确了互联网公共政策制定权属于主权范畴。2015年,根据网络空间国际治理形势的发展,中国再次联合上合组织其他成员国共同向联合国大会提交了新版本的行为准则。

在联合国层面,中国也是信息安全和网络犯罪两个政府专家组的重要成员。受外交部委托,笔者作为观察员分别参加了联合国在维也纳和纽约总部召开的关于网络犯罪和信息安全的相关会议。在会议讨论中,能够明显地感受到各方对于中方的观点和意见高度关注和重视,中国在整个谈判进程中发挥了重要作用。

由此可见,中国长期以来一直高度关注和积极参与网络安全的国际治理工作,并且取得了很多重要成果。中国提出的网络主权理念,已经成为网络空间国际治理领域最重要的理念之一,越来越多的国家把尊重网络主权作为网络空间战略的基础。例如,欧盟作为网络空间中的重要力量,一开始对中国提出的网络主权理念并不认可和理解。随着时间的推移,欧盟近期先后发布了数字主权、数据主权和技术主权等文件,提出要追求欧盟的战略自主。

---

① 王思北、白瀛:《努力把我国建设成为网络强国》,《瞭望》2022年第35期。

（二）中国参与网络空间国际规则制定的价值和意义

随着中美关系进入动荡的调整期,国际格局也正经历百年未有之大变局,因此,全球网络空间治理的主体意愿和客观环境都发生了巨大变化。特别是在中美贸易摩擦之后,网络空间国际规则博弈形势和国际环境的变化尤为明显。例如,华为、中兴、字节跳动、腾讯等中国企业在国际上面临特朗普政府的疯狂打压,这不仅与中美关系大局息息相关,也为我们揭示了中国参与网络空间国际规则制定的意义和价值所在。

一是网络空间国际规则的地位更加重要,中国参与网络空间国际治理的急迫性进一步上升。随着人工智能、量子计算等新兴技术的战略性地位不断提升,各国之间爆发冲突的可能性也在进一步加强,比较典型的就是美国政府采取全政府、全社会的手段对中国头部网信企业的打压。这背后更加深层次的原因显然是为了维护美国的技术霸权,要制造中美之间的技术代差。在这个过程中,中国应当更加积极地借助网络空间国际规则来维护自身权利,抵消美国对华打压。《全球数据安全倡议》(以下简称《倡议》)的提出,就是一次很好的应对美国数据霸权主义、将国际规则转变为维护中国国家利益的重大政策举措。目前,《倡议》已经在多个网络空间国际治理场合被推广和引用。例如,中国政府与阿拉伯国家联盟就以《倡议》为基础,签订了《中阿数据安全合作倡议》。

二是要清醒地看到美国从规则的塑造者转变为规则的破坏者。过去几年,导致网络空间国际规则总体陷入迟滞状态的一个重要原因就是美国作为网络空间最有实力的国家,正在从规则的建立者和维护者转向规则的破坏者。不仅第五届联合国信息安全政府专家组在美国的阻挠下未能达成共识,特朗普政府甚至还撤销了国务院网络事务协调员办公室这一负责美国政府在网络空间国际合作事务的重要职能部门。客观而言,美国是网络空间中最重要的国家之一,在美国政府转向负面和破坏性的情况下,网络空间国际治理工作确实是举步维艰。

三是网信企业的命运与网络空间国际规则的进程越来越紧密。中国互联网市场的繁荣推动了一批网信企业成功地进入国际第一阵营,华为、阿里巴巴、腾讯、字节跳动等企业无论是从市值还是从竞争力上都可以称得上是国际一流互联网企业。出于种种原因,这些企业并不重视参与网络空间国际规则制定,简单地认为这是国家的责任。2017 年,微软提出了《数字日内瓦倡议》,从企业的视角提出了网络空间规则。西门子、空中客车等欧洲企业则提出了一份致力于维护网络空间安全的"信任宪章"。相比较而言,中国的互联网企业则表现得畏首畏尾,瞻前顾后。只有当美国政府开始动员全政府、全社会的力量对中国网信企业进行打压时,企业参与国际规则制定的重要性才开始显现。我国的网信企业应当明白,只有与政府、科研机构共同参与网络空间国际规则的制定,才能更好地维护其发展利益。特别是在越来越多地进入国际市场的情况下,网信企业不仅要熟悉规则、遵从规则,更重要的是要参与规则的制定。

(三) 更好地参与网络空间国际规则制定的路径

作为网络大国,中国有必要也有能力在网络空间国际规则体系的构建中发挥更大的积极作用,这有助于建立安全、稳定、繁荣的全球网络空间,有助于国际社会构建更为公平和透明的网络空间治理体系。

首先,继续秉持构建网络空间人类命运共同体的治理理念。网络空间人类命运共同体的提出,打破了自互联网时代以来在西方根深蒂固的网络自由和网络民主等价值观念的桎梏,更强调维护全人类在网络空间中的共同利益。这有助于推动建立公正合理的网络空间国际秩序,促使各方共同营造安全、稳定、繁荣的网络空间。[①]

其次,中国应积极搭建协商合作的国际平台,并在技术领域扩大与其他国家的交流协作。国际平台是全球网络空间治理得以展开的重要依托,同时,国际规范的建构需要各方保持坦诚和频繁的交流。多边机制使各方就网络空间国际规则进行交流协商提供了平台,作为网络大国的中国自然也有责任和义务为国际社会提供公平对话与协作的国际平台。在技术领域,中国应积极与其他国家协商制定出可行的技术标准,推动全球信息产业及其产业链的可持续发展。[②] 当前,中国已在一些关键技术标准领域取得了长足的进步和骄人的成绩。未来,中国需要继续与各方在标准治理协商中寻求可行的突破点,共同享受网络新技术带来的繁荣与便利。[③]

---

① 耿召:《新时期中国如何参与构建网络空间国际规则》,《人民论坛》2019 年第 21 期。
② 同上。
③ 同上。

三、践行多边主义的全球网络
空间治理原则

全球的数字化浪潮使得人类历史上的"第五疆域"——网络空间成为国家治理和全球治理的重要领域。网络空间依托于互联网而生,全球网络空间治理也就成为当前全球治理版图中的重要一环。然而,当前在全球网络空间治理中出现的各种分歧未见弥合,各国的博弈还日趋白热化。联合国作为全球治理的重要机制,在全球网络空间治理中的权威性和有效性面临极大的挑战。

(一)多边视角下的全球网络空间治理

目前,全球网络空间治理的主体主要是以联合国、二十国集团、欧盟为代表的国际组织,以及以中、美、俄、印等国为代表的主权国家。其中,联合国作为当今最重要的国际组织,对网络空间治理与经济、社会发展的联系认识程度较深,数字经济驱动新的经济增长模式已经被纳入联合国可持续发展目标之中。此外,联合国也是网络空间国际规则制定的主要平台,推动国际社会在网络空间的一些概念性问题上达成了共识。联合国在网络空间治理机制构建方面也有一定的成果,其中的主要机构有国际电信联盟、联合国经社理事会召开的互联网治理论坛以及联合国秘书长任命的信息安全政府专家组等。

G20 对自身的定位是全球经济治理平台,对网络空间治理域的关注侧重于网络经济问题。在 G20 公报中,各国明确了对网络经济治理的态度:一是各国加强在网络安全领域的合作,承诺任何国家不能为了谋取竞争优势,进行或者支持信息技术泄密的行为;二是推动发展中国家的信息技术进步,以弥补与发达国家之间巨大的数字鸿沟,提高网络技术促进世界经济发展的能力;三是各国应当在国际法和联合国宪章制定的网络空间规则的基础上,自愿地和非约束性地遵守行为准则。[①] G20 发布了《二十国集团数字

---

①　https://www.g20.org/en/.

经济发展与合作倡议》,推动数字经济提升发展的潜力。该倡议结合了传统经济领域和新兴网络领域,但在多利益攸关方模式、跨境信息是否自由流动、服务器等设施是否进行本地化、源代码安全评估等方面依然存在分歧。

　　欧盟的网络空间治理层级有三个层面:在联盟层面,有欧盟委员会下属的通信网络、内容和技术总司(The Directorate-General for Communications Networks, Content and Technology)和部长理事会下属的交通、电信和能源理事会;在联盟中层,有多个职能不同的网络安全管理局,包括欧洲网络与信息安全局(CENISA)、欧洲刑警组织(Europol)中负责监控和打击网络犯罪的欧洲网络犯罪中心(European Cybercrime Center, EC3)、欧盟计算机应急响应小组;第三个层面是各成员国的电信部门、司法部门、情报部门。在治理手段上,欧盟主要通过立法途径建立了较为完善的互联网监管制度。现有法规包括《欧盟网络安全战略》、《欧盟网络安全法》(NIS 指令)以及《网络犯罪公约》,这三者是欧盟网络安全法律体系的支柱。此外,在关键基础设施保护、电子商务、网络犯罪等不同的细分领域也有配套法律。在规则推广方面,欧盟网络安全局建立了统一的成员国网络技术标准;欧盟发布了《打击网络犯罪布达佩斯公约》并试图推广,希望建立全球打击网络犯罪的共同标准。

　　美国在网络领域有很强的技术优势。美国拥有大部分根服务器等关键性基础设施,数据传输控制协议和网际协议的技术标准由美国研发和制定。[①] 这些基础设施和标准等,都由 ICANN 进行管理。虽然该机构于 2009 年 10 月已独立于美国政府之外,并且 IANA 的监管权也于 2016 年正式移交给 ICANN,但美国的行业机构、企业和高校等仍然掌握着这些资源。此外,美国一方面通过全球交流与合作分享信息和技术成果,另一方面试图凭借技术优势推行美国网络霸权,制定符合美国利益和价值观的国际网络空间治理规则。美国在 2009 年 5 月出台了《网络空间政策评估》,宣称美国网络安全保护是新一届政府面临的最紧迫的国家安全问题之一。美国强调网络技术对世界的引领作用,把自由、个人隐私和信息的自由流动作为网络政策的核心原则。[②] 美国在各种全球、区域和双边平台下,都积极推行有利

---

① 王天禅:《中美在全球网络空间治理中的竞争与合作》,上海国际问题研究院,2017 年,第 36 页。

② "Cyberspace Policy Review: Assuring a Trusted and Resilient Information and Communications Infrastructure," *Cybersecurity & Infrastructure Security Agency* (*CISA*), May 8, 2009, https://www.cisa.gov/resources-tools/resources/2009-cyberspace-policy-review, accessed August 10, 2022.

于以美国为代表的发达国家在网络空间治理领域利益的政策。因为在技术上获得了先发优势,这些国家在治理模式的选择、跨境信息流通的限制、源代码的访问等问题上,与发展中国家的分歧较大。

中国试图通过提高网络空间的治理能力来促进全球网络空间治理体系的稳定。自 20 世纪 80 年代起,中国开始筹划成立管理网络的专门部门,成立了国家信息中心、国家经济信息化联席会议、国务院信息化工作领导小组、信息产业部(2008 年改为工业和信息化部)等机构。在网络空间治理的进程中,中国逐渐明确了治理理念。中国坚持在尊重网络主权原则的基础上进行开放合作,重要目标是加强信息安全产业发展,形成创新驱动的产业发展模式,以及具有中国特色的网络空间治理政策,支持开展全球合作,携手应对网络风险,营造稳定有序的网络环境。例如,中国与俄罗斯等国向联合国提交《信息安全国际行为准则(草案)》,坚持尊重各国独立主权的原则,发挥联合国等全球性机构的地位和作用,促进全球网络领域的共治与共享。

(二) 大国竞争背景下的多边主义面临的挑战

以联合国为代表的多边机制在全球网络空间治理中的角色和作用不可忽视,但网络空间自身的属性和特点,以及近年来在联合国机制内部与国际社会上发生的一系列变化,使得联合国在网络空间治理中面临诸多问题和挑战。

1. 网络空间特殊属性带来的挑战

网络空间是人类历史上的"第五疆域",但因其空间规模"无限化"、空间活动"立体化"、空间效用"蝴蝶化"和空间属性"高政治化"的特质,使得网络治理产生了有别于其他全球治理领域的难题和矛盾。[①] 就网络空间自身的属性来说,其最突出的特点就是国际无政府状态。可以说,网络空间自身的特殊属性决定了网络空间治理的多元化特征,也因此造成了治理主体不明确的问题。

出于对各自利益和权力最大化的考虑,各治理主体之间就选择何种治理模式、如何制定网络空间治理规则、如何进行权力分配等问题产生了激烈争论。目前,全球网络空间的治理主体主要分国家行为体和非国家行为体

---

① 檀有志:《网络空间全球治理:国际情势与中国路径》,《世界经济与政治》2013 年第 12 期。

两部分。主权国家、国际组织、跨国公司、社会团体、行业机构、精英人士等诸多利益攸关方出于各自不同的角色定位和利益诉求,在网络空间治理过程中互相角力,但任何国家和组织都没有绝对的控制力量来主导这一进程。[①]

除了治理主体的问题之外,我们应看到网络空间无政府状态下各国之间不信任和竞争态势的加剧。以中、美两个国家来说,无政府状态下的网络空间正是二者竞争较为激烈的领域,也是中美两国互信基础最为薄弱的领域。这种竞争状态在网络空间中主要表现为两点:一是针对网络空间的治理权之争;二是针对网络战略优势的竞争,包括网络军事技术的优势竞争和网络话语权的竞争等。[②] 国家之间不信任和竞争态势的加剧,不仅会削弱联合国在全球治理进程中的权威和效用,将联合国作为网络空间治理平台和协调机制的作用边缘化,而且将加剧网络空间的"巴尔干化",进而使得全球网络空间治理的推进难上加难。

作为全球最大的政府间国际组织,联合国在网络空间治理中的地位特殊,肩负着为全球网络空间治理提供平台、推动网络空间国际规则制定的重任。但是,联合国在网络空间无政府状态下则处于尴尬境地,具体表现为以下两个方面。

一方面,以联合国机制为平台的网络空间治理模式需要主权国家让渡一部分权力来实现,然而,主权国家之间的不信任状态使得这一进程的推进颇为艰难。大部分主权国家选择与"志同道合"的国家一同制定符合自身价值取向和利益选择的治理规则,或者通过双边协定的方式规制彼此的网络行为。

另一方面,联合国机制对于跨国公司、社会团体和行业机构的影响力十分有限,难以统一这些利益攸关方的共识和实质性行动。甚至有一些非国家行为体绕过联合国机制开展活动,例如,2017 年 2 月,微软公司发布了《数字日内瓦公约》,尽管受制于其私营部门的非国家行为体身份,这项公约很难成为国际规则的一部分,但非国家行为体在网络空间治理中的活跃表现可见一斑。

2. 联合国自身面临的问题

进入 21 世纪后,国际社会经历了冷战结束以来最为复杂和深刻的变

---

① 檀有志:《网络空间全球治理:国际情势与中国路径》,《世界经济与政治》2013 年第 12 期。
② 王天禅:《中美在全球网络空间治理中的竞争与合作》,上海国际问题研究院硕士学位论文,2017 年,第 29 页。

化,对联合国的全球治理机能也提出了诸多挑战:首先,在全球化、信息化和世界多极化的推动下,国际社会的面貌与联合国初创时乃至与冷战结束初期相比已截然不同。联合国发挥作用的总体国际环境发生重大变化,对联合国的体制机制和运行原则产生了多重挑战①;其次,进入 21 世纪后,新兴大国的崛起和全球治理问题的爆发式增长,让联合国原有治理机制的权威性、代表性和有效性都显得捉襟见肘;最后,成员国的国内政策变化对联合国的地位和作用产生冲击,尤其是在霸权思维和“美国优先”外交思想的影响下,美国对联合国在全球治理方面作用的发挥以及联合国的权威性都造成巨大的负面影响。

面对新时代对联合国提出的诸多问题,联合国的改革进程也从未间断。从冷战结束后的第一任秘书长加利(Boutros Boutros-Ghali),再到安南、潘基文和古特雷斯(António Guterres),联合国系统和组织方面的改革取得了一定成效,但近年来西方对联合国的批评声浪仍在不断高涨。各方的批评集中在两点:第一,联合国的效率问题,主要指在议程推动和国际公共产品提供方面的效率。正如美国媒体批评的那样,联合国安理会肩负着维护国际和平与安全的首要责任,但近年来在国际安全事务上基本没有建树,同时,在人道主义方面的工作也远未满足国际社会的需求②;第二,联合国的权威性问题。面对日益高涨的民族主义浪潮和地缘政治紧张局势,各国都在加强国内治理,提升国家主权的权威性,同时,对全球治理议程的兴趣和参与深度都有所减退。尤其是 2008 年金融危机以来,美国和欧洲都处于经济复苏的艰难时期,国内民族主义抬头、民粹主义复兴、难民问题与恐怖主义等难题也使得绝大部分西方国家无暇顾及全球治理问题。

不可否认,联合国机制在全球治理中所扮演的角色至关重要,联合国机制改革的成功与否,对全球治理进程有着巨大影响。但目前看来,联合国改革滞后所带来的负面效应十分明显,加上越来越多的成员国因为国内治理的困境而对全球治理问题缺乏参与和推进的动力,使得联合国推进全球治理的能力更加疲弱。

---

① 李东燕:《联合国改革:现状、挑战与前景》,《当代世界》2015 年第 10 期。

② James Gibney, "The Un's Darkest Hour: US Disengagement Is a Major Challenge To An Institution In Near-Perpetual Crisis," *Bloomberg*, September 23, 2018, https://www.bloomberg.com/opinion/articles/2018-09-23/the-united-nations-and-u-s-disengagement-under-trump, accessed August 10, 2022.

　　雪上加霜的是,作为重要创始会员国的美国,近年来在经费和议题推动方面成了联合国最大的掣肘。2017 年 12 月 21 日,时任美国驻联合国代表黑莉(Nikki Haley)发表声明:美国将对联合国未来两年的运营预算进行删减,要求联合国 2018—2019 财年的运营预算缩减 2.85 亿美元。早在 2017 年 3 月,白宫预算管理办公室就发布了《美国优先:让美国再次伟大的预算蓝图》,该报告在负责对外事务的国务院部分提到,要"减少对联合国以及包括维和部队在内的其他联合国附属机构的供资,通过敦促这些组织控制经费使用和促成成员国之间更公平的供资比例来实现。美国对联合国预算的贡献将会减少,美国对联合国维和费用的贡献不能超过整体费用的 25%"。① 此次削减对联合国的经费支持,是美国政府对外政策转变的重要内容之一,即卸下不符合美国利益的国际责任,与此同步的是美国退出了教科文组织、人权理事会等联合国附属组织以及万国邮政联盟等国际组织。

　　美国在经费和议题推动上的"后撤",为联合国全球治理平台带来了诸多问题。尤其是对于网络空间治理来说,美国作为主要的国家行为体之一,它的网络政策将影响网络空间的发展方向。目前看来,美国更热衷于通过不断加强自身实力来确保网络安全,而不是选择与其他国家与非国家行为体共同制定网络空间行为规范来共同打击网络犯罪、自觉约束网络行动以及降低网络冲突爆发的可能性等。

3. 主权国家的网络空间博弈

　　主权国家是网络空间治理中的重要主体。但随着国际治理机制效用的减退,主权国家之间的博弈逐渐白热化,并且从双边向多边领域蔓延,其突出表现在联合国机制下的网络规则建立进程中。

　　自 2004 年以来,联合国网络安全政府专家组共举行了五次会议,设置了全球网络安全领域的广泛议程,并致力于将现行国际法适用于国家行为体的网络行为。然而,2017 年 6 月召开的第五次政府专家组会议没有形成共识报告,因为专家组在自卫权是否适用于网络空间,以及如何就低烈度的"网络攻击"进行回应等牵涉各国国家安全利益的问题上无法取得一致。②

---

① "America First: A Budget Blueprint to Make America Great Again," *Office of Management and Budget*, March, 2017, https://www.whitehouse.gov/wp-content/uploads/2017/11/2018_blueprint. pdf, accessed August 10, 2022.

② 王天禅:《特朗普政府的互联网治理政策评估》,《信息安全与通信保密》2017 年第 12 期。

虽然联合国政府专家组进程在促进国际法适用于网络空间中的国家行为规范方面发挥了重要作用,但近来政府专家组遭遇的挫折表明该机制确实存在一些问题:首先,政府专家组受成员国政治博弈的影响。政府专家组成员必须由联合国大会定期更新,这一进程可以通过政治活动、私下交易以及对联合国预算的压力来施加影响。[①] 目前,政府专家组成员国由 2013 年的 15 个跃升至 2017 年的 25 个,成员国之间的共识也越来越难达成;其次,专家组成员的网络知识积累不足和专业背景对机制的有效性带来负面影响。网络问题十分复杂,需要积累大量的专业知识,然后才能就其政治和军事影响进行科学理性的讨论。但是,专家组成员频换使这样的知识积累过程变得不现实。此外,政府专家组里的成员大多来自各国的外交部门,由于不同的专业背景,这可能使网络政策的讨论掺进其他领域的问题,如军事化和人权问题等,因此很难形成共识。

事实上,各国就建立网络空间的国际规则进行了诸多尝试和努力。从北约发布的《塔林手册》《塔林手册 2.0》,到巴西和印度在 2011 年提交的《关于建立联合国互联网政策委员会》的联合提案,以及中国和上海合作组织成员国于 2015 年提交联大审议的《信息安全国际行为准则》等,都是各方寻求建立国际规则的努力。与美国、欧洲等西方国家不同的是,以中国、印度、巴西和俄罗斯等为代表的广大发展中国家更倾向于在联合国机制下建立国际规范。之所以有这样的不同,还是因为基于美国及其为首的西方阵营与广大发展中国家在权力和利益上的较量。[②] 同时,这也是网络空间治理主体之间(主要是发达国家与发展中国家之间)的网络实力悬殊导致的。

需要注意的是,自特朗普政府上台之后,美国基本上抛弃了通过联合国进行全球网络空间治理的主渠道,转而通过单边行动来维护自身的网络安全。从白宫发布的《国家安全战略》到国防部发布的《网络战略》,在“美国优先”的原则下,美国的网络战略基调变得更为激进,而且政策选项也更加富有强烈的现实主义色彩。这些战略文件透露的信息表明,美国选择以绝对优势的力量来赢得建立网络空间国际规则的主导权。这对网络空间治理

---

①　Alex Grigsby, “The UN GGE on Cybersecurity: What is the UN's Role?” *CFR*, April 15, 2015, https://www.cfr.org/blog/un-gge-cybersecurity-what-uns-role, accessed August 10, 2022.

②　李传军:《网络空间全球治理的秩序变迁与模式构建》,《武汉科技大学学报》(社会科学版) 2019 年第 1 期。

来说是战略性、颠覆性的挑战,具体表现为以下两点。

首先,美国强调单边行动和网络进攻力量的重要性,将使国家行为体在网络空间中零和博弈的趋势更加白热化。在国防部发布的《网络战略》中,不仅引入"前出防御"(Forward Defense)的战术概念,还首次将中国和俄罗斯视作网络空间的战略竞争对手,使得美国的网络力量能够以更主动、更灵活的方式发挥,客观上加剧了网络空间的战略竞争态势。[1] 拜登政府虽然还未出台具体的网络空间战略,但在其施政框架中突出了联盟体系而非多边机制的作用。

其次,美国和欧洲都无意通过联合国平台制定国际规则,使联合国的效用和权威大大削减。时任白宫国土安全顾问的波舍特(Tom Bossert)在联合国政府专家组第五次会议失败后表示:"现在是考虑其他方法的时候了。我们将继续与'志同道合'的伙伴合作,谴责不良的网络行为,并将让我们的对手付出相应代价。如有需要,我们也会寻求双边网络协议"。[2] 欧洲对外关系委员会随后发表评论文章,表示"自上而下的联合国政府专家组进程似乎'寿终正寝',应对网络攻击的国际规范和法律现在必须自下而上地建立起来"。[3] 事实也证明,当前美国与欧洲在网络空间治理领域发布了自己的战略愿景,形成了符合自身利益的政策框架。这对以联合国机制为主的网络治理平台的效用,尤其是对建立国际规范的进程都将造成巨大的对冲影响。

(三)中国践行多边主义的路径

2017年1月18日,习近平总书记在联合国日内瓦总部的演讲中强调:"中国支持多边主义的决心不会改变……中国将坚定维护以联合国为核心的国际体系,坚定维护以《联合国宪章》的宗旨和原则为基石的国际关系基本准则,坚定维护联合国的权威和地位,坚定维护联合国在国际事务中的核

---

[1] 王天禅:《美国国防部新版〈网络战略〉评析》,《信息安全与通信保密》2018年第11期。
[2] https://www.whitehouse.gov/the-press-office/2017/06/26/remarks-homeland-security-advisor-thomas-p-bossert-cyber-week-2017, accessed August 10, 2022.
[3] Stefan Soesanto, and Fosca D'Incau, "The UN GGE is Dead: Time to Fall forward," *European Council on Foreign Relations*, August 15, 2017, https://www.ecfr.eu/article/commentary_time_to_fall_forward_on_cyber_governance#, accessed August 10, 2022.

心作用"。① 中国对联合国发挥全球网络空间治理主导作用的态度是一贯的,这也是广大发展中国家选择的网络空间治理平台。然而,网络发达国家根据自身的优势和政治偏好,一直以来对以联合国为平台的全球网络空间治理进程满不在乎,坚持与"志同道合"的伙伴国家一起建章立制,把其他国家视作规则的被动接受方。当前,我们可以努力的方向有以下5点。

1. 加强话语体系构建,突出联合国的核心作用

习近平总书记于 2017 年 1 月 18 日在日内瓦联合国总部的演讲中强调,人类命运共同体的构建首先要遵循主权平等原则,尤其是在新形势下,我们要坚持主权平等,推动各国权利平等、机会平等、规则平等。② 同样,在网络空间治理领域,我国一向主张以尊重各国的网络主权为基本原则,反对单边行动和网络霸权主义,强调各国应在平等的前提下共同制定网络空间行为规范。当前,联合国治理机制受到以美国为首的西方国家的轻视,美国政府在"美国优先"原则的指导下不断削减对联合国的经费支持,并退出了联合国教科文组织、人权理事会等全球治理机制。

在网络空间行为规范方面,北约已经相继推出《塔林手册》和《塔林手册 2.0》,对当前国际法如何适用于国家行为体的网络行为进行了探索和尝试,也取得了一定的成果。但北约提出的行为规范忽视了广大发展中国家的意见,其关于网络空间武装冲突的概念和低烈度冲突门槛的规定更有利于网络能力较强的发达国家,并且该规则的制定完全将联合国排除在外。因此,以人类命运共同体为方向的话语体系建设迫在眉睫,而这套话语体系的构建必须以联合国机制为核心,使各国在主权平等、权利平等、机会平等的前提下共同推进网络空间治理进程。

2. 加强国际合作,开拓联合国机制下的全球网络空间治理合作

在网络空间治理进程中,没有任何国家可以置身事外。③ 为了构建网络空间治理共识,我国可以从以下两个层面加强国际合作。

首先,加强与俄罗斯、印度、巴西等国的沟通与合作,协调立场、凝聚共识,提升广大发展中国家在全球网络空间治理中的话语权。2016 年 6 月,

---

① 《共同构建人类命运共同体——在联合国日内瓦总部的演讲》(2017 年 1 月 19 日),新华网,http://www.xinhuanet.com/world/2017-01/19/c_1120340081.htm, 最后浏览时间: 2022 年 8 月 20 日。

② 同上。

③ J. Zhanna Malekos Smith, "No State Is an Island in Cyberspace," *Journal of Law and Cyber Warfare*, August 14, 2016, SSRN, https://ssrn.com/abstract=2822576, accessed August 10, 2022.

中俄两国共同发布了《中俄关于协作推进信息网络空间发展的联合声明》，强调双方在共同倡导推动网络主权原则、尊重各国文化传统和社会习惯的原则、加强网络空间领域的科技合作和经济合作、维护公民合法权利、共同打击网络犯罪、建立跨境网络安全治理机制等方面的共识。中俄之间的网络空间治理合作为广大发展中国家凝聚共识、开展合作提供了基础蓝图。但中俄两国还应进一步开展实质性合作，积极参与新的全球空间治理制度的建构，提高两国的制度性话语权，并增强两国网络空间安全的自主可控性。[①]

其次，坚持多边外交政策，以地区国际组织为单位推进网络空间治理进程，并积极向联合国机制靠拢。近年来，中国加快了融入网络空间国际治理体系的步伐，并且取得了良好的成效，不仅世界互联网大会的影响力稳步提升，而且在国际标准制定方面也有所突破，尤其是在上合组织和东盟国家中，中国在网络空间治理领域已有较强的议程设置能力和感召力。[②] 下一步，中国应着力提升多边治理机制的影响力，加强与地区国家和国际组织的合作，构建符合发展中国家实际的网络空间行为规范，并通过联合国治理机制加以推广，以此提升发展中国家集团在全球网络空间治理中的话语权和代表性。联合国是最具代表性的国家间组织，中国与广大发展中国家应加强合作，共同致力于在联合国框架下进行网络空间治理，这一方面有利于增加发展中国家以及一些互联网发展落后国家的话语权，另一方面更有助于协调各国进行网络空间相应法律法规的制定，尤其是事关网络主权与普世人权的争论，在联合国框架下能得到充分的讨论。[③]

3. 继续推进联合国政府专家组作用的发挥

目前，联合国最重要的全球网络空间治理机制是联合国政府专家组和开放式工作组。在组建之初，政府专家组进程的成效不大。随后，专家组成员同意将该机制建成一个更广泛的进程，以界定网络空间的国家行为准则，并就建立信任措施展开具体讨论。政府专家小组在 2010 年、2013 年和 2015 年分别发表了共识报告。尽管政府专家小组最初取得了一些成果，但固有的局限性限制其作用的持续发挥。因此，可以从以下两方面推动联合国政府专家组的改革。

---

① 单晓颖：《中俄协作互联网治理的基础与路径分析》，《国际新闻界》2017 年第 39 期。
② 戴丽娜：《2017 年网络空间国际治理整体形势回顾》，《信息安全与通信保密》2018 年第 2 期。
③ 王天禅：《中美在全球互联网治理中的竞争与合作》，上海国际问题研究院硕士学位论文，2017 年，第 35 页。

首先,提升专家组成员的代表性。目前,与会者事实上来自秘书长的顾问团队,而不是得到充分授权的国家代表。因此,在一些事关国家利益的谈判中,该机制无法发挥其有效性。此外,专家组成员数量从原来的 15 人增加到 20 人,最近又增至 25 人,但大多数国家的与会代表没有话语权。

其次,提高专家组成员的专业性。在成员代表性问题解决之后,该机制仍面临专业性问题。就最近几次会议的讨论过程来看,达成协议的障碍更多是在无关的政治议题方面。[①]

当前,一些西方观察人士对这一进程能否继续取得成功表示怀疑,并呼吁采取小范围的双边或多边模式。因此,提高联合国政府专家组的代表性和专业性刻不容缓,尤其是随着国际规则制定进入攻坚期,该机制效用的发挥直接影响网络空间建章立制的进度。需要注意的是,联合国机制的改革牵涉复杂的政治因素,我国应当积极维护联合国政府专家组的治理模式,力图在联合国内形成共识,对现有机制进行改革,以推进其在网络空间国际立法方面发挥作用。

需要注意的是,第五届联合国政府专家组无果而终后,在俄罗斯的积极提案下,联合国大会通过决议草案,并决定设立一个开放式工作组,其研究的主要议题包括:信息安全领域现有的以及潜在的威胁;负责任国家的行为规范、规则和原则;建立信任措施和能力建设;在联合国框架下建立广泛参与的定期对话机制的可能性,以及国际法如何适用于信息通信技术等。在此之后,俄罗斯提案建立的 OEWG 与美国提案组建的新一届政府专家组一起推动联合国“政治-军事”派别的网络安全规则进入一个“双轨制”运行的新阶段。在此背景下,中方提出了自己的立场和主张,包括以下 7 点。

• 应平衡好网络安全与人权和网络安全与发展的内容比例,加强对后者的关注。

• 要关注实质性的问题,强调国际规范和国家责任。

• 要求提升规则的约束力,对“自愿的非约束性规范”的表述存有异议。

• 再次强调立场文件中的几点实质性问题。

• 在联合国框架下的机制还未生成时,各国通过协商解决争端。

---

① Joseph Nye, "Normative Restraints on Cyber Conflict," *Cyber Security: A Peer-Reviewed Journal*, 2018(1).

• 遵循国际法和《联合国宪章》的基本原则，客观审慎地讨论如何将其迁移到网络空间中。

• 中国支持在联合国主持下建立有效的常设机制，并就未来网络空间治理进行深入讨论和长期规划。

在联合国政府专家组和开放式工作组的"双轨制"模式下，中国应当继续秉持多边主义的理念精神和实践准则，推动全球网络空间治理走向更为成熟的阶段。

4. 在"高政治"领域设置并细化相关议题

随着国家机构、社会团体、私营部门和个人对网络空间及其相应的基础设施的依赖逐渐加深，网络空间治理也逐渐从"低政治"领域向"高政治"领域演变。笔者认为，推动这一演变过程的原因有三：首先，越来越多的基础设施运营和控制系统都与网络空间相连，而且信息基础设施的重要性也越来越突出，这些基础设施的有效运转关乎人员和财产的安全，以及社会经济的稳定；其次，网络空间中各种内容的传播，对国内社会的影响日渐广泛和深刻，有些不良内容的传播对当地主流文化和国家认同造成侵蚀，甚至对国内政治和社会生态形成冲击；最后，随着信息技术的发展，网络空间中出现了大量进攻性的"数字武器"，加之一些国家试图通过自身进攻性能力的建设来确保网络安全，导致近年来网络空间军事化的趋势明显加快。

由此看来，网络空间领域的"高政治"议题应包括基础设施安全、内容管理和网络空间非军事化三个方面。其中，各方争论最激烈的领域在网络内容监管方面；其次是网络空间军事化，包括对武装冲突的定义和现行国际法适用、军控、防扩散等问题；最后是基础设施保护，各方就该领域达成共识的可能性较大。

就联合国机制下的网络空间治理进程来说，可以从"高政治"议题中的细分问题着手，推动各方进行平等交流和合作，逐步建立共识。具体的议题设置可以参考如下建议。

在网络空间军事化方面，可以从数字武器的军控和防扩散着手，在联合国框架内的军控和防扩散事务中加入网络军控、数字武器防扩散等内容。尤其是那些具有较强进攻性且具备实际破坏能力，能够危及人员安全和造成大规模财产损失的数字武器，要防止其流入国际犯罪组织、恐怖组织等极端团体和个人手中。

在互联网内容监管方面，当前各方能够达成的共识是加强对涉及未成年人的不良信息监管和加强对未成年人网络权益的保护。对此,我国可以加大与联合国儿童基金会的合作力度,推动针对未成年人网络保护的全球机制的形成,加强各方在网络内容监管方面的讨论与合作,以期形成更大的共识。

互联网基础设施保护在各个国家发布的战略文本和施政方针中都屡见不鲜,这不仅是国内网络安全保护的重要内容,也是国际网络空间治理进程中最有希望达成共识的领域。可以说,互联网基础设施保护是网络空间规则制定的最现实切入点。作为联合国安理会五个常任理事国之一的中国,可以通过与其他在该领域形成共识的大国向安理会或联合国大会提交议案,将信息基础设施保护提高到与防范金融风险、防范恐怖主义等事件同等的地位,确保非军事基础设施不论在战时还是非战时都能得到应有的保护。

四、帮助多利益攸关方积极参与全球网络空间治理

长期以来,全球网络空间治理存在两种模式并行的状态,即多边模式和多利益攸关方模式。但随着全球互联网的蓬勃发展,其治理问题已非一国一家可以独立解决,需要多利益攸关方共同参与并相互支持。在此背景下,中国一边强调多边主义治理对维护全球网络空间秩序的重要意义,一边也在寻求更具包容性的方案,以改善全球网络空间治理现状,而不是将多边主义模式和多利益攸关方模式对立起来。有学者指出,随着网络空间对国家主权的侵蚀日益严重,多元合作主义的治理理念将逐渐取代多边主义和多利益攸关方模式,成为由后者融合而成的新治理理念。① 事实上,网络空间中的国家行为体仍然是各类权威的核心来源,国家不仅缔造网络本身,还缔造各类网络行为体及社会关系②,但这并不意味着多利益攸关方在全球网络空间治理中的地位和作用可以被忽视。对中国来说,以信息通信产业为

① 董青岭:《多元合作主义网络安全治理》,《世界经济与政治》2014 年第 11 期。
② 同上。

代表的高科技发展是实现百年复兴的重要依凭,而全球网络空间治理进程将影响我国高科技发展的内外环境。故此,推动国内利益攸关方更好地融入全球网络空间治理进程是我国科技发展和经济繁荣的重大机遇。

(一)多利益攸关方模式对全球网络空间治理的影响

如今,以高科技企业为代表的非国家行为体已成为网络空间及全球网络空间治理的重要参与者。尤其是新冠肺炎疫情暴发以来,人们的生活方式和生产方式与网络空间的融合嵌套过程大大加快。由此,高科技企业、非政府组织乃至个人等非国家行为体进一步融入各国人民的经济、政治、文化和日常生活之中。[1] 总体而言,多利益攸关方治理对全球网络空间治理的影响主要有以下两点:首先,多利益攸关方模式为网络空间治理中的各类主体提供了更多的参与权和参与路径。互联网对新时代人类的政治、经济、文化和社会生活带来了全方位的影响,多利益攸关方模式可以令各个领域中的利益相关者更容易发出自己的声音,并且通过自身掌握的经济和技术资源来影响全球网络空间治理的议题和进程,成为真正的参与者;其次,多利益攸关方模式为公私合作提供了更广阔的平台,使得以往由技术社群和私营部门管理的互联网开始考虑政府的诉求,并且私营部门与社会团体不得不承认,在互联网发展的同时,其政策议题的复杂性已经超出二者的能力范围。[2]

可以看出,多利益攸关方模式在一定程度上改变了全球网络空间治理中的既有权力结构,但事实上并未改变政府部门与非政府部门之间的权利不平等关系,因为私营部门受到国家法规的约束,社会团体的声音也无法改变国家意志。为此,中国为了推动全球网络空间治理的发展,仍旧坚持多边主义的路径,同时强调多利益攸关方的地位和作用。具体来说,这种全球共治的网络空间治理思路有以下三点优势:第一,避免互联网管理权力的过度集中,杜绝某一国垄断互联网资源的现象产生,这将有助于维护中国的网

---

[1] 何亚飞:《共同构建更加和平安全开放合作的网络空间》(2022 年 5 月 24 日),中美聚集,http://cn.chinausfocus.com/peace-security/20220524/42596.html,最后浏览时间:2022 年 8 月 20 日。
[2] 邹军:《全球互联网治理的模式重构、中国机遇和参与路径》,《南京师大学报》(社会科学版)2016 年第 3 期。

络安全,提升中国的网络利益;第二,以多边主义为纲、兼顾多利益攸关方治理的模式,可以解放当前受大国竞争和冷战思维桎梏的全球网络空间治理,并有助于消除网络霸权,降低网络冲突的风险;第三,全球共治的理念有利于团结各方共同应对一国所不能解决的网络问题,中国提出的"网络共享,空间共治"的主张也有望实现。①

(二)中国推动多利益攸关方参与全球网络空间治理的路径

中国的网民数量已跃居全球第一,域名数量也处于世界第二的位置,是名副其实的网络大国,因而也理应在互联网的全球治理中扮演更重要的角色。② 具体来说,我国推动多利益攸关方参与全球网络空间治理的路径如下。

首先,以自上而下的方式鼓励私营部门和社会团体参与全球治理。当前,全球互联网管理权力的博弈双方是私营部门和社会团体,政府作为"看不见的手"在背后起引导和助推作用。因此,中国可通过支持和培育多层次的社会化力量,积极参与国际网络空间治理的博弈;在一些保障网络安全的基础设施建设上,更需要鼓励企业和社会组织的介入和参与;在需要大量资金投入和进行可行性研究的领域,政府更是需要积极引导企业和社会机构参与其中。③

其次,主动搭建全球网络空间治理的平台,提升中国多利益攸关方在全球网络空间治理体系中的地位和影响力。中国如今不仅是全球互联网用户最多的国家,还是全球信息通信产品和服务的重要生产基地,庞大的国内市场也构成了全球最大规模的单一数字市场。我国已具备充足的用户、市场、技术等基础资源,足以支撑我国在不同层次的全球网络空间治理机制中发挥积极作用,同时提升我国的国际影响力和话语权。④ 在此背景下,我国应当积极主动地搭建主场外交平台,主动争取网络空间治理的议题设置权,成为引领全球网络空间治理方向的话事者和参与者。作为支撑主场平台的中

① 邹军:《全球互联网治理的模式重构、中国机遇和参与路径》,《南京师大学报》(社会科学版)2016 年第 3 期。

② 同上。

③ 邹军:《全球互联网治理:未来趋势与中国议题》,《新闻传播与研究》2016 年增刊。

④ 杨峰:《全球互联网治理、公共产品与中国路径》,《教学与研究》2016 年第 9 期。

流砥柱,我国的多利益攸关方不仅能够更广泛地参与全球网络空间治理进程,还能够形成更为和谐高效的政企关系。

最后,借鉴国际组织的治理思路,加强各利益攸关方在国际规则制定中的参与度。互联网技术脱胎于电子信息技术,更早发源于电气工程技术,互联网技术的发展伴随着与其他行业的密切联动,互联网技术频繁的更新迭代对人类生产生活乃至全球格局的变化产生极大影响,这也给国际组织开展网络空间标准制定提出更高的要求。① 国际标准化组织、国际电工委员会、国际电信联盟等专业性国际组织在机构设置、理念创新、合作机制建立等方面不仅经验丰富,还能够为更广泛的全球网络空间治理提供可行性参考。因此,中国应鼓励和支持多利益攸关方提升技术水平和专业能力,以更好地参与国际标准和宏观规则的制定。

五、中国参与全球网络空间
治理的世界意义

作为全球治理的重要参与者和名副其实的互联网大国,中国在全球网络空间治理领域的立场和态度将影响网络空间未来的发展方向。之所以中国必须坚持以多边主义为主导、以尊重多利益攸关方为基础的全球网络空间治理路径,是有其理论依据和现实需求的。无论是根据建构主义、现实主义还是自由主义,全球网络空间治理都必须回到合作的道路上。

首先,从建构主义的视角,只有积极参与国际规则制定,才能构筑我国在全球网络空间治理中的话语权。尤其是在以西方国家话语占优势的网络空间,我国应当积极参与全球网络空间治理的全过程,包括技术标准制定,议程设置、治理理念和路径的讨论等。只有获得足够的话语权,才能够为我国的经济社会发展营造更优的外部环境,为我国十亿多互联网用户谋求更多权益。

其次,从自由主义的视角,中国应当支持以联合国为主舞台的多边治理

① 耿召:《网络空间技术标准建设及其对国际宏观规则制定的启示》,《国际政治科学》2021 年第 6 期。

机制。正如中国在《网络空间国际合作战略》中强调的："面对问题和挑战，任何国家都难以独善其身，国际社会应本着相互尊重、互谅互让的精神，开展对话与合作，以规则为基础实现全球网络空间治理"。在这一原则指导下，中国应当坚持多边主义的治理路径，以构建网络空间人类命运共同体为目标，创设有利于国际社会和广大发展中国家的规则和机制，并与发达国家和地区展开富有成效的交流与合作。

最后，从现实主义的视角而言，推动多利益攸关方在多边主义为纲的治理体系下积极参与全球网络空间治理进程，有助于自身技术实力和物质权力的增长。作为掌握核心技术的私营部门和技术社群，需要在资本、人才和市场资源足够充分的条件下才能获得更好的发展，并带动技术的快速更新迭代，形成成熟的产业模式和创新机制。为此，作为全球网络空间治理中不可忽视的参与者，多利益攸关方的实力和权力也将作为国家综合国力的重要依仗，为我国更好地参与全球网络空间治理提供物质支撑。

从现实需求的角度而言，中国积极参与全球网络空间治理能够为当前举步维艰的治理进程提供新的动力，并可以从自身的视角和利益诉求出发提出中国方案，提供除了"华盛顿方案""伦敦进程"之外的"北京方案""乌镇进程"等。上述举措不仅能扭转当前联合国机制力有不逮的尴尬局面，还能为广泛的发展中国家提供更多代表性和话语权，为互联网造福人类社会发展的事业打开新视野和新格局。

中国网民数全球第一的事实以及对互联网的日渐依赖已将中国推到了全球网络空间治理竞争的大潮中。近年来，中国在摸索中逐步从内容、形式、主体等多角度加强参与全球网络空间治理实践，不仅在各种国际场合公开表明中国的全球网络空间治理立场和网络主权理念，而且也更加注重与网络安全相关的立法工作，搭建世界互联网大会等各种平台，积极参与双边、多边以及国际等多层面的全球网络空间治理机制。中国参与全球网络空间治理的世界意义有如下四个方面。

（一）国际关系民主化与国际体系的演变过程

中国在全球网络空间治理中的诉求首先体现了国际关系民主化和国际体系的改革过程。推动国际关系民主化就是推动人类文明的进步，民主化成为今后全球治理制度变迁的基本逻辑与发展趋势。中国深入参与全球网络空间治理,对内有利于中国自身发展,对外可为网络空间秩序和国际关系向更加公平合理的民主化方向发展提供更多正能量。国际关系民主化的主旨就是各国的事情要由各国人民作主,国际上的事情要由各国平等协商,全球性的挑战要由各国合作应对。

中国在当前全球网络空间治理中面临的冲突不是中国与世界的冲突,而是发展中国家与发达国家的不平衡,是国际关系民主化的必经之路。当前的全球网络空间治理机制并不是在民主化背景下形成的。发达国家在全球网络空间治理过程中处于优势地位,国际组织的结构不公平,网络空间的国际规则和标准也主要是西方预设的。然而,随着互联网发展的"大南移"态势,来自发展中国家的网民在全球网络人口中所占的比例已超过50%,成为全球网民中的多数。根据微软公司的预测,到2025年,全球将有47亿网民,其中的75%来自新兴经济体。同时,新兴国家与发展中国家在全球网络空间治理中的利益诉求日益增长,但由于其起步较晚,在既有机制中的作用与影响力十分有限。在西方国家已经形成既得利益的全球网络空间治理领域,发展中国家想要取得一席之地,重要途径就是提高在全球网络空间治理体系中的话语权,并增加新兴大国在其中的参与度,推动现有网络空间国际秩序的改革与演变。

(二)全球网络空间治理中行为体角色相互关系的定位过程

中国在全球网络空间治理中的立场与诉求还体现了全球网络空间治理中各行为体角色相互关系的定位过程。目前,全球网络空间治理被争论的所谓多边主义模式与多利益攸关方模式,其实都承认不同利益攸关方在全球网络空间治理中的作用。中国在《网络空间国际合作战略》中特别指出,全球网络空间治理"应坚持多方参与,应发挥政府、国际组织、互联网企业、技术社群、民间机构、公民个人等各主体作用,构建全方位、多层面的治理平台"。两者的主要区别在于不同行为体的定位。

全球网络空间治理中行为体的相互关系与角色定位并不是一成不变的,而是存在自然演进的过程,同时,在不同的议题领域可能也有不一样的角色定位。不同的行为主体有其自身的作用特点与长处。非国家行为体可以通过其技术专长和议程设定来参与治理进程,它与国家行为体的核心差别是,国家作为提供治理所需要的全球公共产品的主要行为体而存在。只有通过赋予国家政府在网络空间治理中的主导地位,才可能为非国家行为体发挥影响力创造条件。推动特定议题领域的全球治理模式改变的具体动力主要来自以下四个方面:第一,特定议题领域的权势转移;第二,特定议题领域的重大技术突破和技术扩散;第三,行为体的政治参与意识的重大变化;第四,各行为体参与全球治理可用资源的重大变化。这些因素决定了全球网络空间治理中各主体的角色定位将有所演进,也解释了为什么互联网创立之初主要由技术精英主导,国家介入并不多的原因。随着国家在网络空间的权力、利益、可用资源以及参与意识的上升,国家将是全球网络空间治理首要的行为体。

（三）网络空间问题从非传统安全变为传统与非传统的交叉领域的过程

网络空间问题一般被认为是非传统安全问题。如果说传统安全倾向于将国家视为安全主体,致力于保障主权、领土和利益差异基础上的国家安全,非传统安全则将重点转向超越国家差异之上的社会和人的安全,是一切由非政治和非军事因素引发的生存性威胁。随着网络深入人们社会生活的方方面面,从安全主体的角度看,国家并不是全球网络空间治理的唯一主体,网络空间问题属于非传统安全的认知范畴。然而,网络空间问题现在的治理困境有很大一部分源于将其理解为单一的非传统安全问题以及与之伴随的理论困境。在当今的国际体系中,国家作为主要的安全供给主体的局面并未改变。非传统安全意义的泛化造成了理论的模糊不清,安全供给主体的单一化和安全需求主体的多元化间的矛盾导致安全供给能力的严重不足,从而造成集体行动的困境。

事实上,网络空间问题是明显地带有传统安全元素的非传统安全问题,具有非传统安全与传统安全相互交织的典型特征。从非传统安全的角度看,网络犯罪、黑客行动与网络恐怖主义等已经成为人类的共同威胁;从传统安全的视角看,网络安全也涵盖国家军事安全方面,国家间的网络战和信息战威胁直接挑战国家的军事设施、军事信息、军事情报与军事战略,网络空间成为各国相互角逐的除陆、海、空、天之外的"第五战场"。网络安全威胁覆盖了高政治与低政治、军事与非军事等多方面,网络战、信息战的发起动因也极为复杂,既可能因军事报复、政治对抗、贸易壁垒等引起,也可能因历史记忆、认同差异、宗教冲突等引发。同时,关于网络空间问题的应对,既有利用非传统安全的手段实现传统安全之目的,也有利用传统安全手段实现非传统安全之目的;其演变过程既存在非传统安全向传统安全的转变,也存在传统安全向非传统安全的转变。互联网最初源于军事攻防的需要,后逐渐进入非军事领域,而如今网络安全威胁已成为直接挑战军事、政治、经济与社会安全的综合性威胁。

(四)全球网络空间治理价值观的协调过程

中国参与全球网络空间治理的过程,也是全球网络空间治理的价值观协调过程。全球治理是价值观支配下的全球协调行为。全球网络空间治理体系包括治理的主体、客体、规则、价值观和结果五大构成要素,其中,价值观是最重要的建构力量。价值基础直接决定了有效的全球网络空间治理的实现程度。全球网络空间治理价值观难以协调的原因主要有两方面:一是网络空间问题在每一个国家的表现程度、形式不尽相同,社会制度、发展水平不同的国家和民族对于共同价值观的标准不同;二是即使能够达成价值观共识,它在各国人民的众多价值观中占据的优先次序和轻重缓急的位置也不尽相同。对于很多发展中国家的民众而言,自由、平等、民主等虽然也是他们的理想,但是相对于生存和发展而言则居于次位。

丰富的中华文化哲学基础可以为全球网络空间治理的价值观构建作出贡献。中国创造性地提出网络空间命运共同体的概念,某种程度上可以成为全球网络空间治理价值观现有认识的重要补充。网络空间命运共同体是一个复合概念,不仅包括共生的价值观,还包括共同的安全观、共商的治理观、共赢的发展观,囊括了构建网络空间命运共同体的"五点主张"以及"平等尊重、创新发展、开放共享、安全有序"的"十六字方针"。它植根于人类德性的向善性以及对人类和平与安全的祈求,肯定了人类具有普遍的价值统一性以及人类的不可分割性与相互依存性,代表了全球网络空间的整体和谐论。随着人类命运共同体首次被载入联合国人权理事会的决议,网络空间命运共同体也将成为全球网络空间治理价值观的重要构建方向。

思考题

一、简述中国在新时代参与全球网络空间治理的机遇与挑战。

二、梳理中国参与网络空间国际规则制定的进程,试论在当前中美战略竞争背景下中国如何更有效地参与全球网络空间治理。

三、思考中国参与全球网络空间治理在国内和国际两方面的意义与影响。

主要缩略语对照

ARPANET	阿帕网
ASEAN	东盟 Association of Southeast Asian Nations
APEC	亚太经济合作组织 Asian-Pacific Economic Cooperation
AU	非洲联盟 Africa Union
AUCSEG	非洲联盟网络安全专家组 African Union Cybersecurity Expert Group
BGP	边界网关协议 Border Gateway Protocol
BITNET	因时网 Because It's Time Network
C3B	北约咨询、指挥和控制理事会 Consultation, Command and Control Board
CBMs	建立信任措施 Confidence Building Measures
CBPR	跨境隐私规则 Cross-Boarder Privacy Rules
CCDCOE	北约合作网络防御卓越中心 Cooperative Cyber Defense Centre of Excellence
CCPCJ	预防犯罪和刑事司法委员会 United Nations Congress on Crime Prevention and Criminal Justice
CDC	北约网络防御委员会 Cyber Defense Committee
CDMB	网络防御管理机构 Cyber Defense Management Board
CERT	计算机应急响应组织 Computer Emergency Response Team
CNCI	美国国家网络安全综合计划 Comprehensive National Cybersecurity Initiative
CSNET	计算机科学网络 Computer Science Network
CTIIC	美国网络威胁与情报整合中心 Cyber Threat and Intelligence Integration Center

CYOC   北约网络空间作战中心 Cyber Operations Centre
DARPA   美国国防部高级研究计划局 Defense Advanced Research Projects Agency
DIF   《东盟数字一体化框架》ASEAN Digital Integration Framework
DNS   域名系统 Domain Name System
DNSSEC   域名系统安全扩展 Domain Name System Security Extensions
DOD   美国国防部 Department of Defense
DOTforce   数字机遇工作组 Digital Opportunities Task Force
DSA   《数字服务法案》Digital Service Act
EC3   欧洲网络犯罪中心 European Cybercrime Center
ECOSOC   联合国经济及社会理事会 United Nations Economic and Social Council
FIRST   事故响应与安全团队论坛 Forum of Incident Response and Security Teams
G7   七国集团 Group of Seven
G20   二十国集团 Group of 20
GAC   ICANN 政府咨询委员会 Government Advisory Committee
GCC   海湾阿拉伯国家合作委员会 Gulf Cooperation Council
GCCS   全球网络空间治理大会 Global Conference on Cyberspace
GDPR   《通用数据保护条例》General Data Protection Regulation
GIFT   全球互联网自由工作组 Global Internet Freedom Task Force
GigaNet   全球互联网治理学术网络 Global Internet Governance Academic Network
GIP   日内瓦互联网平台 Geneva Internet Platform
GNI   全球网络倡议 Global Network Initiative
gTLD-MoU   顶级域名谅解备忘录 generic Top Level Domains Memorandum of Understanding
IAB   互联网架构委员会 Internet Architecture Board
IAHC   国际特别委员会 International Ad Hoc Committee
IANA   互联网号码分配管理机构 Internet Assigned Numbers Authority
ICANN   互联网名称与数字地址分配机构 Internet Corporation for Assigned Names and Numbers

ICT	信息与通信技术 Information and Communication Technology
IDI	信息化发展指数 Information Development Index
IEC	国际电工委员会 International Electrotechnical Commission
IEEE	电气电子工程师学会 Institute of Electrical and Electronics Engineers
IETF	互联网工程任务组 Internet Engineering Task Force
IESG	互联网工程指导小组 Internet Engineering Steering Group
IGF	互联网治理论坛 Internet Governance Forum
IP	网际协议 Internet Protocol
IRSG	互联网研究指导小组 Internet Research Steering Group
IRTF	互联网研究任务组 Internet Research Task Force
IGC	互联网治理联盟 Internet Governance Coalition
ISO	国际标准化组织 International Organization for Standardization
ISOC	互联网国际协会 Internet Society
ISMS	信息安全管理体系 Information Security Management System
ITR	《国际电信条例》International Telecommunication Regulations
ITU	国际电信联盟 International Telecommunication Union
IW3C2	国际万维网会议委员会 Internet World Wide Web Conference Committee
IWF	互联网观察基金会 Internet Watch Foundation
JPA	《联合项目协议》Joint Project Agreement
LOAC	《武装冲突法》Laws of Armed Conflict
MCCs	《东盟跨境数据流动示范合同条款》ASEAN Model Contractual Clauses for Cross Border Data Flows
MILNET	美国军用网络 Military Network
NATO	北约 North Atlantic Treaty Organization
NCIA	北约通信与信息局 NATO Communications and Information Agency
NIST	美国国家标准与技术研究所 National Institute of Standards and Technology
NMI	全球多利益攸关方会议 NET Mundial Initiative
NRI	网络准备指数 Network Readiness Index

NSI   网络方案解决公司 Network Solutions Inc.

NSF   美国国家科学基金会 National Science Foundation

NTIA   美国国家电信与信息管理局 National Telecommunications and
               Information Administration

OECD   经济合作与发展组织 Organization for Economic Cooperation
               and Development

OEWG   开放成员工作组 Open-ended Working Group

PoA   《促进网络空间负责任国家行为行动纲领》Programme of
               Action for Advancing Responsible State Behaviour in Cybersecurity

PRP   处理者隐私识别 Privacy Recognition for Processors

RFC   征求修正意见书 Request For Comments

RIR   区域地址分配机构 Regional Internet Registry

RPKI   资源公钥基础设施 Resource Public Key Infrastructure

SCO   上海合作组织 Shanghai Cooperation Organization

SMTP   简单邮件传输协议 Simple Mail Transfer Protocol

SRI   斯坦福研究所 Stanford Research Institute

TCP   传输控制协议 Transfer Control Protocol

UNCTAD   联合国贸易和发展会议 United Nations Conference on Trade
               and Development

W3C   万维网联盟 World Wide Web Consortium

WCIT   世界电信大会 World Conference on International Communications

WEF   世界经济论坛 World Economic Forum

WIC   世界互联网大会 World Internet Conference

WIPO   世界知识产权保护组织 World Intellectual Property Organization

WGIG   互联网治理工作组 Working Group on Internet Governance

WSIS   信息社会世界峰会 World Summit on the Information Society

WTO   世界贸易组织 World Trade Organization

UNGGE   联合国关于国际安全环境中信息通信领域发展的政府专家
               组 United Nations Group of Government Experts on Development
               in the Field of Information and Telecommunications in the
               Context of International Security

后　记

　　初涉网络空间,已是 20 世纪末,刚参加工作时能上网收发邮件的台式工作电脑,让我与世界链接,也让我弃理从文,并与网络空间研究结缘至今。20 多年,弹指一挥间,经历或见闻了网络空间的诸多国内国际事件。从积极面看,电子商务和移动互联网的普及彻底改变了我们的生活。然而,荣耀与光辉的另一面就是挫折和失败。国家之间的地缘政治争端开始向网络空间蔓延,恐怖主义分子在网络空间获得了新的生命力,网络空间成为诈骗、色情等各种犯罪分子的温床,网络开始介入选举和政治,自主智能武器在战场上出现,个人隐私在网络空间被侵犯,各种网络谣言、虚假信息满网蔓延……所有这一切,都呼唤着全球网络空间治理的发展与完善。

　　本书初稿源于对以上现实问题的持续思考,同时也源于笔者的国家社会科学基金项目"构建全球互联网治理体系研究"的研究成果。因此,我要感谢参与项目组的各位专家老师,如复旦大学美国研究中心的汪晓风老师、武汉大学的黄志雄教授、上海国际问题研究院的鲁传颖研究员、复旦大学国际关系与公共事务学院的沈逸教授。与上述诸位及其他不一一点名的国内外同行专家不定期的合作、交流和讨论是本书重要的思想源泉。同时,我也要感谢复旦大学国际问题研究院对本书的出版资助和领导同事们的一贯支持。

　　本书也得益于过去七八年间持续合作开设的"全球网络空间治理"的研究生课程讨论。因此,我要感谢这些年来选修此课程的来自各文理工科专业的复旦学子,开放性的跨学科讨论往往是思想火花碰撞的时刻,同时也是激发我进一步深化研究的动力。此外,此课程还在国家高等教育智慧教育平台以慕课形式在线推出,对本科生开放,亦获得诸多欢迎与好评。我也一直希望能够写一本相关教材,在总结自己研究成果的同时也为学生们提供参考资料。

　　我还要特别感谢我自己指导的博士和硕士研究生们。他们的活力与激情让我一直不敢停歇，勇往直前。同时，他们也更直接地参与了我的各类研究项目。在本书的初稿中，张若扬同学、郭威同学、于大皓同学、王天禅同学分别参与了第三章、第四章、第六章、第七章等部分内容的讨论和写作。李煜华同学和尹佳晖同学则在终稿校对中给予了重要协助。当然，戴丽婷、赵丽娟、张璐瑶、石宇玟等同学也一样为我们这一团队带来了无穷的活力与欢笑。

　　在此，我还需要特别感谢复旦大学出版社和编辑们对我的一贯支持。孙程姣编辑在协助本书申报选题的过程中给予了诸多有益建议，她也是我上一本书的责任编辑，自始至终对工作一丝不苟，而且对生活充满热情。朱枫编辑接手了本书的后续所有编辑和校对工作，她恬静的外表下一样拥有一颗赤忱的、缜密的和负责任的心。此外，本书的部分内容雏形也曾在学术期刊发表，在此也一并感谢《世界经济与政治》《当代世界与社会主义》《世界知识》《探索与争鸣》《复旦网络空间治理评论》等期刊的编辑和审稿专家。

　　感谢这些年我生活中遇到的贵人，他们有医生、体育教练、艺术工作者，更有活跃在各行各业的知心朋友们，他们让我的身心在繁忙工作中得以喘息，给我的生活带来了愉悦、轻松和色彩。当然，最后也是最重要的是，要感恩自始至终都给予我鼎力支持的亲人们，他们是我所有的坚强后盾，是我持续前行的风帆，更是我疲惫歇脚的港湾。

　　回到治理，无论在哪个领域，气候治理、卫生治理还是全球网络空间治理，都是颇有争议的话题，甚至全球治理是"新乌托邦"还是"现实政治"都始终没有定论。虽然有人认可全球治理的积极意义，但同样有人认为所谓全球层面的治理不过是一种主观臆想。但毫无疑问，全球治理是国际社会发展的新趋势，尽管全球治理只能描述纷繁复杂现象的一方面，而不可能囊括其全部。具体到全球治理中的一个重要议题——全球网络空间治理，随着网络技术的日新月异，其治理内容和范畴也在不断发展，因此，本书的研究和分析也一定有不全面的地方，也肯定存在一些疏漏和错误，恳请学术界前辈、同行和读者朋友们包涵并批评指正。

蔡翠红

2023 年 12 月

图书在版编目（CIP）数据

全球网络空间治理/蔡翠红著. —上海：复旦大学出版社，2024.5
（复旦博学. 国际政治与国际关系系列）
ISBN 978-7-309-17105-1

Ⅰ.①全…　Ⅱ.①蔡…　Ⅲ.①互联网络-治理-研究　Ⅳ.①TP393.4

中国国家版本馆 CIP 数据核字（2023）第 234403 号

全球网络空间治理
蔡翠红　著
责任编辑/朱　枫

复旦大学出版社有限公司出版发行
上海市国权路 579 号　邮编：200433
网址：fupnet@ fudanpress. com　http://www. fudanpress. com
门市零售：86-21-65102580　团体订购：86-21-65104505
出版部电话：86-21-65642845
上海四维数字图文有限公司

开本 787 毫米×960 毫米　1/16　印张 18.75　字数 307 千字
2024 年 5 月第 1 版第 1 次印刷

ISBN 978-7-309-17105-1/T・745
定价：56.00 元